上海政法学院学术文库

人工智能治理新模式：定位、逻辑与实践

姚颉靖◎著

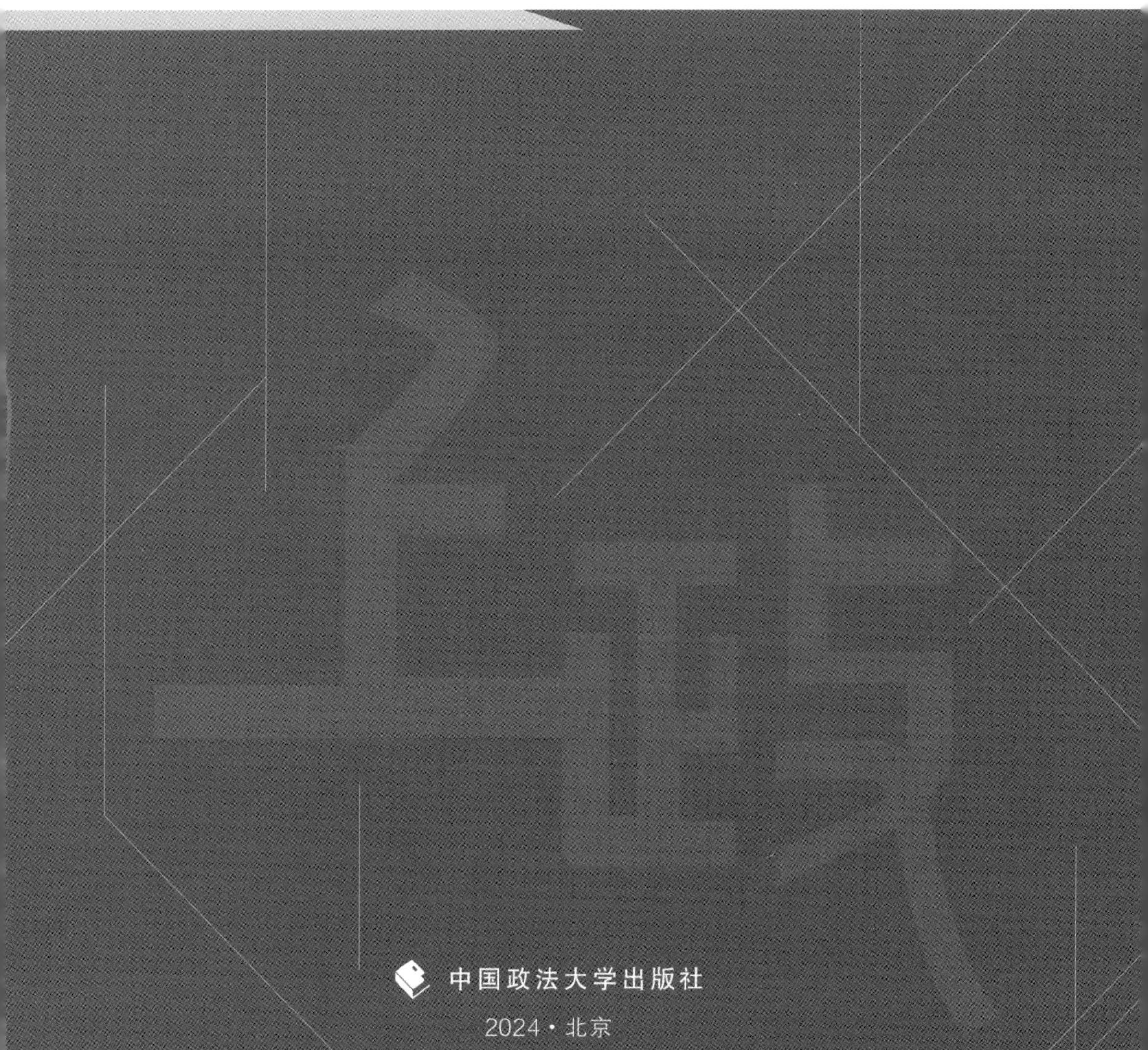

中国政法大学出版社

2024 · 北京

图书在版编目（CIP）数据

人工智能治理新模式 ： 定位、逻辑与实践 / 姚颉靖著. -- 北京 ： 中国政法大学出版社，2024. 8. -- ISBN 978-7-5764-1746-3

Ⅰ. TP18

中国国家版本馆CIP数据核字第202481458V号

出 版 者　中国政法大学出版社

地　　址　北京市海淀区西土城路 25 号

邮寄地址　北京 100088 信箱 8034 分箱　邮编 100088

网　　址　http://www.cuplpress.com (网络实名：中国政法大学出版社)

电　　话　010-58908285(总编室) 58908433（编辑部）58908334(邮购部)

承　　印　固安华明印业有限公司

开　　本　720mm×960mm　1/16

印　　张　15

字　　数　250 千字

版　　次　2024 年 8 月第 1 版

印　　次　2024 年 8 月第 1 次印刷

定　　价　69.00 元

序 PREFACE

大学者，大学问也。唯有博大学问之追求，才不负大学之谓；唯有学问之厚实精深，方不负大师之名。学术研究作为大学与生俱来的功能，也是衡量大学办学成效的重要标准之一。上海政法学院自建校以来，以培养人才、服务社会为己任，坚持教学与科研并重，专业与学科并举，不断推进学术创新和学科发展，逐渐形成了自身的办学特色。

学科为学术之基。我校学科门类经历了一个从单一性向多科性发展的过程。法学作为我校优势学科，上海市一流学科、高原学科，积数十年之功，枝繁叶茂，先后建立了法学理论、行政法学、刑法学、监狱学、民商法学、国际法学、经济法学、环境与资源保护法学、诉讼法学等一批二级学科。2016年获批法学一级学科硕士点，为法学学科建设的又一标志性成果，法学学科群日渐完备，学科特色日益彰显。以法学学科发端，历经数轮布局调整，又生政治学、社会学、经济学、管理学、文学、哲学，再生教育学、艺术学等诸学科，目前已形成以法学为主干，多学科协调发展的学科体系，学科布局日臻完善，学科交叉日趋活跃。正是学科的不断拓展与提升，为学术科研提供了重要的基础和支撑，促进了学术研究的兴旺与繁荣。

学术为学科之核。学校支持和鼓励教师特别是青年教师钻研学术，从事研究。如建立科研激励机制，资助学术著作出版，设立青年教师科研基金，创建创新性学科团队，等等。再者，学校积极服务国家战略和地方建设，先后获批建立了中国–上海合作组织国际司法交流合作培训基地、最高人民法院民四庭“一带一路”司法研究基地、司法部中国–上海合作组织法律服务委员会合作交流基地、上海市“一带一路”安全合作与中国海外利益保护协同创新中心、上海教育立法咨询与服务研究基地等，为学术研究提供了一系列重要平台。以这些平台为依托，以问题为导向，以学术资源优化整合为举措，涌现了一批学术骨干，取得了一批研究成果，亦促进了学科的不断发展与深化。在巩固传统学科优势的基础上，在国家安全、国际政治、国际司法、国际贸易、海洋法、人工智能法、教育法、体育法等领域开疆辟土，崭露头角，获得了一定的学术影响力和知名度。

学校坚持改革创新、开放包容、追求卓越之上政精神，形成了百舸争流、百花齐放之学术氛围，产生了一批又一批科研成果和学术精品，为人才培养、社会服务和文化传承与创新提供了有力的支撑。上者，高也。学术之高，在于挺立学术前沿，引领学术方向。“论天下之精微，理万物之是非”。潜心学术，孜孜以求，探索不止，才能产出精品力作，流传于世，惠及于民。政者，正也。学术之正，在于有正气，守正道。从事学术研究，需坚守大学使命，锤炼学术品格，胸怀天下，崇真向美，耐得住寂寞，守得住清贫，久久为功，方能有所成就。

好花还须绿叶扶。为了更好地推动学术创新和学术繁荣，展示上政学者的学术风采，促进上政学者的学术成长，我们特设立上海政法学院学术文库，旨在资助有学术价值、学术创新和学术积淀的学术著作公开出版，以褒作者，以飨读者。我们期望借助上海政法学院学术文库这一学术平台，引领上政学者在人类灿烂的知识宝库里探索奥秘、追求真理和实现梦想。

3000年前有哲人说：头脑不是被填充的容器，而是需要被点燃的火把。那么，就让上海政法学院学术文库成为点燃上政人学术智慧的火种，让上政学术传统薪火相传，让上政精神通过一代一代学人从佘山脚下启程，走向中国，走向世界！

愿上海政法学院学术文库的光辉照亮上政人的学术之路！

上海政法学院校长　刘晓红

前言 PREFACE

当下，以人工智能技术为核心驱动的“第四次工业革命”正在发生，对国家治理的变革性作用正在受到全球性的普遍关注和重视，推动人工智能与国家治理的深度融合已经成为一种全球共识。〔1〕各国都在积极地完善配套政策和架构顶层设计，试图在人工智能发展和应用的全球格局中占据有利位置。为此，我国陆续对人工智能的发展和应用进行了战略规划和顶层设计。党的十九大报告明确指出：“推动互联网、大数据、人工智能和实体经济深度融合，在中高端消费、创新引领、绿色低碳、共享经济、现代供应链、人力资本服务等领域培育新增长点形成新动能。”〔2〕党的二十大报告指出，推动战略性新兴产业融合集群发展，构建人工智能等一批新的增长引擎，加快发展数字经济，促进数字经济和实体经济深度融合。〔3〕这充分说明，加快人工智能同政府治理的融合已经成为我国深化行政体制改革、推进政府治理体系和治理能力现代化的重要抓手。因此，无论是出于对人工智能技术的关照，还是对政府治理模式变革的思考，抑或是对人工智能与政府治理融合的探索，都将是一个持续性的学术话题，需要长期关注和跟踪。

本书将人工智能治理设置于经济转型、社会变革以及政府治理的宏观视野中，分别从数据驱动时代背景演进、国内外经验介评、逻辑基础、法治政

---

〔1〕 参见侯宪利：《“互联网+”对人类生存方式的变革》，黑龙江大学 2020 年博士学位论文。

〔2〕《习近平：决胜全面建成小康社会 夺取新时代中国特色社会主义伟大胜利——在中国共产党第十九次全国代表大会上的报告》，载政府网：https://www.gov.cn/zhuanti/2017-10/27/content_5234876.htm，最后访问日期：2022 年 6 月 1 日。

〔3〕 参见《习近平：高举中国特色社会主义伟大旗帜 为全面建设社会主义现代化国家而团结奋斗——在中国共产党第二十次全国代表大会上的报告》，载政府网：https://www.gov.cn/xinwen/2022-10/25/content_5721685.htm，最后访问日期：2023 年 3 月 1 日。

府、公正司法、社会治理等层面对人工智能治理“何以可能”与“如何可能”展开研究，重点围绕数据权属、法治政府、公正司法和社会治理等领域展开，对于人工智能运用所产生的积极影响、成熟做法、典型案例进行了细致的剖析，对于人工智能在上述领域的不足和短板也进行了较为深刻的厘清，系统分析“互联网+”“大数据”“人工智能”“区块链”等新型科技成果对法治国家、法治政府、法治社会等领域的影响，创新发展富有中国特色的人工智能治理实施路径。这对于推进人工智能与国家治理领域的深度融合具有一定的理论指导价值和现实意义。

具体而言，在人工智能治理的逻辑基础与理论建构维度上，对于构建数据权属体系，应依循数据形成及其价值实现的机理，以促进数字经济的发展、平衡数据各方利益为皈依，避免数据权利内容及界限过于模糊、笼统，以此缓解数据生产激励与降低个体隐私权侵害风险之间的内在张力，形成个人用户、平台企业、政府国家之间对于数据权属的内容和边界的合理界分，构建社会公众、网络平台、政府国家数据治理“共建共治共享”的格局；对于长三角区域“人工智能+法治”深度合作，应审慎观察和分析人工智能语境下区域法治建设动向，发挥人工智能科技优势，直面“人工智能+法治”深度合作障碍，探索解决对策，弥补技术局限。

在公正司法领域运用人工智能的探索与实践维度上，对于人工智能在员额动态调整机制领域的应用，应根据各类案件工作量设定权重比测算工作总量，在预设司法辅助人员可对法官工作实现分流情形下，探索设立员额数量的测算模型；对于人工智能在法院精准执行领域运用，应通过分析数据、挖掘数据、共享数据、利用数据，进而服务于执行工作，构建办案执行法官为系统牵头人，法院信息处工程师为纽带，外包服务公司提供技术支持的研发模式，强化执行联动单位协调配合的刚性约束力。

在法治政府领域运用人工智能的探索与实践维度上，对于人工智能背景下“一网通办”法治保障，应结合全国和地方一网通办及政务数据的现状，着重从规范数据获取、明确电子材料效力、再造业务流程、数据共享开放等四个方面，从机构设置、立法等方面提出法治保障，以期构建和形成国家智慧一网通办运行支撑体系，为实现公正执法和行政为民，建成公正、透明的政府体系提供法律支撑；对于人工智能背景下“一网统管”法治保障，应以“应用为要，管用为王”的建设目标，充分发挥数据赋能、信息调度、趋势研判、综合指挥、应急处置等作用，加速推进“一网统管”工作从探索设想到全面建设，在新发展格局中找准发力点和突破口，开创超大城市治理现代化的新局面；对于非现场执法的法律风险，如信息、数据收集以及处理的潜在风险，行政相对人权益保障机制不够完善，证据形态和证据审核方式亟待规范。应加强证据审核、提高证据证明力，加强程序保障、规范非现场执法流程，加强权利救济、维护相对人合法权益。

在社会治理领域运用人工智能的探索与实践维度上，对于社会治理数字化的未来，可以有无限的想象空间，但是在推进社会治理数字化建设时不能有一蹴而就的想法，应当以实践创新成果为基础，针对当前实践面临的困难，不断优化迈向社会治理数字化的路径；对于人工智能赋能数字出版，应围绕全生命周期理论展开，在采集环节，数据化挖掘内容能快速地发现提取新闻线索，进而对数字出版内容加工制作；在写作环节，通过语法和语义理解进行基本分析，可以快速提取核心观点、事件发展、舆论导向、情感诉求、事件传播路径；在编辑环节，通过多种形式的多媒体学习，为用户提供多介质、立体化、动态化的资源服务；在评论环节，精准化评估阅读者对出版作品的感受，从而达到良好的辨识效果。

本书树立法治思维，强化人工智能治理的体系建构，有利于推进公共数据充分整合与全面共享，有利于促进数字治理建设规范化与标准化，坚守数据治理自主可控和安全可信；以政府职能转变为背景，以推进政府治理体系和治理能力现代化为目标，以优化营商环境、降低制度性交易成本为核心，有利于持续推进数字政府从标准化供给向精准化、个性化服务转变，有利于加速政府跨部门、跨层级、跨系统、跨地域业务高效协同和系统集成；以用户为导向，有利于建构一种更具包容性、有效性与合法性的公共治理实践方式，促进公共服务伦理价值回归，有利于践行“利民之事，丝发必兴；厉民之事，毫末必去”以人民为中心的发展理念，有利于发现和诠释人工智能治理的运行规律，解决建设中基础性、开拓性的科学问题，为深化人工智能治理改革提供新动力和新路径，对于优化治理流程、降低治理成本、提高治理效率，具有非常重要的理论价值和实践意义。本书为我国人工智能治理实施路径提供具体政策方略的同时，着力深化数字中国的技术路径、流程再造、内生限度、外部制约的理论研究，特别是以详实的实证数据、完善并创新人工智能治理，构筑具有中国特色的数据治理理论话语体系，增强政府在宏观调控、国家治理、社会管理的理论自信和道路自信。

目 录 CONTENTS

CHAPTER 1 第一章

人工智能治理的逻辑基础与理论建构

第一节 人工智能治理的基本逻辑

习近平总书记指出，要加强人工智能同社会治理的结合，开发适用于政府服务和决策的人工智能系统，加强政务信息资源整合和公共需求精准预测，推进智慧城市建设，促进人工智能在公共安全领域的深度应用，加强生态领域人工智能运用，运用人工智能提高公共服务和社会治理水平。[1]自此，如何推进人工智能与国家治理领域的深度融合就成为一个迫切而重要的议题。

一、云计算、大数据和人工智能的一体化发展

在互联网高速发展的背景下，云计算、大数据和人工智能相互纠葛在一起，对此有必要进行细致梳理。

(1) 云计算。云计算最初的目标是实现对资源的管理，主要管理计算资源、网络资源、存储资源三个方面。而这需要弹性，即灵活性。它具体可以分两个方面：想什么时候获取就什么时候获取的时间灵活性，以及想获取多少就获取多少的空间灵活性。与之相对的物理机显然是做不到这一点的，其缺点在于人工运维、浪费资源、隔离性差。

应对这些缺陷的第一个化解办法为虚拟化。所谓虚拟化，就是将物理机变为虚拟机：CPU、内存、宽带与交换机等都变为虚拟的，物理存储变成虚

〔1〕 参见《习近平：推动我国新一代人工智能健康发展》，载新华网：http://www.xinhuanet.com/politics/leaders/2018-10/31/c_1123643321.htm，最后访问日期：2024年6月15日。

拟存储，多块硬盘虚拟成一个存储池，从中虚拟出多块小硬盘。

虚拟化很好地解决了上述三个问题：①人工运维：虚拟机的创建、配置和删除都可以远程操作。②浪费资源：虚拟化以后，资源可以以更小单位分配。③隔离性差：每个虚拟机都有独立的 CPU、内存、网卡等，不同虚拟机的应用互不干扰。为了解决虚拟化阶段存在的具体问题，技术先驱性公司开始了云计算领域的探索。

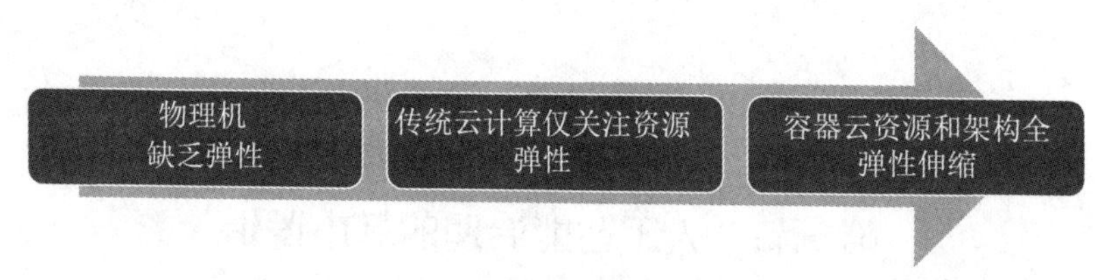

图 1–1　云计算的由来

在云计算的发展过程中，除了资源层面的管理，云计算还逐渐能够进行应用层面的管理，而大数据应用作为越来越重要的应用之一，云计算也可以放入管理，与此同时，大数据也发现自己越来越需要大量的计算资源，两者在技术上自然结合到了一起。

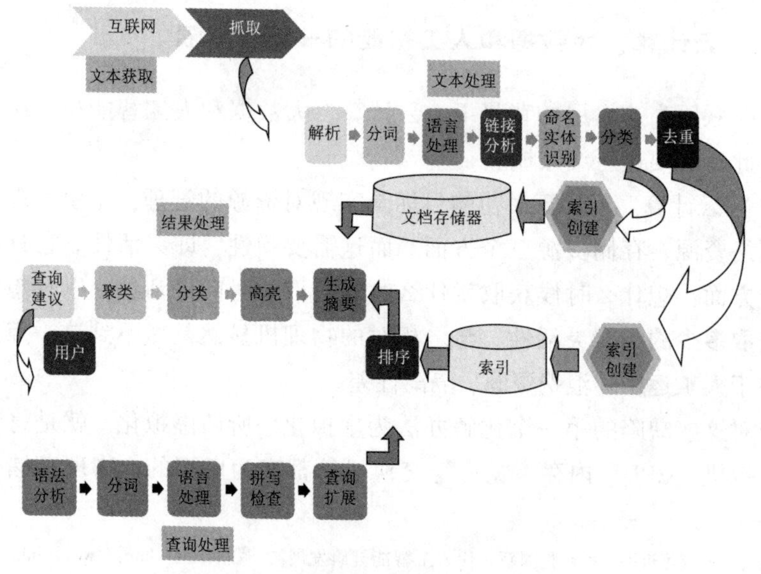

图 1–2　云计算与大数据的内在联系

（2）大数据。自开始有符号记录以来，人类一直在产生数据。然而越向早追溯，记录的成本越高、数量越少，“上古人类结绳记事，或许只记攸关生命的大事”[1]，且在历史中，大部分数据都随风而逝。存留下来的数据量尽管相对非常有限，但对于人类而言处理起来已经非常费时和困难。当今时代，人类历史上第一次有技术能力经济有效地捕获、存储和处理伴随人类活动而产生的各种数据。大数据应用是利用数据分析的方法，从大数据中挖掘有效信息，为用户提供辅助决策，实现大数据价值的过程。数据处理的流程主要包括数据收集、数据传输、数据存储、数据分析、数据检索和挖掘。

空间的灵活性让大数据使用者能够随时创建一大批机器来计算，而时间的灵活性可以保证整个云平台的资源，不同的租户交替使用，互相都不浪费资源。于是很多人会利用公有云或者私有云平台部署大数据集群，但是完成集群的部署还是有难度的，于是大数据平台融入了云计算的大家庭。

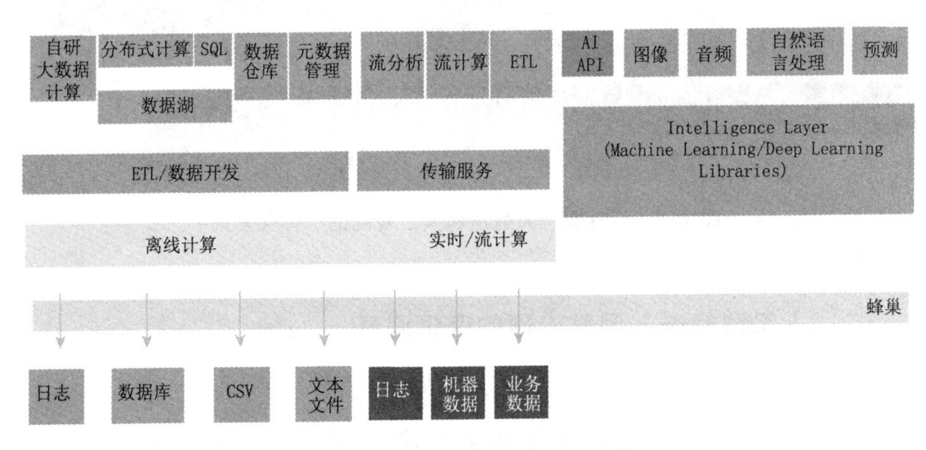

图 1-3　大数据平台运作基本流程

（3）人工智能。信息的搜索还是一个人适应机器思维的过程，要想搜到想要的信息，有时候需要懂得一些搜索或者分词的技巧。机器无法充分理解人，这使得技术致力于机器获取并理解人的需求，并且做出像人一样的反馈。由此，首先开发的是计算机的推理能力，如证明数学公式，基于统计学习，机器从大量的数字中发现一定的规律。随着人工智能算法的进步和计算机运

[1] 蒋勋：《汉字书法之美》，广西师范大学出版社 2009 年版，第 16 页。

算能力的突飞猛进，人工智能水平也越来越高。

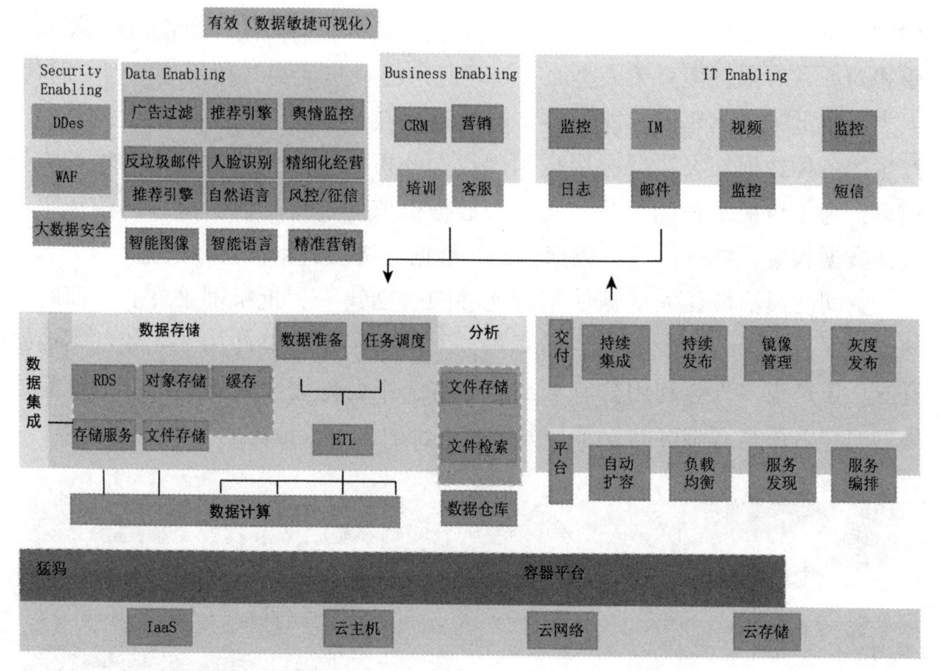

图 1-4　云计算、大数据和人工智能的一体化发展

二、人工智能嵌入国家治理的逻辑阐释

1. 以“数据”促“善治”的数据逻辑

从人工智能技术中的核心构成要素来看，智能化场景下的政府治理模式必然展现出一种数据性，遵循着数据驱动的发展逻辑，依托数据采集、数字分析、数字建模以及虚拟仿真等手段实现政府决策的数据化、可视化以及整体性，推动着政府治理向数据化驱动的方向演进。[1]人工智能的嵌入使得政府治理所依据的社会事实出现爆发式的增长，依托大数据技术，社会事实的组织方式已经出现革命性的变化，政府决策由原先依托经验的驱动，逐渐转变为数据驱动。可以说，数据驱动下的政府将要面对的已经是一种近乎全事

〔1〕 参见陈鹏：《人工智能时代的政府治理：适应与转变》，载《电子政务》2019 年第 3 期。

实的社会，意味着作为核心治理主体的政府可以更为全面地描绘和审阅社会情景，更为理性地设计治理方案、匹配治理资源和推进治理活动。相反，传统的政府管理依托经验和低阶的信息技术，政府给出的一些社会治理方案和政策可能会被打上深深的“暗箱操作”印记，而受限于对社会事实的低度把握，一些处于边缘化、小众化的群体诉求往往会被淹没在统筹“一盘棋”的决策考量当中，局部的利益为整体利益作出牺牲，长此以往人们总是在不明就里中失去对政府的认可和信任，造成政府权威和公信力的过度流失。幸运的是，基于大数据、云计算等技术的数据驱动，政府可以实现社会事实的再组织和社会信息的再生产，政府决策开始由一种“经验决策”转向“数据决策”，通过系统采集客观数据，充分利用数字化关联分析、数学建模、虚拟仿真等技术，对海量数据进行模块化分析和政策模拟，为政策规划和决策提供更加精确的依据，为政策实施提供更为全面、可靠的适时跟踪，为政策效果的评估提供更加科学全面的方法。

2. 以“算法”谋“善治”的算法逻辑

作为人工智能另一核心要素的智能算法，依托大数据和深度学习技术，逐渐形成了一种新的权力形态——算法权力，挑战属于公共管理者的传统“专属权力”。〔1〕智能算法具有对数据和环境的自主判断和学习能力，可以在已有数据支撑下分析和重建场景并自主做出动作指令，展现出了一种具有脱离人类控制、自主优化和决策能力的算法权力。〔2〕可以说，人工智能驱动下的政府治理模式变革内含着一种算法权力主导的技术治理逻辑。这无疑迫使人工智能的嵌入给传统公共管理者的信息角色、决策角色和服务角色带来或多或少的挑战，迫使公共管理者向更高、更有价值的行政管理工作迁移，展现出了一种替代人类行为的技术治理逻辑，使人类不但从繁琐的体力劳动中得以脱身，也逐渐从一般的脑力劳动中获得解放，使得传统的发生在人与人之间服务与被服务的关系开始向人机交互或者机机交互转变。目前来看，人工智能对公共管理者的解放和替代主要集中在政务服务领域：在可信身份认证领域，通过活体人像采集等生物特征识别技术进行个人领取养老金资格认证；在无人化政务服务领域，目前的人工智能技术可以实现对即办件、部分

〔1〕参见张凌寒：《算法权力的兴起、异化及法律规制》，载《法商研究》2019 年第 4 期。

〔2〕参见段伟文：《数据智能的算法权力及其边界校勘》，载《探索与争鸣》2018 年第 10 期。

操作流程较为简单的承诺件以及非办理类公共服务事项的审批与办理；在实体智能机器人领域，不少地方已经开始引入智能政务机器人，通过触摸屏以及语音交互等多种方式，可以为公众提供事项查询、办事咨询、服务引导、取号打印以及申报领证等服务。需要注意的是，公共管理者在服务公众的时候往往需要及时感知和捕捉公众差异化和多样化的诉求和情感表达，然而人的情感和思维尚不能被计算和分析，这就需要发挥公共管理者的情感感知和逻辑思维能力，因而未来的政府治理过程中人工智能仍旧离不开人类公共管理者的支持和辅助。可以说，现阶段的人工智能尚未跳脱出作为辅助性技术工具的范畴，仍然只是一种增强人类能力的技术治理逻辑。〔1〕

3. 从“链接”到“互嵌”的智能融合逻辑

人工智能的技术特性，促使政府治理开始呈现从传统信息技术驱动下的“链接”状态到智能技术支撑下“互嵌”结构的智能融合趋势，这种融合趋势使得“人机协同”和“人机共生”成为人工智能与政府治理融合过程中的新趋向。〔2〕人工智能技术的快速发展和应用，为大规模的信息整合、数据整合提供了平台，为建立一个由互联网、大数据和人工智能三大技术共同支撑的闭合信息循环处理系统提供了技术上的可能，使得各个层面和层级的数据信息得以实现跨部门的整合和跨业务的共享，各项技术都被统一到更大、更高级层面的智慧治理系统之中。〔3〕人工智能赋权政府治理除了在技术结构上呈现一种跨层级、跨部门融合的现实逻辑，同时也对人与技术的关系造成了很大的影响。人工智能不但为实现政务系统中技术层面的融合统一提供了可能，也开始改变人与技术的关系，人工智能已经逐渐开始具备获得同人类一样的身份角色和地位的技术可能，这使得人与人工智能技术的关系开始逐渐超出传统技术使用者和技术中介的范畴，客观技术的工具色彩开始逐渐减弱，人与技术的关系从传统意义上的“分离”开始走向“融合”，技术开始超出技术哲学家们对它的“中介”定位，如何处理人与人工智能体的关系开始成

---

〔1〕 参见王张华、颜佳华：《人工智能驱动政府治理变革：技术逻辑、价值准则和目标指向》，载《天津行政学院学报》2020 年第 6 期。

〔2〕 参见陈广胜：《以“互联网+”撬动政府治理现代化——以浙江政务服务网为例》，载《中国行政管理》2017 年第 11 期。

〔3〕 参见马相东：《人工智能的双重效应与中国智能经济发展》，载《中共中央党校（国家行政学院）学报》2020 年第 2 期。

为一个新的问题。换言之，如何实现“人机共生”就成为智能政府场景下行政价值变革不可回避的问题。[1]这一点，从人类与人工智能相较的优势和短处来看，也是必然趋势，人工智能技术在时间和精力上的无限性与人类所具有的逻辑思维、场景分析、想象和创造、发散思维的特有能力充分互补，二者相互合作协同而非对抗冲突是推进人工智能与政府治理融合的理想情景。[2]虽然在“人工智能”该获得何种角色和地位的问题上仍然争论不止，但由于人工智能在处理超大量计算、危险场景和某些特殊场景所展现出的能力，以及对人工智能技术巨大潜力的欣喜和依赖，人类愿意暂时搁置对人工智能技术潜在失控风险的关注，转而从一种更为实用主义的角度来考量和审视人工智能，关注如何实现“人机共生”成为一种更为务实的做法，避免在反复的争论过程中失去对技术机遇的把握，从而在公共管理过程中实现“人机共生”的价值判断逐渐获得认可和支持。

三、人工智能治理的优势价值

1. 体制机制创新与数据赋能增强党委政府总揽全局能力

人工智能具有突破时空局限整合系统的技术特征，智能技术的进步有效推进了数字化政府的建设。在技术应用中，人工智能可以快速浏览数千份文件并对其中有效的信息进行提取，快速识别行政流程中的冗余环节，以远超人力的形式完成公文流转程序，从而提高整个政府内部的行政流程效率。人工智能超强的运行能力可以把不同群体、组织聚合为一个高度整合的系统，实现全时间、远距离合作，协同解决问题，进而革新基层管理体制机制，优化县乡公共服务和行政审批职责，形成了“一站式”综合便民服务平台。[3]解决了以往各办事机构间因权责不明、信息共享不畅所致的审批手续繁琐、办事时间长、办事效率低下等问题。这有利于增强党委政府总揽全局的能力，从标准化、规范化、体系化入手，汇集各方资源去实现政府治理的发展目标，持续激发政府治理行为主体的积极性，使各部门各单位行为聚焦到政府治理

---

〔1〕 参见郑秋伟：《人机共生：当代人机关系的发展趋势》，载《前沿》2021年第2期。

〔2〕 参见张爱军：《人工智能：国家治理的契机、挑战与应对》，载《哈尔滨工业大学学报（社会科学版）》2020年第1期。

〔3〕 参见翟云：《重塑政府治理模式：以“互联网+政务服务”为中心》，载《国家行政学院学报》2018年第6期。

现代化的目标之中，提高政府治理的政策认同感，并使之转化为各职能部门的行动自觉能力。

这主要体现为以下几个方面：一是凸显了体制架构整体性。以进一步提升政府治理效能为目标，以做实城市治理基本单元（片区）为核心，以推动力量整合和运用为基础，以"一网统管"为依托，建立"统筹指挥在街道、力量整合在片区、人员落地在网格"的工作机制，有利于形成职责明晰、协同联动、实战管用的基层执法（管理）模式。〔1〕二是强调了治理目标多重性。针对社区管理中专业化程度较低、问题种类繁杂、涉及利益主体多元化等问题，提高社会治理的专业化、信息化、精细化水平，结合网格化治理优势，发挥多元主体在政府治理中的作用。三是推进了治理主体多元性。经过精细培育打造和全过程指导，坚持以党建引领将"四治"有效融合，以自治激发活力，以法治规范保障，以德治凝聚人心，共同推进共治汇聚合力，通过构建党建联建共治共享格局，推动政府治理工作由弱到强、形成梯队，以点带面实现长足发展。四是聚焦了治理方式协同性。推行基层纠纷多元化解机制，全力打造新时代"枫桥经验"模式升级版，建设"家门口"全业务、〔2〕全时空的公共法律服务网络，推进"家校社"融合、"幼中小"贯通一体化法治教育体系，切实提高社区群众对政府治理工作的获得感和满意度，为高水平推动国家治理体系和治理能力的现代化进程提供了坚实保障。

2. 全链条治理与数据赋能提升各方资源整合能力

信息是政务决策的基本元素，获取真实、全面的数据是进行决策的前提。人工智能可以凭借在数据收集和处理方面所具有的显著优势，减少信息的不对称性，提高政府治理信息的完整性、准确性与及时性，增强政策制定科学性、政策执行有效性、政策评估准确性，推动整体协同性。通过机器学习和精准算法，人工智能排除了大部分人为因素的影响，实现了对数据更为科学的分析与整合，进而提出具有前瞻性的决策方案。同时，人工智能也可以在政府大数据和高阶运算的基础上，对社会热点问题以及社会公共事件的潜在

---

〔1〕 参见侯晓菁、李瑞昌：《"一网统管"让城市管理更智能——上海市街镇应急工作调查》，载《中国应急管理》2021年第5期。

〔2〕 参见郑晓燕：《新公共服务视域下的社区公共服务供给——基于浦东新区"家门口"服务体系建设的经验》，载《科学发展》2019年第6期。

风险作出预警和快速反应，实现政府决策科学化、社会治理精细化和公共服务高效化。从这个角度而言，通过数字技术和全域数字平台有效破除制度壁垒、规则冲突、资源垄断、机制障碍、保障束缚、各自为政、部门利益至上等影响和制约资源整合的难题，推动治理组织体系向扁平化、集成化演变，全方位、多面向地实现政府治理的要素资源整合和组织保障。

这主要体现为以下几个方面：一是实现了“城市大脑”共享协同。强调横向联动，探索打破壁垒，通过指挥系统整合综治中心、网格中心、应急中心以及城管中队的各项工作要求，汇集和实现城市网格化管理、应急管理、社会治安综合治理等城市综合管理的相关职能，着重解决基层执法中的权责不对称、管理力量碎片化、多头交叉执法等问题。[1]二是建立了联勤联动机制。依托“指挥、响应、处置”集约化的一体化平台，整合公安、城管、综治、应急等多方资源，统筹执法、管养、社会三方力量，实现了一定程度的社会治理自动化。机器设备的AI行为识别技术（算法）目前已经可以实现针对垃圾堆积、沿街晾挂、游商经营、出店经营、违规广告、机动车违停、非机动车违停、异常行为、人员异常聚集等行为事件的自动识别。在此基础上，系统会根据相关法律规则将信息自动推送给网格员、社区或者执法队员，由相关人员对上述行为进行处置，从而实现自动指挥；相关行为若在规定时间内没有被处置，系统亦会自动提醒，从而实现自动监督。三是实现了运作机制集成化。通过流程标准化，明确“指挥长负责、平战融合、联席指挥、联勤联动”等机制，[2]落实“首问责任制、指定责任制、兜底责任制”，推动“明责、履责、负责、追责”四责合一，实行高效指挥、实施联动共管、实现快速处置、体现综合治理。

3. 重构式创新与数据驱动强化技术应用能力

人工智能突破了Web1.0时代单向互动模式，畅通了人民与政府的沟通渠道，增强了双方的互动，提升了人民政治参与的水平与热情。[3]政府治理可依托人工智能技术建立的智能政务助手，对人民群众在任何时间提出的问题，

---

〔1〕 参见叶岚：《城市网格化管理的制度化进程及其优化路径》，载《上海行政学院学报》2018年第4期。

〔2〕 参见容志：《技术赋能的城市治理体系创新——以浦东新区城市运行综合管理中心为例》，载《社会治理》2020年第4期。

〔3〕 参见荣开明：《习近平新时代建设网络强国思想论略》，载《江汉论坛》2020年第3期。

都能及时作出回应，并能同时实现群体覆盖的效应。在数据化时代的今天，政府在满足居民个性化要求的方面同样有“智”可为。在海量的数据赋能中打通制度优势向治理效能转化的通道，通过增量式赋权和重构式创新，优化高效的云服务、公共数字平台、开放的深度学习框架和人工智能算法等数据基础设施，实现具体问题与治理主体、解决方案的智能匹配，达到精准精细高效治理的目的，将市域社会治理制度优势转化为治理效能。

这主要体现为以下几个方面：一是变人工搜索为智能采集。探索利用智能技术，特别是基于人体分析、车辆分析、行为分析和图像分析的感知技术，对社会治理信息——包括人、事、物、地、组织等进行数据采集，从而实现大量基础数据的采集。〔1〕二是变事后处理为实时追踪。基本上实现对市政、河道、环卫、亮灯、停车等城市管理行业的覆盖，能拍摄监控点位200米范围内的人脸、车牌等信息，不仅能实时掌握车辆违停、渣土车违规运输、工地违规作业、景观灯缺亮、高架设施破损等情况，还能随时视频监控、影像摄录、录像存储、数据共享。〔2〕三是变模糊判断为精准预判。通过对高发时间、高发地点、高发违法形态的“三高数据”智能分析，确保各类管理执法资源准确投放，做到“看得见、听得着、叫得通、管得住”，克服传统行政管理治理手段的信息滞后及配合度低的困难，切实提高政府治理的针对性、实效性。四是变单一视角为统领全局。突破区域管理执法的壁垒，整合城管、综治、应急等各方资源，统筹执法、管养、社会三方力量，以数据共享融合为核心特征的部门协同治理新机制逐渐形成，逐步实现区基础数据库、相关委办局、各街镇及各类专题政务数据的汇聚应用，促进了相关委办局、各街镇的协同治理，为街面、居委、村委、楼宇四类网格治理提供数据保障。五是变政府为主为多元参与。通过设置“网格服务”“一键报警”“办事大厅”“系统对接”等模块，与数字化综合指挥平台对接，让群众通过手机实时上报各类社区问题，解决了有用信息“漏失”问题，每一个个体都可能成为社会治理中的问题发现者和数据采集员，成为依法治理“前哨兵”、社会隐患“啄

〔1〕参见王家宁等：《论大数据智能化侦查应用的特点及其构建》，载《新疆警察学院学报》2021年第1期。

〔2〕参见李双其：《论侦查中视频数据的收集提取》，载《中国刑警学院学报》2019年第1期。

木鸟”，把人民参与基层治理的“最后一公里”推向“最后一米”。[1]

四、人工智能治理的可能短板

大数据的发展带来了很多亟待解决的法律问题，但我们更应着眼于它提供的广阔机会。大数据给法学研究和法治实践工作者们提出了新的研究问题和新的研究方法，更带来了新的认知方式。我们必须了解大数据，思辨地看待大数据技术的处理方式和思维模式，才能在科技与法学交汇中更好地把握时代的脉搏，更好地推进法学研究和法治实践改革。同时，就目前的研究现状来看，法学界对大数据建设的研究比较活跃，无论是在理论研究方面还是在实践探索方面都取得了一定的成果，但同时也存在一些有待进一步改进之处：

（1）人工智能的研究方法和手段较为单一。人工智能建设可以被描述为：它是以实现治理公正和高效为目标，推动信息的数据化、标准化和可视化，在构建政府间数据、政府与社会组织及公众数据公开共享的数据协作机制，以及数据安全可信的保障机制之基础上，运用大数据和云计算等信息技术，促进政府治理、公共服务的公正化和高效化的信息化系统。然而目前学界对人工智能的研究往往采用描述型研究方法以梳理并解析亟需解决的问题，采取解释型研究方法以分析其原因，采取规范型研究方法以提出解决问题的可行性建议，这种研究手段由于缺乏统计分析工具的运用使得难以打破理论定性与实证定量之间的桎梏，致使理论研究成果的解释力和可信度有所降低。理论指导的不统一，使得各地人工智能前期建设尽管一定程度上引入了云计算、大数据和人工智能，在政府管理、政府治理、政府服务等方面进行了“互联网+”的尝试，但也不难发现，当前人工智能建设远未到达成熟落地的程度，甚至在一些基本理念和实现方向上还有一定的偏差。

（2）人工智能研究冷热不均现象严重，存在“本末倒置”之嫌。学界对于人工智能运用研究非常关注，并且从多个维度集中展开阐述；对于人工智能的信息抓取进行有针对性的实证分析并给予令人满意的回答，相关研究依然还是凤毛麟角，这些问题的存在使得人工智能建设的理论研究与实证检验

[1] 参见刘景琦：《网格化联动与城市治理“最后一公里”再造——以苏南Y社区为例》，载《中共福建省委党校学报》2019年第6期。

在一定程度上是脱节的、离散的，影响了该领域学术研究有深度、多层次地渐次展开。在现有研究范式下，即使全国性大数据的技术框架建成，智慧政府、智慧司法、智慧治理等功能也是建立在不完备的数据集之上，这将严重影响人工智能的有效性和准确性。当下人工智能建设方兴未艾，现有研究对于人工智能建设往往缺失多样性这一大数据要件分析。另一方面，现有成果对于人工智能数据的开放程度研究也远远不够。数据公开在近年来虽然取得了长足的进步，但其公开的更多是信息，而非元数据，因此并不具备数据分析和再利用的价值。基于以上的认识和判断，我们认为目前人工智能建设的智能化程度尚显不足。由于当前理论界和实务界对于大数据的基础完备性关注度不够，致使数据的深度挖掘和分析无法开展，即便有了相关的专业人才和技术工具，机器学习、智能辅助审判等功能规划也只能是无米之炊。

（3）人工智能建设的利弊分析研究不够全面。现有研究对人工智能建设力度将越来越大，节奏会越来越快，覆盖面也将越来越广，且都保持着积极乐观的态度。事实而言，我们也认为主动拥抱互联网，掌握信息时代的控制权，是当前的明智选择。在这个意义上，人工智能是技术进步和政治文明的产物。我们也预见到人工智能建设的深度实现将深刻地改变国家治理的组织结构和管理能力，冲击现有的治理架构和流程，重塑法律人及社会公众的法律理念、司法情感、行为决策及结果预判模式，甚至会影响国家权力运作的地位和功能。但是，任何一枚硬币都有两面，技术革命的冲击更是激荡而持久。从这个角度而言，现有研究对于人工智能建设的弊病和不足的分析研究还不够全面和系统，现有研究都指出当前的人工智能已经具备了自主学习的能力，但兼顾法律效果和社会效果这样的政治要求显然超越了它的能力，并且对于人工智能建设所塑造的唯数据论氛围，造成管理者和被管理者对数据的过度依赖，弱化了管理者系统管理和综合评价的能力，抑制了国家治理者维护价值体系与尊崇法律规范的自觉且缺乏必要的警惕和提防；在人工智能建设中数据驱动下，上级国家机关产生的管理冲动使下级国家机关处于被控制的境地，而下级机关在数据监控下自主行为的空间变得更为逼仄，进而削弱相对的独立性，现有研究对于这种情况的独立观察和思考也不够透彻和系统。

第二节　数据权属的逻辑结构和赋权边界

一、问题的提出

现代社会已然进入数据时代，数据是基于一定的使用背景或者事物，在未处理或经过处理后所反映出的对客观事物的逻辑表达，是信息、密码等客观事物组成的最基本元素，可以通过被占有、使用、传递以及共享的方式进行保留与交互。[1]随着数据网络时代的快速发展，经济社会发展的各种相关信息正在以数据化方式产生、整理、归集、流动，数据越来越成为人类生产和生活当中不可或缺的重要元素，数据的稀缺性和价值属性不断显现，开始逐渐拥有了使用和交换价值，甚至演变成一种可交易的商品，其所产生的可观的经济收益给社会生活的方方面面带来了前所未有的影响，被誉为“二十一世纪的石油和钻石矿”，重要性正如同农业社会的土地、工业社会的资本。

数据产业运作基本逻辑在于，市场主体的客观表现行为能够通过信息化手段以数据的方式留痕存现并加以适当整理，当这种方式存储的数据量级达到一定程度时，能够反映经济社会一定的客观规律，具有其显著的商业价值，并作为一种具有独特价值的经济要素参与市场经济有效运作。如今，数据及其衍生集合越来越多地渗透到社会领域的方方面面，各方主体对数据开发利用因利益导向不同而纷争不止，司法定分止争的难度凸显。目前，考虑到数据权属清晰界定的难度过大，为了避免数据权属各执一方观点的束缚和掣肘，加速数据产业发展，现有法律法规也有意对于数据权属采用模糊化方式处理。我们认为，有效解决数据权属问题的前置性条件是厘清数据来源，只有辨析数据来源才能为有效纾解数据权属困局提供一把“金钥匙”。大数据时代数据收集方式日趋多元，不仅有客观世界测量自身存在结果的记录数据，也包括人类活动的全时空全要素的记录，以及在上述基础上整理分析而产生的新的数据。在这一过程中，数据法律关系日益复杂多元，并逐步摆脱单一数据来源渠道与单一数据权利拥有者之间一一对应的简单关系，呈现出一种参与主

---

〔1〕《深圳经济特区数据条例》第2条第1项规定，数据，是指任何以电子或者其他方式对信息的记录。

体多元化、权利归属复杂化的特征。

总体而言，大数据时代的数据来源渠道主要有四：一是商务信息系统所产生的数据，主要涉及个体用户、平台公司等；二是环境状态的数据，即由传感器产生的数据，主要涉及个体用户、平台公司、政府国家等；三是人类在各种渠道交往时所产生的各类数据，主要涉及个体用户、平台公司等；四是物理式实体数据即数字化制造而产生的数据，主要涉及个体用户、平台公司等。[1]在上述过程中没有哪个渠道的数据来源由某一类群体所独享，更多表现为各类主体权益相互交织缠绕。数据权属问题关乎数据市场化配置及报酬定价，直接决定了数据的流动、分享，影响数据背后的利益分配、数据安全和数据产业发展。对法律规范层面而言，如何设计一整套数据确权机制来合理判定数据权利属性及其归属？对于个体用户而言，其对具有典型个体数据属性特征的数据能否享有与之对应权益，如果答案是肯定的，这种权益属于财产权益抑或人格权益？权利内容边界何在？对于平台公司或政府国家而言，数据权利来源是什么？如何在法律上保护此种权利？等等，诘问不一而足。[2]对此，需要对数据权属有一个明晰的认识，厘清数据主体各自的权益范围，以挥动古希腊传说的亚历山大大帝之剑解开“戈尔迪乌姆之结”（Gordian knot），[3]从而破解数据权属问题雾里看花般不明晰的现实窘境，也只有数据权属有了初步回答，数据采集、数据共享、数据流动、数据安全才能协调并进实现产业闭环，有效维护个人隐私、稳固保障数据安全、坚决遏制数据滥用才有更为坚实的底座，信息时代和数据产业才能获得健康、安全、可持续的环境，即将到来的智能社会的公平正义和人类社会的前途命运才有核心所依和坚实基础。

---

〔1〕 参见涂子沛：《数据之巅：大数据革命，历史、现实与未来》，中信出版社2014年版，第281~282页。

〔2〕 2019年6月，阿里巴巴罗汉堂所发布的十大问题之一即“数据是谁的？谁是真正的受益者？”，参见《阿里巴巴罗汉堂发布最关乎人类未来的十大问题》，载中国新闻网：https://www.chinanews.com.cn/cj/2019/06-25/8874097.shtml，最后访问日期：2024年6月10日。

〔3〕 公元前334年，亚历山大大帝率大军来到了小亚细亚的北部城市戈尔迪乌姆。城市神庙之中，有一辆献给宙斯的战车，在它的车轭和车辕之间，用山茱萸绳结成了一个绳扣，绳扣上看不出绳头和绳尾，要想解开它，简直比登天还难。几百年来，戈尔迪乌姆之结难住了世界上所有的智者和巧手工匠。亚历山大大帝他明白若按正常途径，是解不开这个结的。他凝视绳结，猛然之间拔出宝剑，手起剑落，绳结破碎。

二、数据权属之争博弈分析：从公地悲剧到反公地悲剧

数据权属之争存在“双刃剑”性质，即如果权属界定缺失或界定难明必将在一定程度上阻碍数据的自由流动、开放共享、红利释放，产生“公地悲剧”；但如果数据权属保护过度，则极易使得数据权利人相互牵制或欠缺互补而导致数据无法有效运作，数据产业运作的负外部性外在化凸显，“反公地悲剧”难以避免。

1. “公地悲剧”与数据权属

“公地悲剧”理论最早提倡者是英国学者哈丁（Hardin），其在对英国封建土地制度封建主为牧民放牧提供的“公地”研究中提出这一理论，并将这一重要的理论于 1968 年发表在了《科学》杂志上。〔1〕该理论的核心要义是指，具有排他性属性的所有权是避免资源被过度使用的有效方式，如果不具有这一特征，资源将面临被过度使用而枯竭的窘境，身处其中的每个个体尽管有心避免事态恶化，但都会怀有“别人少捞一把，自己多捞一把”心态，导致资源配置失灵，最终造成公地过分消耗直至枯竭的悲剧发生。〔2〕在“公地悲剧”中，社会承担总成本要远远大于每个个体实际承担的成本总和，其中差值即为累积效应和滞后负外部性所产生的外部成本，而且这一成本最终由社会共担。〔3〕该理论产生以来，在社会学、政治学、经济学、环境科学学界引起了热烈探讨。

在数据经济领域，原有观点认为数据独有的公共品属性，在其利用上具有非客体性、非财产性、非排他性和非竞争性，数据权属一旦明晰将产生权利主体不确定性、数据外部性、数据垄断性等诸多内生性问题；〔4〕主张对于数据信息则不必设定绝对权，明确数据权属无助于促进数据信息的公开，也无

---

〔1〕 See Garrett Hardin, “The Tragedy of the Commons”, *Science*, Vol. 162, No. 3859., 1968, p. 1244.

〔2〕 哈丁假设，有一块公共草地由一群牧羊人共同拥有。由于每个牧羊人都希望自己的收益最大化，于是，他们会尽量扩大自己的羊群。尽管每个人都知道，草地可以承载的羊的数量有限，但作为理性人，谁也不愿意自觉地把羊群数量减下来。最后的结果是，牧场被过度使用，草地状况迅速恶化。通过这个假设，哈丁向人们展示了公共资源在缺乏明确责任人的情况下被迅速破坏殆尽的可悲结局。

〔3〕 参见［美］罗纳德·H·科斯等：《财产权利与制度变迁：产权学派与新制度学派译文集》，刘守英译，格致出版社、上海三联书店、上海人民出版社 2014 年版，第 71 页。

〔4〕 参见梅夏英：《数据的法律属性及其民法定位》，载《中国社会科学》2016 年第 9 期。

助于交易中弱势群体的保护；[1]数据权属的“荆棘丛林”关系必然提高数据流通的成本，不利于信息自由流通获取，不利于市场化数据要素市场发展；[2]数据领域具有有限理性与负外部性，数据权属带来的总体效应不可避免因理性个体的数据利益最大化考量而被削弱。[3]基于上述理论，尽管随着大数据产业快速发展，数据已是我国经济增长的新型生产要素和战略性资产，但在数据资源这块“公地”上，存在着众多权利所有者，因为没有特定群体拥有完整意义上的数据所有权，数据被非法收集、非法倒卖、非法使用等行为屡禁不止、屡见不鲜，人民生活安宁被打扰、公私财产遭损失、人身安全有风险、国家安全受威胁。基于此，晚近学界已普遍认识到数据领域“公地悲剧”的严重性，通过赋予数据权利人对数据垄断权方式使得数据产权主体明晰，负外部性效应内部化，这不仅能有效维护个体用户权益的真实性、完整性和全面性，而且能保障平台公司既能有效回收前期对于数据商业化运作的大量投资，又能赚取丰厚的商业利润，进而再次投入人力物力开展研发创新，形成研发投入的正向激励模式，持续向用户和社会提供高质量的数据产品和服务，这无疑有利于维护数据产业相关各方利益平衡，促进数字经济可持续健康发展。

2. “反公地悲剧”与数据权属

“反公地悲剧”的缘起是1838年古诺（Augustin Cournot）的经济案例挖掘：铜和锌的同时投入是黄铜萃取的必备要素，但当时两者分别由不同公司控制和提供，两家公司为了攫取最大化利润，纷纷在对方购买时索取高价，最终导致黄铜价格不断攀升，各方利益受损。[4]20世纪90年代美国经济学家赫勒（Michael A. Heller）通过对莫斯科街道摊贩研究，发现叠床架屋式产权结构迫使店铺空闲，正式提出“反公地悲剧”的理论。[5]其核心要义是“公地”内存在众多产权所有者，每一个个体都不拥有完整版排他权，为了各

---

[1] 参见纪海龙：《数据的私法定位与保护》，载《法学研究》2018年第6期。

[2] 参见王镭：《“拷问”数据财产权——以信息与数据的层面划分为视角》，载《华中科技大学学报（社会科学版）》2019年第4期。

[3] 参见任颖：《数据立法转向：从数据权利人法到数据法益保护》，载《政治与法律》2020年第6期。

[4] 参见张力：《先占取得的正当性缺陷及其法律规制》，载《中外法学》2018年第4期。

[5] See Michael A. Heller, “The Tragedy of the Anti-commons: Property in the Transition from Marx to Markets”, *Harvard Law Review*, Vol. Ⅲ, No. 3., 1998, pp. 621-688.

自利益最大化，单独个体皆会设置障碍阻止他人有效利用“公地”资源，致使“客体的集合”资源不能有效利用或陷入低水平利用的困境，即发生“反公地悲剧”。“反公地悲剧”是在“公地悲剧”理论基础上提出的。从数据利益的相互关系上看，尽管多个数据权利人对权利客体享有一定意义的财产权，但这种单独存在的权利并不具有商业使用价值，当且仅当组合为一体时才能发挥整体优势。数据资源在个人用户内部之间、平台企业内部之间的“公地”内，存在着众多权利所有者，数据在收集、处理、转换和应用整个过程中，发生了从离散型向累积型的转变，在离散型数据分布结构中，一类数据对应一个商业化数据产品，因此数据权利人在无需获得他人数据许可的前提下，即可自行实施抑或许可他人实施，将自身各种生产经营管理活动的数据商业化运作。但近年来大数据及移动互联技术掀起了新一轮全球技术革命浪潮，万物互联时代不期而至，数据权属分布结构由“离散的单一形态”转变为“重叠的并存形态”为主的犬牙交错的累积型结构后，这时“数据荆棘”已然形成，数据利益更多表现为多主体、多属性、多领域的法益“复合叠加一体式”形式，其结果不可避免地使得终端数据产品或数据服务需要对多个数据的集合加以实施，在这一过程中，在后数据平台或相关部门若要使用在先数据就不得不支付高昂的“数据使用费”，在先数据对在后数据就形成了难以逾越的“数据屏障”，[1]在后平台公司或相关部门的创新积极性显然被制约和掣肘，直接影响了数据产品和数据服务的持续迭代创新，其结果往往带来巨大的交易成本，一旦资源交易的成本超过了其所带来的利益时，可能因数据使用不足而形成数据资源的闲置，甚至导致数据资源的浪费。

以政务数据为例，众多权利所有者同样存在于政府数据资源“公地”内。“信息孤岛”和“数据烟囱”林立的现状使得信息数据不敢共享、不愿共享等困境短板成为制约政务资源有效利用的主要瓶颈，这种现象较为普遍存在于同一政府的各个职能部门，也存在于不同政府部门之间。具体而言，不敢共享的原因：一是垂直领导的行政管理部门在未征得上级主管部门同意的前提下，对于其所掌控的数据资源不敢共享；二是担心出现数据资源本身存在

---

〔1〕《微博服务使用协议》用户协议强调，未经微博平台同意，自行授权、允许、协助第三方非法抓取已发布的微博内容，仍然属于违法。这意味着微博不享有相对于用户的数据权利，但享有相对于其他平台的数据权利。参见《微博服务使用协议》1.3.2：未经微博运营方事先书面许可，用户不得自行或授权、协助任何第三方非法抓取微博内容。

权属纠纷而不敢共享。不愿共享的原因：一是信息数据拥有者在数据采集过程中付出了较大的人力成本和管理成本，有的数据甚至是有偿获取，在成本费用负担没有解决之前，其不愿共享数据资源；二是数据资源一旦共享可能会在数据传播或使用中产生侵权等问题，担心追责到本部门而不愿共享。

三、数据权属之争的基本逻辑及立法进展

数据获取、交易制度的核心和重要前提是数据权利界定规则的全面、完整、清晰，这不仅有利于明确交易对象、厘清交易成本和确立协议定价，而且对加强事后监督、降低履约成本都具有显著价值。由于数据的重要地位以及目前国内立法对数据权属的规则付之阙如，致使近年来现实中关于数据的争议问题层出不穷，司法实践面临巨大挑战。如“新浪诉脉脉案”〔1〕“大众点评诉百度案”〔2〕等，这些案件的探讨核心在于：一个平台通过技术手段获取另一平台数据是否合法和合理。在具体司法审理中，法院并未直接实质性认可数据权属，而是间接通过在个案中灵活对《中华人民共和国反不正当竞争法》（以下简称《反不正当竞争法》）的兜底条款进行扩大解释来寻求救济，原告享受的数据权益只是一种受法律保护的纯粹经济利益，并不享受独立于人格权、物权、债权、知识产权的新型企业数据财产权。这里需要分析更为核心的两个焦点问题，即要不要对数据权属进行确权，如果答案是肯定的话，数据权属该如何划分？

第一个问题，对于是否要对数据权属进行确权，理论界和实务界争议颇大。目前，学界对数据的研究成果日趋丰富，重点围绕数据权利属性、权利内容、权利边界、权利平衡等问题，但数据权属研究仍不够深入，尚未深入分析数据确权的内在机理和逻辑架构。

支持数据资源“公地悲剧”的观点表达主要体现为：一是数据权利不属于知识产权，从专利角度而言，发明专利和实用新型授予必须满足新颖性、创造性和实用性的“三性”要求，对此数据明显无法匹配；从著作权法角度

〔1〕“北京淘友天下技术有限公司、北京淘友天下科技发展有限公司与北京微梦创科网络技术有限公司不正当竞争纠纷案”，参见北京知识产权法院（2016）京73民终588号民事判决书。

〔2〕“北京百度网讯科技有限公司与上海杰图软件技术有限公司不正当纠纷案”，参见上海知识产权法院（2016）沪73民终242号民事判决书。

而言，严格要求作品的独创性或原创性，数据本身明显同样相距甚远，即使某些“数据库”作品因汇编内容或角度新颖而具有独创性，但汇编作品所保护的是汇编者权益，而非数据本身权益；从商业秘密角度而言，其保护数据所要求的秘密性和数据的流动特性相悖，也不具有适用该当性。二是数据权利也不属于物权，作为一种特殊的生产要素，数据表现为存在于计算机及网络上流通的二进制代码，具有复制流通成本低、非独占性或共享性、无形性，很难具有可支配性和排他性，数据交易并不必然转让所有权，这与传统物品经销售必然转移所有权具有明显差异。

为何数据确权如此困难？我们认为，表面原因是现有民事权利客体框架理论无法容纳数据权利的体系构建，因而不承认数据作为法律权属对象的“外在物”属性。[1]一个数据主体所收集、生成、占有的数据，往往来自其他多个数据主体，同时也会向其他多个数据主体分发，造成多个数据主体之间权利的冲突。基于这一逻辑，学界认为应以“数据公地”理论而非私权观念来构建信息数据的权利体系，将大数据下数据信息治理交由技术手段而非法律垄断规制解决。[2]深层次原因是物权规范、合同规范、知识产权规范、反不正当竞争规范等制度框架构建源自大数据时代之前的立法，其对数据权属的探讨既没有触及数据运作的底层逻辑，也没有涉及数据全生命运作周期的核心链条，数据属性往往高度依赖于具体场景，在不同的场景中对于不同的对象而言可能分属不同类型的数据，无论是既有规范适用还是新型权利理论都回避了数据权利诉求的实质，只能非常有限地回应数据权利诉求，相关学说亦无法涵盖新兴的数据确权需要。从权利演进的历史视角观之，类似争论在知识产权制度构建时也发生过，“历史总是惊人的相似，但不是简单的重复”，数据权利命题能否成立不在于数据自身的属性问题，而在于大数据时代的数据所蕴含的经济战略价值不仅是平台公司的重要资产也是国家间竞争的战略资源。在这样的背景下，为了遏制数据资源浪费，提升数据治理成效，避免数据“公地悲剧”，基于特定需要和战略考量，即便数据不具有独占性而具有公共物品属性，立法机构也同样可以基于某种稀缺性的考量通过立法形

---

〔1〕参见张才琴等：《大数据时代个人信息开发利用法律制度研究》，法律出版社 2015 年版，第 12 页。

〔2〕参见梅夏英：《数据的法律属性及其民法定位》，载《中国社会科学》2016 年第 9 期。

式赋予相应权利主体享有特定的专属垄断权利。

在国外，数据权属在数据治理体系中的重要性愈发凸显，发达国家立法共性倾向于采用权利化模式进行数据确权，但欧美之间在数据权属概念范畴、数据内容丰富程度、数据侵权救济途径、数据立法价值取向等方面存在较为明显的差异。欧盟的特点在于以个人控制为核心方式创设用户数据权。〔1〕如2016年史上最严《通用数据保护条例》（GDPR）秉持积极的原则严格地赋权个人信息主体以访问、查询、更正、删除、反对、撤回、限制、被遗忘、数据可携带和限制处理等一系列权利。有观点认为，欧盟之所以积极地通过严格的个人信息保护法，原因在于欧盟数字经济发展早已落后于美国和中国，本土市场被外来企业瓜分殆尽。欧盟希望以个人信息保护为工具，以此来积极发展本土数据公司，扶持发展本土数据产业，一改欧洲数据产业被美国等国的科技数据公司垄断的被动局面，并希望在全球数据处理市场中占据一席之地。〔2〕美国的特点则在于以产业利益为主导，在促进平衡数据共享流动与商业价值利用方面要高于数据所有者的主体权利保护，主张通过适度地削弱个人信息主体的绝对控制权优势，保有主体充分自主自愿和商业模式创新探索空间。〔3〕美国并不强调在立法层面凸显个人数据权能，更为强调的是数据公司在运用个人数据时应遵守的实体规范和程序规则，即个人决定哪些类型数据可以被收集、如何被收集、收集之后如何规范运行。

在我国，国内现行法律框架对数据权利体系的构建仍不完善，数据权属的规定较为模糊，数据权利的内容属性尚未界定、数据主体的义务边界尚未厘清且数据权利的救济举措尚未形成共识，致使个体用户和网络公司在具体的数据采集、整理与利用中的利益难以达成共识。以2012年公布的《全国人

---

〔1〕经历过两次世界大战的创伤经历，作为主战场的欧洲甚至可以说这种崇尚人权、保护权利的意识已经根深蒂固。所以，欧洲在数字化过程中，也必不可少地加入了权利保护的意识，数据立法中体现数据权利强保护也显得自然而然。如《关于隐私保护和个人数据跨境流动的指南》《关于个人数据自动处理过程中的个人保护公约》（确立了以个人数据权限制数据跨境转移的合法性）、《大数据社会个人数据处理中的个人保护的指南》（打造了体系化的个人数据权与行政执法为主的救济机制）、《通用数据保护条例》（强调隐私与个人数据保护与救济机制的域外效力）则成为这一权利思维的最佳注释。

〔2〕参见张金平：《欧盟个人数据权的演进及其启示》，载《法商研究》2019年第5期。

〔3〕美国《加利福尼亚州消费者隐私法》（CCPA，2020年1月生效）和美国《加州隐私权法案》（CPRA，2023年1月生效）的一根立法主线更多以个人数据信息使用的效率与边界为切入，以充分披露和主体授权为前提，进而寻求隐私数据价值利用与主体权益保护的一致性。

民代表大会常务委员会关于加强网络信息保护的决定》（以下简称《加强网络信息保护的决定》）为起点，数据保护规定已成为至少7部立法的重点：《加强网络信息保护的决定》（2012年12月起施行）重点明确保护公民个人信息和个人隐私；《中华人民共和国民法总则》（已失效，以下简称《民法总则》）第111条首次在一般法层面提出保护公民个人信息；《中华人民共和国消费者权益保护法》（2013年修正，以下简称《消费者权益保护法》）规定经营者需合法收集、使用消费者个人信息，不得泄露、出售消费者个人信息；《中华人民共和国网络安全法》（2017年6月起施行，以下简称《网络安全法》）规定了网络运营者不得泄露、篡改、毁损其收集的个人信息；《中华人民共和国民法典》（2021年1月起施行，以下简称《民法典》）也仅仅是延续了之前《民法总则》的相关规定，只做出了引领式的规定。[1]《中华人民共和国数据安全法》（2021年9月起施行，以下简称《数据安全法》）囿于用户和商业机构之间的艰难博弈，同样不得不在数据确权问题上采用留白方式处理；《中华人民共和国个人信息保护法》（2021年11月起施行，以下简称《个人信息保护法》）围绕个人信息泄露的高危领域立法，进一步提升个人信息保护的周延度。正是由于上述数据立法保护的不完整性、不系统性的体系特点，致使数据权利体系与数据高效便捷流通的内生要求不相匹配，在很大程度上对数据产业发展形成牵制和阻碍，数据治理“公地悲剧”风险凸显。

在国内立法层面裹挟难进之时，中国数据实践已经走在了理论研究的前面。如今，数字经济在GDP中的地位已经举足轻重，2020年我国数字经济规模占GDP比重已近四成，对GDP贡献率近七成。大数据与5G、人工智能、云计算、区块链、物联网、工业互联网等新技术深度融合，形成新一代信息基础设施的核心能力，成为智能经济发展和产业数字化转型的底层支撑。与此同时，将数据纳入生产要素改革的政策路线图轮廓逐步清晰。2017年12月，习近平总书记在中共中央政治局第二次集体学习时强调，在互联网经济时代，数据是新的生产要素，是基础性资源和战略性资源，也是重要生产力。《中共中央关于坚持和完善中国特色社会主义制度 推进国家治理体系和治理能力现代化若干重大问题的决定》指出，要“健全……数据等生产要素由市

〔1〕《民法典》第127条规定：“法律对数据、网络虚拟财产的保护有规定的，依照其规定。”

场评价贡献、按贡献决定报酬的机制”，正式将“数据”纳入生产要素。2020年4月，中共中央、国务院制定《中共中央 国务院关于构建更加完善的要素市场化配置体制机制的意见》明确提出“加快培育数据要素市场”“根据数据性质完善产权性质”，数据作为一种新型生产要素，与土地、劳动力、资本、技术等传统要素并列第一次直接写入中央政策文件中。上述文件为数据市场化的要素培育、数据流动、增值溢价、市场监管指明方向、打开空间，对于加速数据产业发展以及数字经济提质增效具有非常深远的意义，令人鼓舞。技术标准在实践层面也呈现“小步快跑，快速迭代”态势。中国资产评估协会颁布《资产评估专家指引第9号——数据资产评估》，指引在评估基准日特定目的下的数据资产价值进行评定和估算，并出具资产评估报告。数字经济的快速崛起倒逼着在立法层面对数据确权加以规范。

在地方性立法层面，贵州、北京、上海、安徽、福建、黑龙江等省市，纷纷针对大数据开发利用制定地方性立法。据不完全统计，全国各地以“数据”为名的法规（草案）如雨后春笋，蓬勃发展，地方性立法已近百部，反映出全社会对数据活动进行立法的迫切需要。数据确权是数据治理的必然之举、必解之题，越早开展相应开创性理论研究和实践性探索，越能掌握未来发展的主动权。

表1-1 相关地方性立法、文件对数据确权的表述及特点

地区	时间	名称	内容	特点
贵阳	2017年	《贵阳大数据交易观山湖公约》	确定数据的权利人，即谁拥有对数据的所有权、占有权、使用权、受益权	对“数据确权”下定义的方法
上海	2016年	《流通数据处理准则》	以保障数据主体合法权益为前提，力图构建安全有序的数据流通环境，促进数据流通互联	持有合法正当来源的相同或类似数据的数据持有人享有相同的权利，互不排斥地行使各自的权利
西安	2018年	《西安市政务数据资源共享管理办法》	将政务数据作为政府的国有资产管理，政务数据资源权利包括所有权、管理权、采集权、使用权和收益权	全国第一个地方政府发布的大数据五权集中的规范性文件，从制度层面解决了数据在各个环节的权属问题

续表

地区	时间	名称	内容	特点
天津	2020 年	《天津市数据交易管理暂行办法（征求意见稿）》	数据供方应确保交易数据获取渠道合法、权利清晰无争议，能够向数据交易服务机构提供拥有交易数据完整相关权益的承诺声明及交易数据采集渠道、个人信息保护政策、用户授权等证明材料	从数据交易的动态维度来表达数据确权的内涵，但从具体的条文来看，有关“数据确权”的内容仍然相对模糊
深圳	2021 年	《深圳经济特区数据条例》	率先明确数据的人格权益和财产权益	确认了自然人在个人数据上的人格权益，以及数据处理者对数据产品和服务的财产权益

第二个问题，在明确数据权属是避免数据治理领域“公地悲剧”的有效方式之后，随即讨论的核心命题即为“数据权属应当配置给谁”，这个问题在学界引发的争议更为热烈、更为聚焦。如今大量数据被互联网巨头占有，成为其最核心的资产，个体用户和商业机构，究竟谁才是数据的主人？在用户与经营者之间，用户对于个人信息有保护的需要，经营者对于用户的个人信息亦有数据化利用的需要，即通过对源自个体信息的收集、整理从而形成具有商业属性的数据资产。目前数据公司对于用户个体数据的争夺态势呈现白热化状态，对这些平台的数据确权，无疑将触及互联网平台公司的“奶酪”，足以引发万亿级的“地震”。上述复杂的利益关系，使得数据在生产、收集、流通、使用等过程中的产权归属不清，争议不断，容易陷入“反公地悲剧”困境。目前，学界对于界定数据权属，存在用户所有、平台所有、用户与平台共有、国家所有这四种权属分配模式。

一是用户所有说。根据传统法律的学理阐释，用户个体数据的权利配置应归于其本人，认为数据源自公民个人，数据隐私保护是整个数据权利体系大厦的基石底座，故数据权属应配置给用户个体方所有，应坚持数据隐私合理保护相对优先企业数据权益，个人信息纳入隐私权或者人格权中，按照“皮之不存毛将焉附”逻辑，如果个人数据得不到切实有效维护，不仅个体合法权益难以充分保障，平台公司也终将被用户和消费者彻底抛弃，强调当且仅当获得用户的“知情同意”，平台公司才有权开展数据收集、加工与整理，从而形成对用户数据的“绝对保护”模式。[1]如美国学者 Jerry Kang 认为在互联网空间中包含隐私的个人数据被作为可交易的商品，自然应赋予个体对自身数据的所有权以便限制个人数据的重复利用。[2]国内学者也认为，“在法律制度实施中，成本总是难免的，知情同意必然带来成本与负担……如果对于维护人格尊严是必要的，则是应当承受的”[3]。

需要说明的是，该说在肯定数据权属应配置于用户主体的框架下，基于数据的人身属性和财产属性又形成了两种内部不同的派系。[4]我国早期立法立场更多强调的是，明确用户个体的身份信息和个人隐私受严格保护，用户对于自身的个体信息享有一种类似具体人格权属性，具有人身专属性，排除他人非经法定程序获取权限。这一制度安排无疑将个人信息视为个体用户的专属资产和绝对利益，并以此方式来划定个体用户和平台公司对于个人信息的权限边界。[5]在晚近立法中，则更多是对早期立法的纠偏，更多是重塑个人信息保护关系，破除个人信息人格权保护的绝对格局，但仍未涉及数据的定位以及利益关系等问题。[6]

我们认为，当前数字经济背景下，数据权属规则固然要充分考量用户个体的人格尊严与自由维护，以及用户对数据控制的正当性，但倘若将这种控制放大化甚至绝对化，则无异于走上另一个极端。在这种场景下，平台公司

---

〔1〕 参见石丹：《大数据时代数据权属及其保护路径研究》，载《西安交通大学学报（社会科学版）》2018 年第 3 期。

〔2〕 See Jerry Kang, “Information Privacy in Cyberspace Transactions”, *Stanford Law Review*, Vol. 50, No. 4., 1998, p. 1199.

〔3〕 田野：《大数据时代知情同意原则的困境与出路——以生物资料库的个人信息保护为例》，载《法制与社会发展》2018 年第 6 期。

〔4〕 一是采用数据权视为基本人权，关系到人的荣誉和尊严，限制第三方对个人数据信息的使用，如若使用，需得到数据主体的明确同意。如果没有本人的同意，将个人数据信息提供给第三方是违法的，甚至将其使用于与当初收集该数据信息目的不同的场合也是非法的。持有这种观点的主要以欧盟为代表；二是采用数据权视为财产权，个人数据信息（包括其中的隐私利益）可以被视为财产得到保护，数据信息可以被使用、出售、公开或者与其他数据信息进行关联。持有这种观点的主要以美国为代表。

〔5〕 如 2012 年通过的《加强网络信息保护的决定》第 1~3 条。

〔6〕 如 2016 年颁布的《网络安全法》明确了网络运营者、网络运营商收集、使用个人信息须遵循的原则以及删除权等制度。

对于自己收集、整理、存储的数据无法加以垄断控制，则无法将其形成数据资产进而商业化运作，无法有效激励平台公司再投资进而挖掘海量数据中所蕴含的巨额财富，从根本上而言，也不利于用户个体隐私保护和数字产业健康可持续发展。[1]目前，数据资源越来越体现出巨大的经济价值，在数据权属单一赋予用户所有的体系架构下，平台或其他个人对此类数据的访问都需要获得个人同意，降低数据主体的分享意愿，限制平台公司对于数据开发利用的部分权能，使得数字经济的正常商业活动受挫，最终导致整个社会的原始数据供给不足，这无疑将产生高昂的交易成本与沟通成本，使得数据财产权呈现单向静态权利，这种单纯人格权或隐私权保护的单一立场已经无法满足数据时代和信息社会蓬勃发展的需求，使得数据治理陷入“反公地悲剧”的风险加剧。

二是平台所有说。随着大数据时代的到来，用户信息是互联网经营者重大竞争利益的体现。掌握更多用户信息，通常意味着拥有更大的用户规模，用户信息价值的重要体现即为平台公司基于自身需求为潜在客户群体画像，贴上标签，为数据产品和服务的迭代升级提供重要指引。单个数据价值低，只有通过数据集聚之后才能在多维度层面凸显价值，大数据网络公司为了维护自身优势的护城河，必然投入大量人力物力财力以及创造性活动，将自身用户的电商交易、社交、搜索等数据充分挖掘，在利用广告联盟的竞价交易平台、利用用户 Cookie 数据、利用 APP 联盟、与拥有稳定数据源公司开展战略合作等方面投入大量的人力、物力、财力和时间的成本，以期获取稳定的数据源。[2]在数据资产形成萃取过程中，个体用户除了提供一些基础性数据信息之外并未额外作出有价值的贡献，甚至在个体数据被平台公司采集、整理、分析过程中享受到更为精准便捷的数据产品和服务。在这种情况下，应秉持权责利相匹配原则，数据保护与利用的框架体系构建必须从以用户为中心向以平台为中心转移，平台对于所获得数据应享有完整的所有权，这种将数据权利赋予数据从业者的模式，有利于实现平台经济和规模经济，发挥更大效用，使得数据产业发展提速增效，在整体财产利益机制建构上提升数据

---

[1] 参见范为：《大数据时代个人信息保护的路径重构》，载《环球法律评论》2016 年第 5 期。

[2] 人类生产生活所产生的数据里，只有 5%最终获得了存储，剩下的 95%都被丢弃掉，核心原因就在于存储成本和效率之间成本高，若在无相应产权激励，平台公司存储数据的热情恐难以为继。参见雷震文：《民法典视野下的数据财产权续造》，载《中国应用法学》2021 年第 1 期。

经济的地位和价值。从这个角度而言，我们认为这种观点体系架构具有一定的合理性，过往的一些司法判例也认可了“平台对其投入大量智力劳动成果形成的数据产品和服务具有财产性权益”，[1]但将权利的天平过多倾斜于平台而忽视个体用户权益维护，显然于法无据于理不合，不仅有可能对用户数据权益形成威胁，甚至会提升个体隐私权受侵犯风险的概率，提高数据主体权益的被侵害风险。学界对“平台所有说”可能形成的“反公地悲剧”同样表达了深深的担忧，认为“在忽视甚至否定自然人对个人信息的民事权益的前提下，空谈公共利益或公共秩序，很可能会造成个人信息保护和数据权属立法最终沦落为利益相关方围绕个人信息展开的争夺战，最终损害社会的整体福利”[2]。

三是用户与平台共有说。通过考察数据收集、存储、加工、利用的数据产业链整体运作可知，双向动态结构是数据产业发展重要内在特征，用户授权或许可平台公司进行数据采集整理是产业链启动的前端，平台公司基于用户授权开展集合加工实现数据向信息转变，实现数据资产化。因此，在数据产业的权利配置层面上，应同时兼顾各方对于数据产业价值的贡献，简单赋权用户所有或平台所有都会使对个体用户的数据隐私保护的有效保障与平台公司对数据资产的积极利用之间产生不可调和的矛盾。基于此，该说采用用

---

〔1〕 在谷米公司诉元光公司等不正当竞争纠纷案［（2017）粤03民初822号］中，元光公司为了提高其开发的智能公交APP“车来了”在中国市场的用户量及信息查询的准确度，由时任该公司法定代表人并任职总裁的邵某授意技术总监陈某，指使公司员工刘某某等人利用网络爬虫技术大量获取竞争对手谷米公司同类公交信息查询App“酷米客”的实时公交信息数据后，无偿使用于其App“车来了”，并对外提供给公众进行查询。深圳中院一审认定，公交实时类信息数据具有实用性并能够为权利人带来现实或潜在、当下或将来的经济利益，其已经具备无形财产的属性。因此认为被告元光公司的行为构成不正当竞争行为。

淘宝公司系“生意参谋”零售电商数据产品的开发者和运营者，该数据产品主要为淘宝、天猫商家的网店运营提供数据化参考服务、帮助商家提高经营水平。在经营过程中，淘宝公司发现，被告美景公司运营的“咕咕互助平台”及“咕咕生意参谋众筹”网站，以提供远程登录服务的方式，招揽、组织、帮助他人获取“生意参谋”数据产品中的数据内容，并从中获取利益。杭州互联网法院认为，涉案数据产品系淘宝公司付出了人力、物力、财力，经过长期经营积累而形成的。涉案数据产品能为淘宝公司带来可观的商业利益与市场竞争优势，淘宝公司对涉案数据产品享有竞争性财产权益，对于侵犯其权益的不正当竞争行为有权提起诉讼。美景公司未付出劳动创造，将涉案数据产品直接作为获取商业利益的工具，此种用他人劳动成果为己牟利的行为，明显有悖公认的商业道德，属于不劳而获“搭便车”的不正当竞争行为。

〔2〕 程啸：《民法典编纂视野下的个人信息保护》，载《中国法学》2019年第4期。

户与平台共有说，试图克服单一观点的内在缺陷并作出修正，将保护数据自由流动作为与保护个人信息同等重要的立法目的。我们认为，这种对于数据权利体系架构的认知和理解仍未突破既有模式困局，要么过于凸显用户个体数据权益，当进行数据交易或共享时，平台必然面临难以获取个体用户同意的困境，徒增数据流通与数据共享的制度成本；要么过分强调数据利用的商业属性，当个体用户希望转移其个人数据时，由于平台不愿意流失用户，很难寄希望在数据转移时获取平台的同意，难以实现数据有序流动增值的立法目标，[1]真正破解"反公地悲剧"困境。

四是国家所有说。数据资源与其说是一种市场资源，不如说是一种经过人为干预的公共意愿集合，将市场作为数据资源配置的单一途径只能导致数据资源要么被寡头垄断、要么低效使用，数据治理悲剧困境无法避免。随着信息时代的来临，"用户所有""平台所有""用户与平台共有"三种模式皆不可取，数据权属"国家所有"模式强调国家对数据相关权益的保护义务及其落实，以适应当下"数据经济"市场化变革的时代要求，解决资源的合理使用与公平分配问题，实现公共利益保障和数据经济高效发展。与前三种数据权属配置规则思路相左，"国家所有"摒弃了"用户所有""平台所有"依靠劳动付出为根据来决定权利归属的论点，主张应依赖公共资源的"合理使用"以及公平受益来使得数据"国家所有"获得正当性支撑。[2]该观点看到通过私法之治难以为个人信息提供全面而周延的保障，因而转向国家权力来对抗和缓解平台公司"数据权利"对个人信息造成的侵害风险，强调国家基于公共信托法律关系成为政府数据的形式所有人并享有数据支配权，以此来落实制度性保障、组织与程序保障、侵害防止等数据积极保护义务，增强个体用户对平台公司的制衡能力，缓解权利行使的"无力感"。[3]我们认为，在这种观点体系架构下，"国家"这一数据资源经营者过于强大，如果赋予国家所有则必然导致国家垄断全部数据资源、竞争关系瓦解、市场消失、技术创新和公共福祉的增加产生抑制性后果，这与要素市场开放所秉持的"推动

〔1〕参见丁晓东：《数据到底属于谁？——从网络爬虫看平台数据权属与数据保护》，载《华东政法大学学报》2019年第5期。

〔2〕参见张玉洁：《国家所有：数据资源权属的中国方案与制度展开》，载《政治与法律》2020年第8期。

〔3〕参见王锡锌：《个人信息国家保护义务及展开》，载《中国法学》2021年第1期。

数据资源的市场化流通”的宗旨相悖，单一的国家所有模式在资源配置的经济性与合理性层面上并不优于“用户所有”与“平台所有”，数据资源经营权最终仍不得不交还给市场，仍难以避免“反公地悲剧”的发生。

四、破解数据权属困境的基本思路和赋权边界

（一）学界关于破解数据权属之争进路分析

针对既有观点的不足，学界对于科学合理确定数据权属形成了三种基本思路：

1. 算法决定论。一般而言，权属赋权的规范分析路径为，首先依据不同权利的属性特征而将其划分为不同权利类型，然后将数据的禀赋特征与之相比对，当数据权利属性特征与既定权利属性特征最为吻合匹配，则将数据权利归纳于此类数据权能范畴之内，赋予数据权利具备该项权利的属性。正如上文所言，数据属性与特征具有其独特性，在传统权属框架体系中难以找寻并妥善安置其应有之地位。基于此，算法决定论思路重在关注数据的生成源头而非单纯明确数据的权利属性，即算法赋予数据以价值，关系到数据能否具有价值、能够具有多大价值，关系到原始数据的收集与处理以及衍生数据的生成，对此应以算法作为明确数据价值归属的标准。〔1〕因此，可利用算法描述数据权利的负面清单和责任清单作为确权方式的优选方案，〔2〕在此基础之上，建立数据交易管制规则、违法数据禁易规制、“数据壁垒”责任规制，通过这些规则设置以期厘清享有数据权利“正面清单”及其权利边界范畴，对合法数据可享有数据财产权。〔3〕

2. 场景决定论。目前由于数据权利的范围缺乏一个共识性范围，个体用户隐私保障抑或平台公司利益维护的路径方式并非来自自上而下的规制规范，更多来自通过自下而上底层个案判决来推动数据权益规制的制定与迭代，同

〔1〕 作为决策机制或辅助决策机制的算法却深深地嵌入了价值判断，在法律上常被认为具有多重性质。相关探讨参见陈景辉：《算法的法律性质：言论、商业秘密还是正当程序?》，载《比较法研究》2020 年第 2 期；左亦鲁：《算法与言论——美国的理论与实践》，载《环球法律评论》2018 年第 5 期。

〔2〕 参见陈肇新：《要素驱动的数据确权之法理证成》，载《上海政法学院学报》2021 年第 4 期。

〔3〕 参见韩旭至：《数据确权的困境及破解之道》，载《东方法学》2020 年第 1 期。

样用户个体数据在不同场景中数据属性也会发生转变，比如脸部识别数据在线上收集中或许属于敏感数据范畴，但在线下场景收集时可能并不纳入敏感数据范围甚至属于公开数据。基于此，数据权属确立高度依赖于具体场景中个人与信息收集者与处理者之间的关系，以此来确定数据的权属、性质与类型。具体场景所要考量的因素既有个体用户数据隐私，也包括平台公司数据权益；既有数据垄断与数据壁垒，也包括数据采集、数据利用、数据共享、数据安全等多重价值所指。如《通用数据保护条例》第 12 条至第 22 条所确定的数据权利边界判定仍离不开欧盟数据保护委员会（European Data Protection Board）等机构具体场景化指引，对于相关考量因素的判断和阐释依然需要在具体的行政执法个案和司法判决中寻求制度合理内核解析和吸纳审理者智慧之光。〔1〕

3. 行为规制论。数据本身的无形性、可分享性、公共性特点以及数据必须通过流动来实现增值属性，因而数据确权的框架构建难免遭遇理论诘问和质疑。〔2〕既然数据确权难度太大，为了避免陷入“数据权属到底归谁”的逻辑辩驳，不如将立法重点转而聚焦于“如何避免因数据不规范处置而引发风险”，将从关注数据权属转变为对数据收集、处理、分析、使用、传输、删除的行为规制模式的设计，给个人信息多元价值的实现和多主体利益的兼顾留下了更大的空间。这一模式设计不仅可以维护个体用户正当数据权益，又可以在不降低个体用户利益保障前提下提升平台公司对于数据采集、整理和分享的自由度权能，兼顾了两者利益的妥帖平衡，有利于个人数据秩序的形成和大数据产业利益的最大化，有利于数据财产规则的效率和价值普适性。〔3〕

我们认为，数据的产生、收集、交易、利用涉及多个不同类型的主体，数据运作不同环节涉及的利益主体各有不同，不同主体配置的数据权益也应各有差异。上述三种思路的最大局限是在一定程度上排斥了自上而下规则来

---

〔1〕参见丁晓东：《个人信息权利的反思与重塑——论个人信息保护的适用前提与法益基础》，载《中外法学》2020 年第 2 期。

〔2〕参见丁晓强：《个人数据保护中同意规则的“扬”与“抑”——卡-梅框架视域下的规则配置研究》，载《法学评论》2020 第 4 期。

〔3〕参见王怀勇、常宇豪：《个人信息保护的理念嬗变与制度变革》，载《法制与社会发展》2020 年第 6 期。

廓清数据权利的规则治理，主张摒弃数据权益归属的类型化配置方式，这与形式主义法治相左，不仅阻碍了个人数据的合理流动和数据产业健康可持续发展，也无法充分发挥数据权属规则对于数据产业发展固根本、稳预期、利长远的引领功能，无力解决适用既有规范使得数据权属保护周全，亦无法有效克服数据信息权利保护的困境，致使在实践中难以操作和适用。因为只有提供稳定而清晰的行为模式与法律后果指引，规则才能为人们的行为提供模式、标准、样式和方向，进而人们会根据自身的行为性质作出准确判断，适用、实施或遵守规则。诚如上文所言，欧盟数据权利边界有待于欧盟数据保护委员会等机构提供场景化的指引来最终确定各类权利的边界，但在《通用数据保护条例》中依旧明确规定了数据主体享有的多种权利，在强调算法决定论、场景决定论抑或行为规制论时，首先应明确这些权利的具体内容和边界范围，这不仅是学术理论的共识，更是颠扑不破的实践真理。

（二）数据权属赋权边界的思考

目前，我国正处于信息科技一日千里的数据时代，必然要求在立法层面选择某种模式规范数据权属，而这取决于人们如何认识和评价数据的本质属性及其在法律上的定位，取决于本国的个体用户、平台公司和国家政府的现状以及文化传统提供相应的制度安排。我国的大数据发展和经济社会结构与欧美有很大的差异，一方面是互联网平台对于金融、医疗、交通、教育、购物、餐饮等相关领域的渗透率逐步升级，“互联网+”模式乘势而起、势头强劲。与此同时，部分平台公司利用在数据采集、数据分析、数据运用等方面积累优势，形成在特定领域的市场支配地位，利用这一优势，对于上下游企业提高交易成本，对于同行企业采取不正当竞争，对于消费者实施所谓“二选一”，形成交易价格算法歧视，市场对资源配置效率失灵，社会公平正义面临新的挑战。〔1〕对此，立法呼吁构建的是公平竞争秩序，乃至个人数据的归属，以期实现数据的信息自决权。另一方面是数据产业的竞争并不仅仅在于国内市场的争夺，还延伸到海外市场的争夺，我国部分本土平台公司已经在国际市场中崭露头角，根据《2020 年全球上市互联网企业市值排行榜》显示，前十名中，我国占据 5 席（阿里巴巴第 4 位、腾讯第 5 位、美团第 8 位、

〔1〕 阿里巴巴因“二选一”被罚 182 亿。详见 2021 年 4 月《国家市场监督管理总局行政处罚决定书》（国市监处〔2021〕28 号）。

拼多多第9位、京东第10位)。对此,立法者应考虑到中国企业的海外市场扩展,为中国企业主动提供制度支持。

基于上述两个维度考量,破解数据权属“公地悲剧”和“反公地悲剧”难题应秉持的制度架构理念为:依循数据形成及其价值实现的机理,以促进数字经济的发展、合理平衡数据各方利益为皈依,尊重权利主体权利和维护权利主体利益,将数据权属赋权于在数据生成与利用中处于核心驱动地位方为准则,提供简明权属划分规则的和加强数据安全保护,避免数据权利内容及界限过于模糊笼统,厘清个人用户、平台企业、政府国家之间对于数据权属的内容和边界的合理界分,在权责利益平衡基础上建构市场运作规则,以此将个体用户数据隐私保护和平台公司数据资产激励之间的内在张力可控可适,促进数据充分流动和发挥数据最大价值,构建社会公众、网络平台、政府国家“数据治理共建共治共享”的新时代格局。

1. 个人数据权利配置内容。从个人数据角度而言,其缘起是用户自身特征属性以及在网络行为背景下所产生的具有个性特征的初始化数据,作为这一数据实际生成者的个体用户,能否享有数据权利以及在多大程度多大范围享有被收集、处理的知悉权和决定权,并对欺诈、误导、强迫等不合理的个人信息收集使用行为加以拒绝。具体而言,个体用户应享有具体且确定两大权益:一方面是数据人格权益,[1]包括但不限于:数据知情同意权[2]、数据保密权[3]、数据修正权[4]、数据删除权[5];另一方面是数据财产权益[6],即自然人、法人和非法人组织对其合法处理数据形成的数据产品和服务享有占有、使用、收益和处分的权利,可以依法自主使用、取得收益、进

---

〔1〕 如《深圳经济特区数据条例》第3条确认了自然人在个人数据上的人格权益。

〔2〕 数据知情同意权指数据源主体有权知悉与同意数据经营者收集、处理和使用自己数据的目的、方式和范围。需注意此处的同意应为明示同意,从默示同意到明示同意也是近年来不同国家和地区的立法趋势。

〔3〕 数据保密权指数据源主体要求数据经营者保护其敏感信息不被泄露而采取相应保密措施的权利。

〔4〕 数据修正权是指数据源主体要求数据经营者依据客观情况及时补充、修改、完善其个体数据,以维护其个体数据真实性、完整性和全面性的权利。

〔5〕 数据删除权指数据源主体要求违反规定或约定收集、处理、使用其个体数据的数据经营者删除其个体数据的权利。

〔6〕 如《深圳经济特区数据条例》第4条确立了数据处理者对数据产品和服务的财产权益。

行处分。实践中我国法律法规对于个人数据保护采用分散型立法模式，[1]对此，应将个人数据的人格权益和财产权益配置给数据主体所有，一方面以保护人格权为路径，构建起高于财产权的个人数据保护框架，加强对个人数据保护力度，防止大数据、人工智能、算法等新一代信息技术侵犯个人隐私，危及人之为人的基本尊严；另一方面以承认数据产品和服务的财产权益为保障，为数据处理者投入资源、积极交易提供制度支持，以加快构建有序流动的数据市场格局。至于哪些数据内容应赋权于个体用户，则应结合法律法规相关规定，进行更为细致的类型化梳理。

第一类是直接关联个人特征属性数据，即通过对自然人的身体、生理、行为等生物特征进行数据采集和读取，进而能够对相关个体用户进行人物画像的个性化标签数据，具体包括：生物特征类信息如基因、耳廓、虹膜、指纹、声纹、掌纹、面部识别特征等；个体特征类信息如姓名、性别、出生日期、教育情况、身份证号等；个体衍生类信息如健康情况、家庭住址、电话号码、婚姻情况、职业情况、收入情况等。[2]上述数据均为个体用户基本信息，均属于个人所有，无论其处于个人掌握抑或为平台公司所控制状态之中，对于平台公司采集此类数据，应遵循明确的“告知—同意”为前提的个人数据处理规则，即对个体用户数据的处置应依循合法、合理准则，不仅需事前获得该个体或其监护人的授权，而且应言明数据收集、整理、运用的方式方法和注意事项。国内相关立法对此已明确规范，成为主流立法的规范程式，

---

〔1〕 截至目前，实质规定个人信息保护内容的法律及规范包括但不限于：《中华人民共和国宪法》（以下简称《宪法》）第38条和第40条，《民法典》第111条，《中华人民共和国刑法修正案（九）》（以下简称《刑法修正案（九）》），《最高人民法院、最高人民检察院关于办理侵犯公民个人信息刑事案件适用法律若干问题的解释》（法释〔2017〕10号），《网络安全法》第41条，《信息安全技术 个人信息安全规范》（GB/T 35273-2020）（尽管这是一部推荐性的国家标准，不具有强制力，但仍引起了学界与实务界的广泛关注）等。

〔2〕 从实践的角度看，个人数据保护并未形成统一共识，而是基于特定族群的历史背景、社会生活、文化传统、法治实践等，更多的体现为一种“地方性知识”，如欧盟《通用数据保护条例》规定个人敏感信息包括种族或民族起源、政治观点、宗教信仰、哲学信仰、工会会员资格、基因数据、生物特征数据、健康数据、性生活、性取向等信息；德国《联邦数据保护法》规定敏感数据包括种族血统、政治观点、宗教或哲学信仰、工会成员资格、健康状况、性生活等信息；日本《个人信息保护法》规定个人敏感信息包括人种、宗教信仰、病史、犯罪前科等信息；韩国《个人信息保护法》规定个人敏感信息包括意识形态、劳动组织或政党的加入或退出、政治见解、健康、性生活等信息；我国台湾地区“个人资料保护法”将有关医疗、基因、性生活、健康检查及犯罪前科等个人资料视为敏感信息。

如《民法典》第1035条、《网络安全法》第22条、《消费者权益保护法》第29条、《加强网络信息保护的决定》第2条、《电信和互联网用户个人信息保护规定》第9条、《征信业管理条例》第12条、《深圳经济特区数据条例》第14~23条以及作为推荐性国家标准的《信息安全技术 个人信息安全规范》第4（c）条等。至于那些无法通过表层识别信息映射出特定个体用户特征的数据，因不直接牵涉到特定个体或群体，故而对于这类数据的使用处置行为无需获得被收集者的授权同意。但值得注意的是，个体用户数据匿名化是相对的，随着相关联的数据被检索捕获以及算法能力的逐渐增强，暂时无法识别的个体用户数据有可能在一定条件具备之时重新组合为有价值的信息数据，[1]对于此类数据权属可依据识别度来综合判定。

第二类是个人用户在各类网络平台创作发表的各种文字、图像、音视频内容等涉及个人隐私数据，如网络访问记录、通信记录内容、征信信息、交易信息、行踪轨迹等，这些数据来源于个人，由于特定功能需要也会发布于各类互联网平台，并且因数据权益之争往往会牵涉用户个体与平台公司。一般规则是可在个人签约使用网络平台时由双方约定，个人拥有所有权，网络平台运营方拥有使用权，[2]但不得侵犯个体用户隐私及相关利益。对于个体用户与平台公司交互行为所产生的个人隐私数据信息应归个人所有，处理原则类似于个人第一数据方式。对于“经由网络用户写入，而由网络平台控制”的非隐私类公共集合数据的权属应为公民与平台共有。需要注意的是，随着数据运作过程中的资本与技术高度集聚，平台公司与个体用户相比，在信息技术、诉讼技巧等方面优势明显，平台公司往往通过设置障碍来固化甚至扩大信息不对称程度：一是个体用户难以顺畅发现隐私协议。从用户找到APP隐私政策需要的次数来看，隐私政策通常以二次链接或者多次跳转链接形式呈现，用户平均要点击3次才能找到相关的隐私政策；超过三分之一的APP

---

〔1〕 大部分常用的匿名化技术起源于20世纪90年代，也就是互联网快速发展之前。换言之，这些匿名技术并没有考虑到互联网在收集个人健康、财务、购物以及浏览习惯等细节方面的强大能力，从而使得我们能够相对容易地将匿名数据与特定个人关联起来。《纽约时报》的两名记者Michael Barbaro与Tom Zeller依然在几天内就通过综合分析搜索记录，识别出了该数据库中代号4417749的用户是来自佐治亚州利尔本的一位名叫Celia Arnold的62岁寡妇。转引自程啸：《民法典编纂视野下的个人信息保护》，载《中国法学》2019年第4期。

〔2〕《寻伴伴交友用户协议》第9条用户权利及义务中约定，“寻伴伴交友”因经营需要，有权回收用户的帐号，并有权使用用户照片、视频、语音等进行产品宣传活动。

需要点击3次或者4次才能到达隐私政策文本；甚至有些APP必须在用户注册成为会员后，才可以查看隐私政策。二是隐私文件日显冗余。例如《百度百科隐私政策》由总则和9个分则，以及1个附则组成，从字数角度考察，总则部分就有10 467字；每一个分则部分也有上万字。以网民人均安装50款手机应用程序、每款APP产品的隐私政策协议文本一万字计算，则网民仅阅读隐私保护协议内容的字数就超过了50万。三是隐私政策文件晦涩难懂。普通用户阅读理解能力与一些APP隐私协议内容对阅读能力要求存在不相匹配，[1]专业语言过度使用（Overkill）、非实质性内容大量充斥（Irrelevance）、将本应一次性告知整体性事项拆解，增大信息不透明（Opacity）、无可比性（Non-comparability）和缺乏时代性（Inflexibility）已成为隐私协议存在的普遍问题，[2]使信息主体的阅读意愿降低，被"告知"而不知情，不"知情"而"同意"，"同意"而不置可否的情形普遍存在。

第三类对于个人与各类网络平台互动产生的不涉及个人隐私的数据，例如各类互联网操作运用时的访问网址、通信信息以及在电商、娱乐、金融、社交、导航、搜索、政务服务平台的互动信息等，个体用户和平台公司都与这些数据有关联，其他相关方皆可不必征求其同意而直接使用。

第四类为相关个体用户在公共开放平台发布涉及个人隐私数据，则这些数据可被视为权利人默示同意第三人可无偿使用该数据，但这些数据的运用方式和结果不得损害权利人利益，当权利人发表公开声明表示收回授权后，该数据应被及时删除。

2. 平台数据权利配置内容

数据的本质是一种公共资源，只有流动起来的数据才具有核心价值，从这个角度而言，激活数据的核心资产意味着数据信息不能被绝对控制，而是在给予必要限度的同时，强调用户数据能够在公共产品体制框架内有序流动，通过社交性的各主体数据交换，以此为他人所合法获取、利用。因此，数据权属体系构建重心应该在个体用户权益有效保障轨道上积极向平台公司数据

---

〔1〕一项对63款手机APP隐私政策的定量研究显示，多数隐私政策要求用户的阅读能力达到大学一年级水平。对现阶段国内大多数网民而言，隐私政策的可读性低，阅读和理解的难度大。参见秦克飞：《手机APP隐私政策的可读性研究》，载《情报探索》2019年第1期。

〔2〕See Kent Walker, "The Costs of Privacy", *Harvard Journal of Law & Public Policy*, Vol. 25, No. 1., 2001, p. 122.

资产的有效利用赋权赋能。

第一类是平台公司自身经营管理运作所产生的各类数据。如业务管理、生产经营、税务登记、财务人事等数据，这些数据基于各种需要而在社交网络公之于众，如公司网站、媒体宣介、年报公布等。这类数据是平台公司基于自身管理的需要而产生，具有鲜明个性标签属性特征，因而其权属相对清晰完整，无疑应当归平台所有。具体细分三类：一是公司商业秘密，如商业规划、制度规范、企业数据、客户信息、生产技艺等，此类数据归平台所有，非经授权许可，第三方不得获取和使用；二是法律法规要求平台公司强制公布的各类数据，如税务登记、财务报告、企业年检、重大事项等，此类数据同样归平台所有，但第三方可以使用，只不过在整个过程中不得损害平台公司利益；三是平台公司主动向社会公布的各类数据，类似地，第三方在不损害平台利益前提下可以直接使用。

第二类是企业在为客户和同行伙伴提供产品和服务，与政府服务管理互动时所产生的数据，如客户名单、服务信息、衍生信息等，这类数据部分尽管为平台公司所掌控，但其权属并不尽然归于平台所有，需要根据数据性质和具体场景来判定数据所有权和使用权归属。具体而言，平台数据权属可细分三类：一是按照政府管理要求而填报录入系统的平台数据，数据所有权归平台，但政府部门拥有使用权；二是政府部门与平台在交流互动中所形成的各类数据（如情况报告与结果回复），双方各自拥有所有权和使用权；三是企业与社会第三方交流互动中所形成的各类数据，若能区分各自数据权属（如个人第一、二类数据和平台第一类数据），则各自享有相应权限；若不能区分各自数据权属（如个人第三类数据和企业第二类数据），则各方皆拥有所有权和使用权，如有约定从其约定。

3. 政府国家数据配置内容

政府国家数据权利实质上是基于数据主体的意思自治，将其他数据主体数据的使用、处理和收益的部分权能让渡，体现了个人所有向社会共用的转化，形成个体用户、平台公司、政府国家之间的相互制衡的权益关系。

政府国家维度的数据大体可分为两类：一类是政府为履行政策制定、规划编制、经济调控、经济统计、资源管理、财政征收、科研布局等公共管理和服务职能，主动建立的教育、医疗、社保、交通、公安、司法、天气等数据，这类数据是由政府部门主动作为产生的，具有权属政府国家所有的明晰特征。由于公共管理是政府的重要职能之一，此类数据应在保障国家安全并且不影响履行行政管理职能的前提下，遵循需求导向、分类分级、安全可控的原则，在公共数据资源目录体系基础上，构建公共数据共建共享对接平台，主动免费向社会开放共享。[1]另一类是由政府在履行管理和服务职责时与企业、个人共同创建的数据，比如市场监管、税务管理、户籍变更、婚姻信息、住房登记、入学学籍、出入境管理、水电气服务等。这类数据既有公共属性，又有个体属性，各方皆享有所有权和使用权，需要根据数据运用的具体场景，依据法律法规或权利主体约定来明确数据权属。在不得损害对方利益前提下，企业或个人对于与自身相关的数据享有所有权和使用权，其他权属则归属于政府国家。

五、余论

数据是新一轮科技革命的重要推动力量，也是数字经济和信息社会的核心资源。作为数据保护及数据要素市场培育体系的重要环节，数据权属背后所折射的各方利益之争将更为尖锐和显见。目前，经济社会生活各个层面都逐渐被数据及其衍生数据集所渗透，引发法律规则体系相互冲突又融合共生。然而，现有的法律法规对数据权属等数据规则体系构建远远滞后于数据实践发展，数据权属的“公地悲剧”和“反公地悲剧”现象从一个侧面呈现了数据权属规则的两难抉择困境，即过于简约的单一模式或过于多元的复杂模式都不利于社会福利的提升和社会资源的优化配置。通过对数据权属的利弊得失要素的探究和挖掘，我们或许可以隐约触摸到数据权属制度变迁及数据权属标准及分类界定的内核，即如何在数据权利人维护合理保护效度的前提下，促进数据有序流通和数据资产不断迭代更新，维护数据权益体系中各方利益平衡，正源于此，数据规则领域所追求的公平正义目标才有可能接近乃至达到。就数据权属规则的终极目标而言，数据权属是在一个较低层面上对分享和消费数据行为的合理限制，以便在一个更高层面上实质性地促进数据产品、数据服务、数据资产更大规模地生产，乃至被激励。因此，从一个方面而言，数据权属的规则配置能够清晰界定数据产品和数字服务的范围边界，维护权

---

[1] 《深圳经济特区数据条例》第47条，规定依照法律、法规规定开放公共数据，不得收取任何费用。法律、行政法规另有规定的，从其规定。

利主体合法权益，这种法治形式主义的权利构架，有利于数据产业相关利益方形成稳定的合作关系，促进产业良性发展，避免数据“公地悲剧”。从另一方面来看，数据资源已成为市场经济中的重要因素，“数据荆棘”现象迫使各数据权利人基于提升自身利益考量而纷纷采取重复竞争而非相互合作策略，这种博弈所得到的均衡结果只是一个零和博弈状态下“囚徒困境”式的结果，“反公地悲剧”无法避免。因此，避免“公地悲剧”与“反公地悲剧”的一个妥帖进路或许在于在博弈论理论的框架内对数据权属不同方式进行成本权衡，在法治化框架内重点维护个体用户、平台公司、国家政府之间的数据利益平衡，这也将是学界进一步研究的主要方向和学术思潮的风向标，最近的学术研究开始从算法、场景和行为角度来划分数据权属合理边界。当然，由于数据权属制度只是促进数据产品迭代更新、数据服务精准融合、数据产业健康持续的治理“钝器”（Blunt Instrument），只有把数据权属与数据采集、数据共享、数据流动、数据安全结合起来考虑，相关的政策建议才有可行的依据。

第三节　长三角区域“人工智能+法治”深度合作研究

为贯彻落实习近平总书记对“促进长三角地区一体化发展”的要求，实现党的二十大报告提出的“促进区域协调发展”“推进京津冀协同发展、长江经济带发展，长三角一体化发展”的伟大目标，探求人工智能与法治的深度合作。近几年，长三角地区三省一市司法系统逐步探索人工智能与法治之间的合作，取得了“智慧法庭”“网络审判”“智慧检察院”等较为显著的法治技术成果。

但目前国内人工智能整体处于弱人工智能阶段，其在法治建设中仍处于辅助性地位。例如，在司法环节，人工智能主要提供网络实时通信和简单的数据处理服务，重要证据材料的分析取舍、案件的实质性裁判等关键问题依然有赖于法官给予回应。另外，AI 技术以严密的逻辑程序为基础，具有超强的理性属性，但缺乏人脑基本的情感认知与价值判断能力。然而，司法裁判是依托法律专业知识和人文综合素养的技术性实践活动，既有法律专业技能的输出，更有法律职业者情怀的投入。在现有条件下，以技术理性为主导，甚至纯技术理性的人工智能显然无法承此重任。法治建设的现实困境在冲击现有司法体制的同时也对人工智能技术的走向提出了挑战，只有充分发挥人工智能优势，才能不断弥补其在现下法治建设中的不足，进一步提高长三角法治建设水平。

一、长三角区域“人工智能+法治”合作的理论基础

（一）合作必然性

1. 提高司法工作效率。长三角作为中国南方经济重地，人口数量众多，各类纠纷层出不穷，司法系统尤其是法院长期面临“案多人少”的压力。一方面，“案多人少”不利于案件质量的提高，在一定程度上有悖于司法公平公正。当前，法官年度考核与结案挂钩，易造成法官注重结案数量，忽视案件质量。另一方面，“案多人少”严重损害了司法工作者身心健康。

针对这一问题，人工智能在司法领域有了用武之地。依照最高人民法院“通过技术创新提高审判质量和效率”的要求，人工智能介入司法实践活动的各个环节，“人工智能+法律”模式对审判效率的助力得到普遍认可。[1]例如，电子文书技术将司法工作人员从繁琐的纸质文书中解放出来，音频、视频和通信技术让跨域审判、快速记录变成现实。在司法工作中引入科技成果，增进司法效率的做法并非我国首创，20世纪80年代国外已有分析技术如何提升法院管理效能的文章。近年来，关于科技影响司法的研究也表明科技加快了案件流程，节省了庭审时间，便利了庭审活动，提升了审判效率。法治建设与人工智能携手，司法活动效率得到有效提升。

2. 促进司法公正。人工智能对于司法工作具有双重作用，既能正向协助司法工作人员开展工作，又能反向防止司法权力滥用。在人工智能与法治深度合作的理论构架中，司法工作人员通过语言转换技术、电子扫描技术及时将与案件相关的司法行为录入智能法律系统，系统自动进行智能化检测，一旦发现相关司法行为不规范或者缺失必要程序时，系统自动弹出警告。人工智能化办案方式将办案全过程纳入监控体系，不仅有效实现了办案过程的即时监督，还有利于日后对冤假错案进行追责，契合了目前案件终身责任制的

---

〔1〕 参见李飞：《人工智能与司法的裁判及解释》，载《法律科学（西北政法大学学报）》2018年第5期。

要求；同时倒逼法官、检察官自觉严格要求自我，严守法律底线，避免司法腐败的产生，有效确保办案质量。“同案同判”[1]是社会公众衡量司法公正最直观的指标。在人工智能技术的支持下，办理案件前，司法工作人员将纠纷性质录入系统，系统自动检索并对比全国裁判文书，可自动推送类似案件判决供法官参考，从而最大限度地保证司法统一。

3. 提升司法公信力。一方面，依托人工智能技术的支持，可以有效避免重复性工作中的误差，减少个人精力不济引起的工作瑕疵，让司法工作人员从繁琐的程序任务中解脱出来，为着力处理案件的关键疑难问题预留了更多时间，促使司法活动保质保量。[2]另一方面，人工智能发挥了媒介作用，促成了公众与司法的联动。一是便利了诉讼参与人自助参与案件过程，二则为司法工作人员提供了巨大数据资源。司法系统借助人工智能技术，为公众了解司法打开便利之门，是重建司法形象，获取司法公信的重要举措。

（二）合作可行性

1. 科技保障充分。当前国内人工智能发展前景良好。据中国信息通信研究院测算，2022 年中国人工智能核心产业规模达 5080 亿元人民币，且长三角地区科研优势明显。长三角区域涵盖沪苏浙皖三省一市，区域内有复旦大学、浙江大学和中国科学技术大学等强大科研院校及科大讯飞、阿里巴巴等新兴企业。强大的科研力量催生先进的人工智能技术，尤其是生物识别、图像识别、视频识别等技术能够为长三角区域内各地方司法系统开展智能化司法业务提供强有力的技术保障。[3]因此，从技术角度而言，研究“人工智能+法治”深度合作条件已经成熟。

2. 制度环境支持。国家深入推进长三角区域法治化进程是人工智能等科技手段与智慧法院建设的制度性因素。2017 年，最高人民法院在《关于加快建设智慧法院的意见》中指出 2020 年要深化完善人民法院信息化 3.0 版的建设任务，以信息化促进审判体系和审判能力现代化，实现公平正义。在该背

---

[1] “同案同判”的说法不够科学，准确说，应该是“类案类判”。世界上没有任何两个案件完全相同，实务中所谓的“同案”主要指诉讼标的种类、法律构成要件事实相同或近似。由于实务与理论界长期使用“同案同判”一语，因而此处遵循惯例。

[2] 参见陈骞：《运用大数据防范冤假错案》，载《中国社会科学报》2017 年 11 月 22 日，第 5 版。

[3] 据统计，以生物、图像和视频识别技术为主要内容的计算机视觉市场占据了 34.9%的人工智能产业市场，2017 年创造了超过 82 亿元的产值。

景下，长三角地区各地方政府、法检系统纷纷响应，尤其是司法系统逐渐加快司法改革步伐，密切关切科技发展动向，寻求法治建设合作力量。

3. 时代民心所向。当下频繁的社会流动和复杂多样的社会活动导致各类纠纷迸发的风险增加，人们参与司法活动的可能性比以往任何时候都更大，司法公正和效率成为公众越来越关注的问题。然而，在当前的司法体制下，司法公正和效率仍然是国家法治建设过程中不断追求的目标，也是公众对法治社会的两大期许。在人工智能技术参与下，技术理性代替个人理性，司法的精准度与案件处理的速度都将大幅提高，司法公正和效率问题将迎刃而解。因此，开展人工智能与法治建设的深度合作，具有良好的群众基础，是社会公众的普遍共识。

三、长三角区域“人工智能+法治”合作的主要做法和成绩

在宏观环境的引导与科技成果的支持下，长三角地区正紧锣密鼓地探索“人工智能+法治”的深度合作。过去几年里，长三角地区在运用人工智能技术服务法治建设的实践中创造了许多经验做法，取得了一些引人瞩目的成绩。

（一）基本建立自助终端诉讼服务智能体系

长三角区域内各法院结合实体诉讼服务中心，深入推广网上自助诉讼服务工作，大力建立自助终端诉讼服务智能体系、网上诉讼服务中心、诉讼服务热线、诉讼服务 APP 等司法公开服务平台。

网上自助诉讼服务系统主要分为诉讼咨询、网上立案、材料移送、信访投诉、当事人和律师服务通道等部分，当事人可根据自身需求选择其中一项或几项，也可进行一站式诉讼服务。例如，在传统法院诉讼服务体系中，当事人必须亲自到法院取号立案和递交材料，耗费一定的时间和精力。如今通过注册登录法院 APP 就可完成上述事项，不仅可以节约时间成本，还可以查询案件审理进度。同时，当事人可以通过网上诉讼服务中心的缴费系统以网银、支付宝或微信方式支付相关诉讼费用。自助终端诉讼服务的智能化不仅为当事人诉讼事务提供便利，而且快速高效推动法院审判工作，真正实现了节约诉讼成本，提高诉讼效率。

（二）科学管理网上办案系统，实时监控案件审理进程

随着人工智能技术不断发展，长三角地区各省市结合地方特色，逐渐强

化科技对法治建设的支撑，普遍建立起网络办案平台，科学管理审理进程。上海高院与科大讯飞公司合作，历时5个月成功研制了“206系统”。[1]“206系统”是在系统内预设常见罪名的证据标准，根据证据标准辅助刑事、民商事、行政案件的定性与裁量。浙江省首创的在线矛盾纠纷多元化解ODR平台，其中一项功能是当事人只需通过网络登录该平台即可完成调解，无需前往法院，极大提高了当事人的调解意愿和化解成功率。苏州作为江苏省的司法改革重要试点，形成具有自身特色的“智慧审判苏州模式”。该模式以“5+3”即8大信息系统平台为支撑，涵盖电子卷宗、全景语音、智能服务，形成了覆盖诉讼全流程的办案一体化集成解决方案。[2]长三角区域还致力于推进电子卷宗随案同步生成和深度应用，运用电子扫描、图文识别等技术，促进在诉讼过程中数字化采集全部材料，推动全流程网上办案，实现全程留痕、全程可视、全程监督。

（三）智能分案系统与智能文书生成系统普及化

面对纷繁复杂的法律纠纷，传统人工案件分流法已表现出越来越多的弊端：分案人员的有限性使得手动分案效率低下；依据分案人员的意愿进行分案，裁量主观性较大；被分派案件的法官所承办的案件数量与难易程度难以相匹配，导致个体间工作量不均衡，审判效率低下。长三角地区法院利用智能随机分案系统中预设的难易程度识别、区分案由等功能对案件进行繁简分流，即系统识别案由的难易程度，依照简单案件简易庭审理，复杂案件合议庭审理的指令进行分流；再结合法官年度办案指标和当前未结案件数量，根据案件的复杂程度就数量进行相应调整；最后将案件随机分配给具体承办法官，分案科学性大幅提升。

智能文书生成系统将案件审理流程的传票、举证通知书、应诉通知书等程序性法律文书和框架性裁判文书模板存储于该系统中，只需录入当事人信息即可自动生成，大幅减少了用于制作程序性法律文书的时间；将裁判文书

〔1〕 2017年2月6日，中国共产党政法委员会明确要求，由上海高院研发一套“推进以审判为中心的诉讼制度改革软件”，该软件后被定名为“上海刑事案件智能辅助办案系统”，又名“206系统”。参见严剑漪：《揭秘“206工程”：法院未来的人工智能图景》，载《上海人大月刊》2017年第8期。

〔2〕 参见朱旻、高国林：《省政协调研“智慧审判苏州模式”》，载《江苏法制报》2017年10月23日，第A01版。

法定格式中的要素内容进行存储，法官只需对事实认定、“本院认为”、判项等部分进行编辑整理即可，可缩短70%的制作裁判文书时间。智能文书生成系统有利于缓解办案压力，提高司法效率，减少“同案不同判”的可能性。

（四）“大数据”提供裁判预测

同案异判，司法裁量不一，是影响长三角地区司法公正的重要因素，也是阻碍该地区法治建设的重大屏障。因此，统一区域内法律适用，实现司法实质与形式公正，是长三角地区各大司法系统普遍面临的法治建设难题。

要想实现“大数据”提供裁判预测，首先，要建立健全司法“大数据”库；其次，要利用人工智能系统对“大数据”进行分类，即识别裁判文书基本信息的相似点后，分析提取相似案件的数据规律进行分流及分类存储；最后，将审判案件与“大数据”进行对比分析，“大数据”将以往裁判结果导出并进行该案件的裁判预测。采用“大数据”智能系统不仅可以合理限制法官的自由裁量权，减少“同案不同判”情形的发生，还有利于维护法律的稳定性，真正实现法律的权威与尊严。

最高人民法院推出的“类案智能推送系统”也促进了地方法院审判智能化进程。如江苏省高院和东南大学联合开发自动分析和预警系统，通过检索本行政区域内已经生效的全部文书，对法律适用、裁判规则等因素进行分析，再由法官输入关键词，根据预设规则，由系统自动推送过往类似案件，分析类似案件争议焦点之间的差异，在法官输入自己的预判结果后，将该预判结果与过往类似案件的判决结果进行相似度检测，当两者偏离较大时，系统则发出自动预警提示，并根据法官相应的操作流程选择是否将该判决推送给法官联席会议或者提醒院长提交审判委员会讨论。[1]

三、长三角区域“人工智能+法治”合作的主要问题和短板

（一）“人工智能+法治”深度融合效果有限

本轮司法改革启动以来，我国尤其是长三角区域的智慧司法、智慧检察等智慧法治建设取得了突破性进展，出现了“上海刑事案件智能辅助办案系

〔1〕 参见田禾、李林主编：《中国法院信息化发展报告 No.1（2017）》，社会科学文献出版社2017年版，第8页。

统”（“206 系统”）等一批具有代表性的典型应用。当然，受限于一些主客观条件，“人工智能+法治”项目建设仍存在一定的局限与不足，具体包括：

1. 科技、法治“两张皮”现象依然存在。早在 20 世纪 80 年代初，我国著名科学家钱学森教授就曾对法治领域的人工智能科技应用提出过战略性的宏观规划。进入 21 世纪后，人工智能法治应用的相关理论与应用研究进一步快速推进，并取得了实质性进展。但总体而言，尚处于早期，亟需进一步的发展与完善。

2. “人工智能+法治”交叉研究相对滞后。在我国，人工智能领域的研发人员往往将注意力集中在纯技术领域，且由于“专业槽”限制，计算研发人员无法深入了解司法应用的需求重点在哪里。同样地，法律学者与司法实务界人士对人工智能技术一知半解，知之甚少，导致人工智能和法学之间的专业鸿沟很难跨越。

（二）人工智能法治应用存在“数据侧”短板

从当前人工智能法治应用的基础设施看，长三角区域无疑是我国最具实力的地区，杭州、上海和合肥均位列中国计算力领先城市前 5 名；科大讯飞等众多“科大系”企业，阿里巴巴城市大脑等国家级人工智能开放创新平台都选择在长三角地区布局。但足量、优质的数据输入是应用的前提。目前，全量优质的司法（案件）数据收集尚存在相当难度。概言之，问题主要集中在以下两个方面：

1. 数据采集厚此薄彼。在司法办案中，案件数据的采集、整理是人工智能法治应用的前提与基础，也是目前人工智能法治应用亟需解决的前端难点。如人民检察院作为国家法律监督机关，是唯一全程参与民事、刑事、行政三大诉讼程序的司法机关，其司法办案活动多样复杂，司法实践中出现因对检察机关“司法案件”的理解不同导致的数据偏差。[1]

2. 新型数据应用滞后。在整合数据的过程中，法院、检察院的案件管理部门及一线业务部门在共享、分析数据时，仍以传统的文本数据作为分析研判的主要素材，大量与案件相关的音频视频数据、在系统应用过程中产生的

---

〔1〕 例如，实践中对于未完成的刑罚执行监督案件是否应作为“案件”输入系统；对于受理审查后没有发现严重问题，不需要提出监督意见的，是否应当作为“案件”纳入数据统计等，均存在争议。

日志类信息等均未纳入共享、分析与研判的视野内，导致这一部分数据价值无法充分发挥。

（三）“人工智能+法治”领域存在大量“留白”

1.“人工智能+法治”应用落地存在瓶颈。目前，除“206系统”等少数项目外，真正能实质性落地并在司法实践中取得明显成效的“人工智能+法治”应用数量并不多。相比之下，西方主要国家因起步较早，部分应用已经实际触及司法的应用“痛点”。例如，COMPAS软件在美国司法系统中被用于评估犯罪人的再犯风险，辅助法官作出更科学合理的量刑。[1]

2.“人工智能+法治”应用领域相对单一。目前，我国人工智能法治发展势头良好，但发展的领域相较于世界其他国家仍较为单一，主要集中在法院、检察院领域，少部分涉及立法。在商事合同领域和律所服务领域，相应的人工智能建设基本处于空白状态。即使是司法领域应用较广的审判智能辅助系统，也更注重对于案件的形式审查，而实质审查不足。

（四）“人工智能+法治”纵深发展存在主客观制约

1.“人工智能+法治”纵深发展存在理念分歧

大部分学者都认为“人工智能+法治”的结合是大势所趋，且将给相关领域带来深远影响。但是，随着研究的不断深入，司法领域实则出现较大分歧。有言论称人工智能的不断发展或许代表着人类正在逐渐走向灭亡。与此同时，也出现了技术能够解决一切问题的片面技术理性论调。

质疑人工智能在司法领域应用合理性与必要性的观点主要包括：

一是人工智能法治应用的合理性存疑。有观点认为，案件的审理应该同步实现社会效果和法律效果。人工智能虽然有可能在简单案件中得以应用，但绝不可能在纷繁复杂的案件中形成有温度的正义判决。

二是人工智能法治应用或将导致责任主体不明。有观点认为，用人工智能办案，如法院用人工智能辅助法官审理案件，法官的判决可能受到其所使用的人工智能辅助办案程序的影响，一旦出现错案，相关主体之间的责任承担难以界定，将影响司法责任制的贯彻、落实。

---

〔1〕 参见洪冬英：《司法如何面向“互联网+”与人工智能等技术革新》，载《法学》2018年第11期。

2. “人工智能+法治”纵深发展存在客观技术障碍

一是法律数据短板在短期内无法充分补齐。从全国范围观察，目前我国网上可查的裁判文书的数量仅占审结案件的一半，法律数据数量不足。依据有限的数据信息提炼普遍的模式，显然有失偏颇。法律数据的质量也有待加强，公开的文书多为简单案件，其数据可挖掘价值较低。这些数据短板无法靠长三角区域的薄弱力量予以充分补齐。

二是算法黑箱的存在可能导致法治公正“失守”。部分学者和司法实务界人士认为，算法是决定法律人工智能成败的关键一环。所谓“算法”，就是分析、提炼、总结法律决策的规律，根据规律形成决策模型，预测未来裁判。在法律人工智能中，外界只能看到数据的输入以及裁断的输出，中间算法如何运作则不得而知，算法黑箱由此产生。司法裁判结论应经逻辑论证、旁征博引等过程，如只有结果无法令人信服。

三是人工智能法治应用领域的人力资源相对匮乏。一方面，法律界不掌握人工智能技术，少有运用的实证研究；另一方面，人工智能界的很多技术员虽有高超的编码技术，但因其法律知识欠缺，导致其研发出的产品实际效用并不理想。

四、完善长三角区域“人工智能+法治”合作的建议

（一）长三角优势互补，完善“人工智能+法治”合作质效

在人工智能技术人才储备与行业发展方面，长三角沪苏浙皖四地与其他省份相比，均具明显领先优势。例如 2023 年，上海规模以上 AI 企业数量达 350 家，产值达 3800 多亿元，几乎是 5 年前的 3 倍，该市数据资源丰富，且集聚了全国 1/3 的人工智能人才，各项技术全国领先。[1]破解人工智能在法治领域存在的业务与技术“两张皮”的现象，一方面需要沪苏浙皖四地进一步加强人工智能产业基础层的发展，大力发展人工智能基础技术；另一方面，对于人工智能应用较多的法院审判、检察办案等法治应用细分领域，应结合我国司法体制改革，区域间各取所长，加快“人工智能+法治”应用落地。再

[1] 参见 https://www.shobserver.com/wx/detail.do?id=699393，最后访问日期：2023 年 3 月 1 日。

者，应进一步完善一线法官、检察官参与智慧司法建设全过程机制，坚持以人为核心发展人工智能，促进政府与各参与要素的互动融合，提升智能化治理水平。

（二）以应用为目的，提升司法大数据的“量”与“质”

1. 完善数据采集指标。要实现司法大数据“量”与“质”的提升，当务之急是完善司法机关内相关业务办案系统的办案数据采集指标设置，尽可能地涵括法院、检察院等各政法机关的业务办案数据，同时为系统预留新数据空间。唯有如此，相关业务办案系统才能真正成为办案数据全涵盖、办案流程全覆盖的司法大数据生产、存储、运用平台。

2. 强化数据挖掘整合。司法大数据有效应用的关键在于数据的充分挖掘与有效整合。当然，数据挖掘整合的范围并不局限于司法系统内部的“原生数据”，最大限度破除数据界别壁垒，最大限度实现数据跨界共享是强化数据挖掘整合的密钥。[1]因此，通过其他政府机关、企事业单位、社会组织等共享“关联数据”，也是数据挖掘整合的重要目标。

3. 拓展数据应用空间。在司法领域，目前大数据应用领域主要集中在：（1）业务办案。如最高人民法院立项开发建设量刑智能辅助系统就是司法大数据智能辅助量刑的创新探索。基层司法机关同样也在进行积极的研发和探索。如上海市青浦区检察院主导研发监督信息管理平台用于诉讼监督业务领域。（2）业务管理。司法大数据系统的构建与应用将拓展司法案件流程监控与质量评审空间。如上海市闵行区检察院的“检察官执法办案全程监控考核系统”，将相关数据运用于检察官办案管理与业绩考评工作。[2]

（三）以需求为导向，研发“人工智能+法治”领域智慧应用

1. 推进长三角“智慧法院”“智慧检察院”建设。重点包括：（1）整合司法业务专家、大数据技术研发骨干对逮捕、起诉证据标准及监督、定罪要素等规则进行梳理，构建基于大数据分析的渐进式证据标准指引与定罪要素体系建设；（2）探索创新跨区域司法大数据应用工作机制，共同推进“上海刑事案件智能辅助办案系统”（“206”系统）的推广应用等。

---

〔1〕 参见白建军：《法律大数据时代裁判预测的可能与限度》，载《探索与争鸣》2017年第10期。
〔2〕 参见林竹静：《顶层技术架构：检察大数据》，载《检察风云》2017年第8期。

2. 推进长三角“智慧公安”建设。具体内容：（1）推进建设智慧公安数据中心，打造长三角警务云，汇聚四地公安机关数据信息，统一数据标准，制定数据目录，建立应用认证授权体系，共同加强数据的结构化治理和分级分类管理；（2）推进建设智慧公安综合服务平台，打造长三角智慧公安一体化平台，统一接口规范，联通四地公安机关各类应用系统，加快实现数据分析模型的共建共用；（3）推动建设长三角警务视频云，推广建设应用智能视频监控设备，整合视频监控资源，打造无缝连接的“图像围栏”；（4）推广使用警务微信系统，努力使之成为长三角区域所有警务活动的出入口和警务合作的主渠道；（5）推进长三角地区治安防控跨区域协作平台、各地“雪亮工程”等信息基础设施建设，围绕各类社会治理要素，开发建设区域政法系统信息数据资源共享平台。

3. 推进长三角智慧法治系统集成。具体内容：（1）构建跨区域数据共享平台，梳理已有的数据产品，明确数据种类和数据量；（2）形成长三角法治信息化联络机制，建立沪苏浙皖司法厅局信息化部门通讯录，线上线下结合，沟通协调信息化支撑平安长三角、法治长三角有关事宜；（3）初步实现长三角政法部门信息资源共享，加强四省市司法厅局信息化部门间沟通，利用智慧司法大数据平台建设契机，争取上海初步形成长三角法治信息化数据资源集散中心，不断扩充数据资源；（4）升级完善“12348 上海法网 2.0 版”，在公共法律服务平台数据管理后台加大“苏浙皖”地区咨询数据统计，对涉案地区群众年龄、性别、经济状况、教育程度等进行细分，形成“人群画像”，对相关案件频发地及某一地区高发频发案件形成“热点画像”。

（四）出台实施细则，贯彻《人工智能与未来法治构建上海倡议》

1. 确立人工智能在法治应用中的辅助地位。人工智能技术在司法中的作用定位为“辅助司法”而非“替代司法”。这是由于随着人工智能技术在司法中的应用，司法工作人员可以从大量琐碎、基础、费时费力的事务性工作中解放出来，进而可以将最多的精力专注到司法核心业务上来。

2. 明确人工智能法治应用的归责原则与办法。针对人工智能在法治应用中可能涉及的错案责任承担及追责问题，考虑到短期内通过国家立法予以明确的条件尚未成熟，建议在长三角区域范围内，发挥先发优势，以地方性法规等方式，探索设置人工智能法治产品致损责任分担机制，如按照 AI 系统开发者和使用者的实际责任比例分担过错责任等。同时，可探索建立健全人工智能法治产品的保险体系。[1]

3. 培养“人工智能+法治”跨界人才。人工智能的出现，绝非对人类智慧的否定，“人的要素”仍是第一位的。长三角应充分发挥区位优势，最大限度地吸引和培养“人工智能+”高端人才，打造人工智能复合型人才高地。充分应对未来法律市场对“人工智能+法治”人才的迫切需求，未雨绸缪地做好复合型人才教育培养，如在法学课程设计中融入人工智能的相关课程，确保人工智能在法治领域的持续深耕，持续推动人工智能时代的法治进步。

〔1〕 参见张童：《人工智能产品致人损害民事责任研究》，载《社会科学》2018年第4期。

CHAPTER 2 第二章

人工智能在政府执法领域运用的探索与实践

第一节 人工智能背景下“一网通办”法治保障研究

一、“一网通办”的提出

经济与社会发展是一个不断破坏旧系统、开辟新领域的过程，没有破坏就没有创新。随着信息化应用持续推进，政府内部的组织创新、管理流程、服务模式与信息化的不相适应更加突出，只有通过强制性规定和要求，才能让信息化转化为各级政府的自觉习惯，实现管理理念到行动实践、行政文化的根本转变。[1]为此，政府要用法治眼光审视信息化发展，用法治办法破解发展难题，用法律制度保障信息化发展成果，结合运用互联网思维，形成更适合信息时代新要求的政府结构和运行方式。“一网通办”模式就在该时代背景下诞生及发展。

“一网通办”是指依托全流程一体化在线政务服务平台和线下办事窗口，整合公共数据资源，加强业务协同办理，优化政务服务流程，推动群众和企业办事线上一个总门户、一次登录、全网通办，线下只进一扇门、最多跑一次。[2]2017年起，时任国务院总理李克强多次提到实现政务服务的“一网通办”。

---

〔1〕 参见魏健馨：《大数据的法律价值解析》，载《黑龙江社会科学》2023年第2期。

〔2〕《上海市公共数据和一网通办管理办法》第3条第2款规定：“本办法所称‘一网通办’，是指依托全流程一体化在线政务服务平台（以下简称在线政务服务平台）和线下办事窗口，整合公共数据资源，加强业务协同办理，优化政务服务流程，推动群众和企业办事线上一个总门户、一次登录、全网通办，线下只进一扇门、最多跑一次。”

他在2018年5月16日的国务院常务会议上部署推进政务服务“一网通办”工作，更是在2019年政府工作报告中强调要抓紧建成全国一体化在线政务服务平台，加快实现“一网通办”、异地可办，使更多事项不见面办理，确需到现场办的要“一窗受理、限时办结”“最多跑一次”。为加快推进“一网通办”改革，根据国家有关要求以及市委、市政府工作部署，上海市政府办公厅印发了《2019年上海市推进“一网通办”工作要点》，对一网通办工作提出了新要求。

二、“一网通办”与智慧政府关系的多维度分析

“一网通办”是用互联网思维和法治视角，重新审视审批事项精简、审批时间缩减、服务流程再造的可能性，形成一体化政务服务模式，网上服务与实体大厅、线上与线下服务相结合的政务模式。“一网通办”模式是建设智慧政府的技术途径，也是政府职能转变的重要标尺，更是智慧政府的核心标志。推进“一网通办”工作，建成“一网通办”的框架体系和运转机制，实现以政府部门管理为中心向以用户服务为中心转变，实现群众和企业办事线上“一次登录、全网通办”，线下“只进一扇门、最多跑一次”的新的政务模式，从而推动建设整体协同、高效运行、精准服务、科学管理的智慧政府。

何为智慧政府？部分学者从科技和工具的角度出发，将智慧政府归结为：政府以互联网、人工智能、大数据、知识链等新兴技术为依托，提高政府监管、服务、办公以及决策的智能化水平，以实现信息高度共享、资源整合利用、效率极大提高的执政目的。但这种解释较为机械。依据字面含义，从公共管理领域角度考察，智慧政府中的“智”代表智能化，“慧”代表人文关怀，是信息社会背景下现代化技术与新时代执政理念的结合。更进一步来说，智慧政府应以“智”为根本，即以服务群众作为根本的价值追求，以“慧”为手段，即以电子政府、信息平台等工具或媒介为手段，以提高政府服务能力。一言概之，智慧政府是指以公众服务为导向、以大数据为资源，借助云计算，通过信息资源全面融合，以提供统一完善服务体系为特征的新型政府形态〔1〕，是高效政务服务的集中体现。而“一网通办”模式正是智慧政府

〔1〕姚远：《双网“智”理：“一网通办”和“一网统管”的比较研究》，载《情报探索》2022年第8期。

概念的完美诠释。

1. “一网通办”有助于转变行政管理理念

智慧政府相较于传统政府，更关注民众的需求，注重公众参与，努力创造共建共享、良性互动氛围。随着网络和手机的普及，越来越多的社会公众通过网络、手机与政府进行信息互动。[1]“一网通办”工作的推进，必须注重以公众和社会需求为中心，在打破部门原有的业务框架，创建新的工作流程和处置方式，信息化工作从“可选项”成为“必选项”的前提下，将在线办理比例、服务办理时间、服务响应速度、行政执法信息化能力等事项的可量化成为考核评估行政能力的重要依据。由此，服务型政府理念将在此过程中自然而然地植根、深入，“各自为政”的工作理念将逐步转向全局考虑，协同合作。

2. “一网通办”有助于促进信息资源融合

“一网通办”工作对于各领域、各部门业务信息化的标准化建设提出更高要求，更趋于全覆盖、一体化的信息采集；对从中产生的数据、信息的分享与再利用，将推进跨部门业务协同和资源共享；对数据信息的挖掘、分析和展现，将为管理部门的科学决策水平提供依据；无纸化办公，将干部履职的知识和经验转化为信息，形成业务信息共享库，让更多干部成为“通才”，提升城市突发应急事件的响应能力。[2]“一网通办”模式利用大数据、互联网、云计算以及人工智能显著降低“人人互联，物物互联”的交易成本，为共享发展提供技术支撑；同时，利用新一代信息技术搭建一个能够融合资源、信息、机会的平台，使每个人处于平等地位，实现去中心化，为共享发展提供平台支撑。[3]

3. “一网通办”有助于构建科学决策模式

“一网通办”过程中产生的大数据为定制民生提供了重要依据。积极开展大数据应用以及数据挖掘、综合分析，实现数据从无序到关联、从静态到动态、从隐性到显现，将“碎片化”数据转变为服务力、竞争力和创造力，转

---

[1] 参见张梁、董茂云：《“数字法治政府”：概念认知、机理阐释、路径塑造与机制构建》，载《求实》2023年第5期。

[2] 参见林必德：《智慧政府：用法治武装头脑》，载《上海信息化》2015年第10期。

[3] 参见孙笑侠：《数字权力如何塑造法治？——关于数字法治的逻辑与使命》，载《法制与社会发展》2024年第2期。

变为细化服务、深化监管、科学决策和数字考核的重要支撑〔1〕，使领导掌握精确信息，作出正确性决策，减少风险性决策。“一网通办”将助力围绕政府工作的约束性指标、考核指标和监管底线，加快建成辅助领导决策的智能平台，整合各地区、各部门办公应用和业务系统信息资源，采集有关行业、企业、研究机构的重要信息数据，逐步建立决策信息资源库，为领导决策、研判重大事项提供有效依据和支撑，增强政府对突发事件的反应能力、民意回应力和预测、预警能力。

4. “一网通办”有助于深化社会协同治理

智慧政府治理以大数据资源为依托，整合动员各个部门、各类组织和各种团队的力量，共同参与政府治理，形成政府主导、部门联动、企业支持、社会参与的动态网络协同治理新格局。〔2〕“一网通办”的可量化时间节点，有利于发现问题，推动全社会共同监督依法行政；工商税务、安全生产、产品质量、合同履约等重点领域的关键信用信息的强制归集、信息录入，有利于形成统一实用的信用信息服务平台；市场审批、服务信息和监管信息共享共用，有利于管理监管对象的全生命周期。大范围的信息化建设，有利于形成数据采集、问题发现、协同处置和结果反馈的社会管理体系。利用现代信息技术为社会、企业、公民等主体参与政府治理提供便捷多样的参与渠道，推动政府治理的多元参与与善治目标的实现，也正是智慧政府的建设目标之一。

5. “一网通办”有助于完善政府服务体系

“一网通办”模式要求全力推进信息公开、在线服务、公众参与、用户体验，使政府网站成为信息公开和公共服务的重要平台；要求围绕简政放权，聚焦权力清单、责任清单和负面清单，实现审批、服务事项尽可能上网，推进权力全流程网上运行，公共服务网上运行全面普及；要求逐步整合各领域、各行业的对外服务事项和网上办事窗口，建成一体化的网上政务“单一窗口”。同时，针对不同社会群体对公共服务的具体诉求，要求借助大数据技术分析，加强评估，跟踪民众网上办事数量、办事时长、办事满意度等指标，

〔1〕 参见陶希东：《上海全面建设安全韧性城市：经验、问题与策略》，载《科学发展》2023年第1期。

〔2〕 参见翟慧杰：《技术赋能市域社会治理现代化创新研究》，载《行政管理改革》2023年第8期。

以此作为衡量公共服务效能的标准；要求推进网上服务人力、物力等资源的重新配置，构建一个立体化、多层次、全方位的公共服务体系，丰富公共资源供给途径，出台更多便民措施，从而进一步完善政府服务体系，实现网上服务和窗口服务无缝对接，增进政府与公民的双向互动、同步交流，提高公共服务的效能和公共服务的社会满意度。

三、"一网通办"建设和运行中面临的法律挑战——以数据全生命周期理论为视角

（一）"一网通办"数据获取的法律问题

"一网通办"的源头在电子数据的形成和获取。目前，在电子政务的技术框架下，基本上所有数据都可以电子形式接收和操作，即使是传统的线下获取方式，也可以在行政过程中进行转化，因此"一网通办"数据获取的法律问题与传统政府数据获取有很大的相通之处。依据现代法治理论，现代政府在维护社会秩序和保障私权和公共利益的行政过程中，享有向社会公众收集、制作并保存数据的权力，即政府的"数据获取权"，在学理上又被称为"信息形成权"，其合法性基础在于正确行政决策和信用社会建构以及政府保护私人权利和公共利益之管制权的有效运用的需要。政府部门在行政管理过程中将会获取海量数据、信息，这些数据、信息的获得来自政府以下权力：

1. 数据自主获取权

行政过程中可能自动生成、记录和储存有关公民、法人和其他组织的数据，在多数情况下，"政府管理即数据"。例如，在行政许可过程中，申请人为了获得权利和利益可能主动或被动地向行政机关提供各种数据，政府因此自然而然地形成了有关私人和政府自身的数据。或者，政府可以文件和会议形式来形成数据，开会既是从上到下传播和配置政府数据的行政手段，也是政府有目的性地生成数据的一种行政手段。此外，政府通过撰写分析报告来收集和处理数据。比如行政机关有义务撰写阶段性、专门性的报告。或者，政府对收集到的数据要进行分类、鉴别、总结、分析和评估，撰写总结分析材料和评估报告并将电子数据送交有关部门。

2. 数据申报接收权

政府既有权接收私人提供的数据，也可以强制要求私人提供数据，即政

府强制有关当事人主动申报特定数据或者被动提供特定数据。例如：纳税申报、社会保障补助申请、财政贷款申请、就业申请表填报等，这些数据请求直接或者间接地提交给行政机关，目的是实现行政管理。我国很多法律法规和规章都规定了政府数据申报请求权。例如，《城市居民最低生活保障条例》规定申请享受城市居民最低生活保障待遇，由户主向户籍所在地的街道办事处或者镇人民政府提出书面申请，并出具有关证明材料。

3. 数据强制披露权

政府要求当事人披露私人拥有的数据，包括环境数据、安全事故数据等。概括而言，政府的数据强制披露权表现为强制安全数据公示、强制交易信用数据披露和强制安全数据报告三种主要形式：（1）强制安全数据公示，主要是指对涉及消费者、劳动者和普通公众利益的必要数据通过一定形式进行公开披露。如《中华人民共和国食品安全法》规定食品和食品添加剂必须在包装标识或者产品说明书上标出法律法规规定的数据。（2）强制交易信用数据披露，主要是指在商事交易中，消费者、小企业、小股东处于数据不对称的不利地位，强制要求处于数据垄断地位的商事主体公开自己的活动。《中华人民共和国保险法》规定保险监督管理机构有权要求保险公司提供业务状况、财务状况、资金运营状况等有关的书面报告和资料。（3）强制安全数据报告，主要是指对涉及事故、公共健康和秩序、环境和财经安全等公共事件的数据，以一定的形式向有关行政机关及时准确地报告、补报、续报和通报，例如，《中华人民共和国审计法》和《中华人民共和国会计法》分别规定了审计结果报告制度和财务会计报告制度。

4. 数据调查权

数据调查权是政府的一项固有权力，根据政府数据收集的目的可以将其区分为两种类型，第一种是以预先形成数据为目的的调查和检查，主要是指统计调查和执法检查；第二种是以事后形成数据文件为目的的调查，主要是指行政行为决定做成前的行政调查。我国很多法律将行政检查作为一种特殊的收集数据方式，如《中华人民共和国税收征收管理法》（以下简称《税收征收管理法》）、《审计法》、《社会保险费征缴监督检查办法》、《控制对企业进行经济检查的规定》、《民用航空行政检查工作规则》、《财政检查工作办法》、《电力监管机构现场检查规定》、《基金会年度检查办法》等，分别规定了专门领域的行政检查及数据收集权力。

5. 行政调查

在现代行政中，行政调查作为行政机关获取数据、取得作出行政决定证据的基本手段，构成了几乎所有行政决定的必经程序和处置前提。[1]行政调查通常是指对涉嫌违法行为的立案调查、对有关事实或者行为的核查以及事故的调查，是行政机关主动运用的职权调查，包括传讯、鉴定与勘验等方式。例如，《税收征收管理法》规定税务机关调查税务违法案件时，对与案件有关的情况和资料，可以记录、录音、录像、照相和复制；《中华人民共和国反洗钱法》（以下简称《反洗钱法》）规定国务院反洗钱行政主管部门或者其省一级派出机构发现可疑交易活动，需要调查核实的，可以向金融机构进行调查。

"一网通办"处理的行政事项多涉及行政许可、行政确认、公共服务等，因而数据获取权主要涉及政府部门的自主获取权及数据申报接收权，这一数据获取行为将可能导致"数字鸿沟"现象在"一网通办"领域日益凸显。所谓"数字鸿沟"是指在信息时代因地域、收入、教育水准和种族等原因而形成的在数字化技术掌握和运用方面的差异，以及由此导致的不同群体在社会中面临的不平等现象。[2]诚然，公众确可通过"一网通办"等电子媒介获取在线服务、利用政务信息和参与政府决策，满足和解决自身的政务服务需求，但传统的弱势群体（如视力残疾人、老年人和农村贫困人口等），由于身体缺陷、教育程度和收入水平等主客观条件的限制在互联网接入过程中存在着严重的障碍，与"信息富有者"享有的信息并不平等，无法平等参与和分享"互联网+政务"所带来的便利和实惠，且占一定比重。因而往往容易转化为"信息贫困者"，无法全面、有效、准确地获取和利用政务信息，其利益诉求得不到充分的表达与采纳，由此形成的恶性循环将可能加剧了自身在政治、经济、文化等方面的弱势地位，这也与各地政府投入大量人力、物力、财力建设"互联网+政务"的愿景极其不符，甚至会影响到我国民主法治的进程。诚如美国未来学家阿尔文·托夫勒所说，各个高技术国家的政府所面临的一种潜在可怕威胁来自国民分裂成信息富有者和信息贫困者两部分，下层阶级

---

〔1〕 参见关保英：《行政法典制定与行政单行法关系研究》，载《法学论坛》2023 年第 3 期。

〔2〕 参见常健：《人的数字化生存及其人权保障》，载《东南大学学报（哲学社会科学版）》2022 年第 4 期。

和主流社会之间的鸿沟实际是随着新的传播系统的普及而扩大了，这条大峡谷一样深的信息鸿沟最终会威胁到民主[1]。

"一网通办"模式在提高公共服务质量和效益的同时，也有极大可能加剧传统弱势群体信息贫困的状况，这不仅有违宪法上的平等原则，也与"一网通办"服务大众的价值相悖。但这又是"互联网+政务"自身发展过程中不可避免产生的悖论，应着力避免"一网通办"不但未能成为改善弱势群体公共服务的利器，反而使弱势群体随着"互联网+"技术的愈加发达与信息富有者的距离逐步拉大而被排斥在主流社会之外这一现象的发生，从法律制度上保障弱势群体平等、充分地分享"互联网+"技术所带来的便利是"一网通办"模式建设和运行中所面临的一大重要挑战。

（二）"一网通办"数据管理法律问题

"一网通办"所承诺的"一网"不仅体现在时空上的"联网贯通"，还包含着整体政府对数据管理运行机制重塑的意蕴。2019 年 7 月，时任总理李克强考察上海市大数据中心时强调，用大数据改善政府服务、更好满足群众需求是深化"放管服"改革的重要内容。"一网通办"改革代表了从手工化行政到技术化行政，再到智能化行政的深刻行政革命。但是，着眼于"一网通办"的发展，问题与成绩同样凸显。

1. 电子证照、签章、材料的使用与效力

国务院办公厅、上海市政府办公厅都发文明确指出凡是能通过网络共享复用的材料，不得要求企业和群众重复提交；凡是能通过网络核验的数据，不得要求其他单位重复提供；凡是能实现网上办理的事项，不得要求必须到现场办理。《国务院关于加快推进"互联网+政务服务"工作的指导意见》中要求简化优化办事流程，能共享的材料不得要求重复提交，制定完善相关管理制度和服务规范，明确电子证照、电子公文、电子签章等的法律效力。目前，对于电子证照及电子签章的问题，国务院办公厅在《"互联网+政务服务"技术体系建设指南》中明确电子证照的可信等级为 ABCD 四个信用等级，包括政务服务实施机构产生的证照批文、政务服务窗口人员核验通过的证照信息、用户自制或者上传的证照批文等在符合特定要求后可以作为申请材料

〔1〕 参见［美］阿尔文·托夫勒：《力量转移——临近 21 世纪时的知识、财富和权力》，刘炳章等译，新华出版社 1991 年版，第 348 页。

使用；而2019年4月修正的《中华人民共和国电子签名法》（以下简称《电子签名法》）更进一步对电子签名作了相关规定。

以上海市为例，在实践操作层面，除非上级主管部门有全程电子化要求的，否则下属各部门还是以纸质申请材料作为首选，纸质证照是必不可少的，而电子证照只是为了便于相对人网上办事而签发，电子证照仍然需要依托纸质证照而存在，仅凭电子证照无法在线下窗口办理业务。其中的问题在于：

（1）电子证照、印章与纸质或实物材料的法律效力不明。中国的电子签章和证照仍然没有明确的法律规定其在行政管理领域与司法领域的法律效力。在国家和地方已公布实施的法律法规中，仅有《中华人民共和国行政许可法》（以下简称《行政许可法》）第29条和第33条对电子行政审批进行了原则性的规定，但此条款仅是笼统地规定可通过数据电文申请，并未确定电子化的行政许可何时发生法律效力，亦并未明确电子化的行政许可在何种情形下是可撤销、可补正或无效的。事实上，这并不是一部专门对电子行政审批进行规范的法律，只不过从法律的层面认可了电子行政审批的合法性。《电子签名法》仅有第35条[1]提到政务活动中的电子签名且为概括性的授权，且授权的主体为国务院或者国务院规定的部门，其余条款皆是规范电子商务领域中的电子签名，对政务活动并无直接的约束力，它在某种意义上属于电子商务法，适用于民事活动，能否将其适用范围从民事领域扩大到行政领域上需要进一步明确。《上海市公共数据和"一网通办"管理办法》虽对电子签名的效力作出规定，认可了一定条件下电子证照、电子签章的效力，但仅是地方规章，且还规定"具体管理办法另行制定"，目前尚未有细则出台，例如：对电子证照和电子签名的采集、使用有异议，如何进行救济，尚需进一步明确。

（2）电子证照、印章系统互通性差。上海市的电子证照库和电子印章库正逐步建立，改善了原先各印章系统不互通互认的格局，但具有局限性，无法在全国范围内互联互通。而从电子证照的应用范围来看，仅局限于互联网上的业务办理。比如，《上海市电子营业执照登记管理试行办法》规定电子营

---

〔1〕《电子签名法》第35条规定，国务院或者国务院规定的部门可以依据本法制定政务活动和其他社会活动中使用电子签名、数据电文的具体办法。

业执照在电子政务活动中的使用，但未明确规定可以应用于线下业务办理。

有关电子证照、电子签章存在的立法层级低，立法滞后，缺乏细则规定的问题，无法为“一网通办”的建设和运行提供制度支撑，一定程度上阻碍了“一网通办”在实践中的高速发展，国家必须通过顶层设计加以改善。

2. “一网通办”的业务和流程设置问题

国务院办公厅在《进一步深化“互联网+政务服务”推进政务服务“一网、一门、一次”改革实施方案》（以下简称《改革实施方案》）中要求通过技术创新及流程再造，提升政务服务效能，提高企业群众满意度。所谓流程再造是指将分散的、无序的行政流程进行归类、整合、排序，从而提高流程整体性的过程。“一网通办”的核心是为了深化“放管服”改革，实现政府职能转型，因此数据管理的实质是促进部门间线上数据共享基础上的网络协作，以及线下职能整合，从而提升整体性政府建设的效率。在不改变政府组织专业分工、职能分置的基本原则下政府各部门通过网络等现代数据技术实现协作，其基础是流程再造和审批标准的统一化。而现有的实践中却存在如下问题：

（1）“一网通办”业务的重复与保留。“一网通办”牵涉部门复杂，技术上不同部门都建有自己的专网，内容上不同部门业务有重合，也有差异。[1]对于如何分配业务，缺乏相关的内部制度加以固定，对于某些不适宜进行“一网通办”的业务，应保留传统审批方式，但又缺乏一定的考量标准；对于不同类型、领域的办理事项，不应追求无差异地“一刀切”办理。

（2）“一网通办”业务预审、审批环节不协调。《改革实施方案》要求前台综合受理、后台分类审批、综合窗口出件。实践中，流程设计不合理。当办理事项涉及两个及两个以上部门时，不同部门间又是按照本部门法的具体规定来编制行政许可事项清单、行政服务事项清单及其办事指南的，具有明显的部门化特点。那么，从行政管理部门角度来看，会出现如何共享、协同的问题；从“前台综合受理”部门来看，也会面临如何具体适用、选择政府不同部门的标准与要求的问题，比如：对于企业的信用评价、评分，目前上海市有经济和信息化委员会、市场监督管理局两套信用评价体系。

---

〔1〕 参见朱成燕等：《整体性治理视野下的地方行政审批路径优化——基于武汉改革的实践与探索》，载《武汉理工大学学报（社会科学版）》2020年第2期。

法律上，“前台综合受理”中的“受理”的含义未予明确。“一网通办”工作实践中，各方对此的理解存在较大差异，行政管理部门（审批部门）认为“前台综合受理”的“受理”只是收件，申请事项未进入审批程序；民众（申请人）则大部分认为，收件即受理，行政服务部门即代表行政管理部门；行政服务部门（受理部门）则认为“前台综合受理”既包括“收件”，也包括民众线上线下的咨询，即以便捷服务为出发点，为民众提供材料是否齐全的初审意见或答复有关审批事项的咨询[1]。认识的不统一，加之法律法规对“前台综合受理”的受理主体与“后台分类审批”的审批主体之间的法律责任边界规定不明，使得实体大厅和线上办理等功能的深度融合工作推进迟缓。

（3）“一网通办”的监管依据不足。国务院文件要求推进“放管服”一体化改革，做好放管结合，但对于事中事后监管并没有相应的制度和技术跟进，联合惩戒制度本身目前只是通过文件、备忘录的形式予以规定，涉及的惩戒项目依据散见于各领域的专门法律法规之中，难以有力贯彻执行。

（三）“一网通办”数据运用法律问题

1. 政务数据的概念及权属

“一网通办”模式的目标之一是汇集政务数据，以便后续的数据利用。对于政务数据权属不明的问题，应从以下几方面考虑：

（1）厘清什么是政务数据。政务数据的核心内涵是在履行行政职权过程中，利用行政权力依法采集、收集、获取、制作形成的数据，但也包括行使行政权力或提供公共服务的企事业单位、社会团体掌握的数据。目前，实践中基本没有将行使行政权力或提供公共服务的企事业单位、社会团体掌握的数据纳入电子政务数据中。

（2）明确政务数据的权属是数据共享和开放的基础。政务数据的权属不清易造成权责不清、利益分配不清、侵权处罚不清等各类问题。实践中，对政务数据的权利归属缺乏明确的规定，使得数据记录者（如政府或企业）与数据生产者（如个人或企业）之间的权利互相交集，数据记录者在采集和运用数据时可能存在侵权的风险。确权划定了权利边界，是权利运用和保护的基础，也是利益保护的重要手段，更是后续激活海量数据资产，使其在有序

---

[1] 参见赵勇：《推进“一网通办”从“能办”向“好办”“愿办”深化的思路和对策》，载《科学发展》2021 年第 11 期。

流通中释放潜在价值的前提。在权属明确的情况下，权利主体就能敢于运用数据，从而促使数据挥发其潜在的价值，推动数据产业健康快速地发展。

（3）与之相关的是对政务数据中涉及的个人信息和个人隐私的保护。《民法典》第111条只规定了自然人的个人信息受法律保护及获取个人信息的注意事项，第127条规定了法律对数据、网络虚拟财产的保护有规定的，依照其规定。《网络安全法》在第4章网络信息安全中详细规定了网络运营者收集及保护个人信息的措施。但其他法律目前没有关于数据权利性质和归属的规定。上海制定了《上海市政务数据资源共享管理办法》《上海市公共数据和一网通办管理办法》《上海市公共数据开放暂行办法》等一系列规定，但对数据权属问题却未予明确；《福建省政务数据管理办法》则明确政务数据资源属于国家所有，纳入国有资产管理。总体而言，有关数据权属问题，相关立法也没有形成统一。

2. 数据共享壁垒

数据共享是指在特定的条件下（如法律法规规定或授权）一个政府部门可以通过一个操作系统读取、运算、分析其他政府部门数据的运作方式。现实生活中，各政府部门掌控着社会方方面面的数据，如个人信用、医疗卫生、交通出行等，但在各级政府建设“一网通办”平台的浪潮中，却仍存在彼此之间较难互联互通，数据不易共享，各个系统成为封闭式的独立单元，形成信息孤岛的现象，未能实现部门间信息的共享，也未发挥出自身应有的价值。究其原因，从技术层面来看，现代的云技术足以实现数据跨地域、跨层级、跨部门、跨行业间无障碍共享，因此信息壁垒、信息堵塞不单是技术的问题，而是由以下深层次原因所致：

（1）条块分割的体制。长期以来，我国行政管理体制采取的是纵向层级制和横向职能制的二元结构，部门分割、多头管理、职能重叠、协同能力孱弱等弊病严重，有时会出现各自为政、缺乏整体协作的现象。[1]

（2）信息寻租的驱使。对于政府部门而言，在数据采集过程中付出了较大的人力成本和管理成本，而拥有信息的多少可能也意味着掌握权力的大小，故而以各种理由阻挠政务信息的整合。

---

〔1〕参见聂帅钧：《挑战与回应：“互联网+政务”建设和运行的法律保障》，载《福建行政学院学报》2016年第5期。

（3）共享标准的不明。《上海市政务数据资源共享管理办法》明确行政机构是政务数据资源共享的责任主体，但由于对共享数据价值的认识不同，也没有明确统一的标准作为依据，各行政机构提供的数据目录完整性不够，对需要共享的数据范围、格式要求、共享程度也基本由各行政机构根据梳理情况自行确定。

（4）法律规定的欠缺。现实中各部门间的数据共享与互认往往呈现部门间“一事一议”，该模式耗费时间长、结果存在不确定性，总体效率不高。如《上海市政务数据资源共享管理办法》第 14 条第 2 款规定，资源提供方应当在收到书面申请后 10 个工作日内，提出是否同意共享的意见及理由，显然这种数据交流模式已滞后于“一网通办”改革要求。2018 年 11 月 1 日起施行的《上海市公共数据和一网通办管理办法》则规定对数据共享实行分类管理，要求使用无条件共享类公共数据的，应当无条件授予相应访问权限；要求使用授权共享类公共数据的，由市政府办公厅会同相关市级责任部门进行审核，经审核同意的，授予相应访问权限。该规定相比《上海市政务数据资源共享管理办法》第 14 条的规定，更符合“一网通办”模式建设的初衷、提升服务能级，但该规定对于具体的审核程序，审批的时间节点、审批的标准却未予明确规定。

3. 数据开放风险

数据开放是指公共管理和服务机构在公共数据范围内，面向社会提供具备原始性、可机器读取、可供社会化再利用的数据集的公共服务。[1]数据共享开放的深入发展可以极大地利用现有的数据资源，充分挖掘现有数据的使用价值，降低数据搜集、录入等的成本。但是，在现代社会中，政府部门出于维护安全、公共服务等需要，服务相对人个人信息越来越多地被政府部门收集和利用，这一两难的局面在“一网通办”推行的过程中被进一步放大。在行使行政权的政府部门不断以对个人信息的需求换取公共服务的提升过程中，可能产生将个人信息用于不正当目的，或是过度侵犯、滥用个人信息的风险，而服务相对人，却早已丧失对这些信息的掌控，甚至对于信息的收集、保存、处理、

〔1〕《上海市公共数据开放暂行办法》第 3 条第 2 款规定：“本办法所称公共数据开放，是指公共管理和服务机构在公共数据范围内，面向社会提供具备原始性、可机器读取、可供社会化再利用的数据集的公共服务。”

传递和利用整个过程一无所知，其对自身权利的维护便难以实现。借助“一网通办”而形成的无缝隙政府一旦失去法律的控制，将可能演变成“透明公民—信息政府”的格局，从而给服务相对人基本权利造成极大侵害。

时任上海市委书记李强在十一届市委三次全会第一次全体会议上提出，数据已经成为重要的生产资料，而数据的开放共享又涉及数据安全、商业秘密、个人隐私保护等，需要建立基本的管理制度。目前，国家层面缺乏政府数据开放基本法，仅出台数据开放的指导性文件《促进大数据发展行动纲要》，尚未制定专门的关于数据开放的法律，地方政府对此方面进行了一定尝试。2017 年 4 月贵州省颁布了我国第一部地方性政府数据开放法规，即《贵阳市政府数据共享开放条例》（已被修改），2019 年 8 月 29 日上海市公布《上海市公共数据开放暂行办法》，对开放数据侵犯商业秘密和个人隐私的处理作出规定，但对于不满处理时如何救济并未进一步作出规定。

四、“一网通办”的法治保障

目前我国并无统一的“一网通办”立法，而是散见于相关的法律法规之中，这些法律法规虽然初步构成了“一网通办”的法律体系，但是立法分散、混乱，层级较低，而且很多并非专门规制“一网通办”本身，只是在具体条款内容上针对其某一方面有所涉及，这样的立法机制无法形成统一的整体，指导“一网通办”的发展，还易造成各地建设标准不一、立法重复与冲突等弊端。

（一）规范数据获取，破除数据鸿沟

世界进入信息时代，数据是国家间竞争的最大资源，作为一个负责任的政府，收集数据是应尽的法律义务，而公民和社会也有向政府机关递交数据的配合义务，但这种配合义务并不是无限制的，随着数据收集的工作量越来越大，政府必须按照最小负担原则向公众获取数据，规范数据获取，才能破除数据鸿沟。

从宏观层面看，破除数据鸿沟，改善“信息贫困者”知识贫困的局面，可通过大力推动信息化教育，普及网络知识和计算机操作常识，提高“信息贫困者”获取、吸收互联网信息的能力，从而为实现互联网上的平等权提供软件基础。具体可通过开展“进社区”宣传活动展示微博、微信、网上办事大厅和其他手机 APP 等政务服务平台；可通过“下基层”业务培训提高基层

民众运用政务服务平台的能力。从微观层面看，国家在提升“信息贫困者”“一网通办”整体应用能力的同时，还应考虑到存在的个体差异，尤其是针对接受能力弱的老年人和身心障碍的残疾人，对其应采取特殊的优待措施和服务内容。从法律层面看，完善、细化有关法律法规中涉及数据获取的条款，规范“数据获取权”的行使，可以在一定限度内缩小“数据鸿沟”。

针对“数据获取的正当性”，可以考虑从以下三方面进行规制：

其一是“履职必要”。《中华人民共和国政府信息公开条例》第2条规定：“本条例所称政府信息，是指行政机关在履行行政管理职能过程中制作或者获取的，以一定形式记录、保存的信息。”“履职必要”是政府获得数据的必要前提，也就是说，获取数据仍要受依法行政的规制。我国有关法律、法规和规章规定，行政机关进行数据收集应进行必要性判断，《中华人民共和国统计法》（以下简称《统计法》）第15条规定：“统计调查项目的审批机关应当对调查项目的必要性、可行性、科学性进行审查，对符合法定条件的，作出予以批准的书面决定，并公布；对不符合法定条件的，作出不予批准的书面决定，并说明理由。”

其二是“权限合法”。政府的数据形成权必须有法律根据，不是所有的行政机关都有数据形成权，有权力的行政机关也不是在任何时间、场合和事项上都有数据形成权，必须通过法治手段来抑制政府的数据形成权的滥用。如《中华人民共和国反恐怖主义法》（以下简称《反恐怖主义法》）第9条规定：“任何单位和个人都有协助、配合有关部门开展反恐怖主义工作的义务，发现恐怖活动嫌疑或者恐怖活动嫌疑人员的，应当及时向公安机关或者有关部门报告。”可见，若相关主管部门进行反恐活动时，享有极高的权限进行数据获取，而在从事一般的行政活动时则没有同等权限。另外，我国国务院组织实施的全国性统计普查有明确的、严格的、高位阶的法律规定，但是，国务院各部门和地方各级人民政府及其部门的统计调查基本上是由行政规章、规范性文件或者同级统计机构来规范或批准的。大量数据收集和处理的问题并未完全纳入我国统计法律制度的全部调整范围，这导致大量的政府数据形成权的行使缺乏法律根据，或者所依据的授权法律规范的位阶很低。例如，《电力监管机构现场检查规定》《财政检查工作办法》《民用航空行政检查工作规则》《基金会年度检查办法》《个体工商户建账管理暂行办法》《个人所得税自行纳税申报办法（试行）》等都是部门规章。由行政规章来界定或者限制基本权利和利益，这本身就已经违反或弱化了法治原则。

其三是“程序正当”。在我国，目前很多行政领域的数据获取已经规定了相关法律程序。如按照《统计法》及相关规定，统计调查需要编制调查计划和调查方案，并经主管机关逐级审批，统计调查计划应当列明：项目名称、调查机关、调查目的、调查范围、调查对象、调查方式、调查时间、调查的主要内容；统计调查方案应当包括：供统计调查对象填报用的统计调查表和说明书；供整理上报用的统计综合表和说明书；统计调查需要的人员和经费及其来源。另一方面，我国的行政检查程序多由国务院各部门自行制定行政规章，虽然法律位阶很低，但是也逐渐建立起了一套比较有益的行政程序。例如，《电力监管机构现场检查规定》和《财政检查工作办法》规定了相似的行政检查数据收集程序。在“履职必要”与“权限合法”的大前提下，数据获取的正当程序需要满足如下要求：首先，个案中的数据采集应当遵循内部程序，即经过负责领导的统一审批流程；其次，数据采集必须基于初步的证明责任，附有合理的理由说明；再其次，数据采集决定应当是形成要式的法律文书；最后，相关权利人还要被告知对被采集数据享有法律上的救济权。

（二）明确电子材料效力，提升利用效能

“一网通办”是为了让数据多跑路、群众少跑腿，方便企业群众办事，提高政府办事效率。加快明确电子材料的使用效力，才能使行政审批系统今后通过调用电子证照库数据实现数据的自动补全与数据校验，实现电子材料跨区域、跨部门、跨领域的互通、互认、互用，提升政府服务效能。针对前述数据管理中电子证照印章的问题，其在技术层面已经完全能够获得解决，但还要通过以下途径来改进：

1. 加强与第三方企业的技术合作

国务院或地方政府文件要求积极开展全程网上办理的政务服务，实现“最多跑一次”或“只跑一次、一次办成”，因此要有更强的技术支持。上海市完全可以学习最高人民法院、浙江省高级人民法院与阿里巴巴集团、腾讯集团在浙江试点互联网法院合作的经验，积极与第三方网络企业进行合作，通过移动端的人脸识别、指纹、电子签名等新技术，解决个人识别问题。甚至可以建议由市级层面制定相关法规或规章，明确网络实名认证、身份核验的合法性，不仅将使用电子签章数据的申请视为具有法律效力，还明确其余

通过网络进行实名认证、身份核验等第三方服务运营商认证方式的法律效力。

2. 个人征信机制的运用与接入

电子政务方面的签章效力目前在我国法律规制方面所存在的空白，单独依靠地方立法难以完善该制度，同时在复杂的市场环境下，不可避免会有市场主体在利益驱动下可能对填报内容造假，因此电子签章的推广运用必须配合相应的征信制度，与《上海市社会信用条例》中的严重失信主体名单进行衔接，建立有效的惩戒机制。

3. 制定完善相关法规或规章

主要应包括以下方面内容：(1) 在统一接收和制作标准的基础上，在特定范围内认可行政相对人提供的电子数据和政府发布的各类电子证照的法律效力，使之能够等同于现场提交原件材料申请的效力。同时，各级行政机关接受电子方式提出申请的，不得同时要求公民、法人和其他组织履行纸质或者其他形式的双重义务。(2) 统一电子证照发放与电子印章使用系统，采纳认可符合《电子签名法》规定的可靠电子签名。为实现电子证照、电子签章在各行政管理部门之间的互认奠定基础。(3) 界定和处理恶意申请、非本人申请等问题，行政机关可以在办理公民、法人和其他组织申请事项时，接受能够识别身份的电子方式的申请；反之，则予以拒绝，并作出相应的处理。(4) 对法规、规章和规范性文件中要求必须现场签名、提交纸质材料的条款进行修订清理。(5) 尽快围绕《国务院关于加快推进全国一体化在线政务服务平台建设的指导意见》的部署，进一步完善我国《电子签名法》《电子认证服务管理办法》《电子认证服务密码管理办法》等法律法规。

（三）再造业务流程，提高审批效率

流程再造是优化政府内部工作流程的要求。“一网通办”的相关流程再造并不涉及影响行政相对人的程序和实体规范，而是在既有的法定框架内的行政能力建设，也是政府自我加压和高标准的体现。可以从以下几方面把握：

1. 重构行政组织架构

从体制机制和制度安排的层面，对部门内部职能职责、处室架构、人员配备等进行全面、系统、彻底的整合重构，把部门内部流程和跨部门、跨层级、跨区域的流程全部纳入整合重构范围，努力实现办事要件标准化，一方面让民众了解办事地点、办事需要提供的材料和流程；另一方面梳理形成和

优化行政审批的标准化流程，减少和限制行政审批和服务人员的自由裁量权。“一网通办”同时应当重视行政效率的提高，减少行政机关工作人员的繁重负担。通过“一网通办”的信息化建设，也是为了缓解既有的行政压力，虽然现阶段在过渡期，可能需要有关部门的工作人员承担职能转型期间的兼职和学习任务，但要注意的是，不能为了信息化而信息化，倒逼工作人员承担线上线下两组工作量，要逐渐完善行政作业前端的无纸化办公配套制度的保障。

2. 设置差异化办理深度

在“一网通办”平台建设时，应考虑到部分业务领域保留传统审批方式，而有些业务领域的事项则不可能实现“一网通办”。不同类型、领域的事项上网办理深度应存在差异，不应简单地追求数字，而要实事求是，从是否真正能够为行政相对人提供便利的角度来判定权力事项的上网深度。以发改委情况为例，在项目审批领域，使用企业自有资金的核准类项目和使用政府性资金的审批类项目，管理要求、监管重点等均差异较大，上网深度应区别对待。此外，在推进过程中，建议点面结合，可重点聚焦群众反映度较高的办事事项，率先突破，提高网上办理的深度和便利度，提高群众满意度。

3. 优化预审审批流程

预审流程的梳理和优化是行政审批事项“只跑一次”升级改造的重点工作。一是通过立法明确职权与授权。通过内部文件的形式快速解决市区两级部门的相对集中行政审批权和窗口授权到位问题，明确行政服务中心和社区事务受理中心的业务指导关系，以及行政审批部门与承担管理职能部门的职责定位、工作机制，进一步梳理行政审批部门与同级其他部门及上下级政府部门间的工作衔接办法和协调配合机制。二是深度协调“一网通办”业务办理预审环节。预审环节应该作为办事的审核内容，在推进“一网通办”建设的过程中，只有对各业务委办局预审环节准确定位，才能真正给老百姓和企业办事带来方便。“一网通办”不仅要求形式上实现“网上办事”，更重要的是业务内容的支持，涉及事项的清单管理、要素的标准化、审批流程优化等内容。三是制定电子政务总体管理规范和相关标准。在“网络+政务服务”标准化管理体系下，推进业务流程优化再造、协同应用建设等，制定出台“一网通办”地方标准。

4. 强化事中事后监管

在推进“一网通办”改革的过程中，前端办事流程的优化、便利化必然对事中事后监管提出更高的要求。建议以法规、规章或规范性文件的形式，清晰界定事中事后监管事项的范畴，做到权责统一，即每一项权力事项都应有监管职责，结合行政检查、行政处罚的职责开展有针对性的监管；强化告知承诺后的事中事后监管，对事中事后监管联合惩戒适用范围、工作体系、实施程序、争议解决等进行较为详尽的规定，并编制联合惩戒事项目录；在规定监管责任主体的界定以及协同监管的实施上，以切分监管责任为原则，以协同监管为补充。

5. 统一权力事项的分类标准

“一网通办”不仅要求形式上实现网上办事，更重要的是业务内容的支持，这主要涉及事项的清单管理、要素的标准化、审批流程优化等内容。为此，建议制定电子政务总体管理规范和相关标准。在“网络+政务服务”标准化管理体系下，推进业务流程优化再造、协同应用建设等，可先行制定出台“一网通办”地方标准。无论是行政审批、许可、行政权力事项还是服务事项，首先应形成确定的分类标准以及明确各类别具体的定义和内涵，再由唯一的牵头部门进行主导和分配，确保“一个来源、一口管理”。

（四）依法数据共享开放，保障安全和隐私

在政务数据管理运用的实践过程中，我国面临的各类数据安全和数据隐私的挑战，将成为阻碍政务数据管理运用的最大瓶颈，也将是制约“一网通办”进一步推进的核心问题。如何平衡好政务数据的运用与数据安全、个人隐私间的关系，建立有效的预防机制和问责机制，是法律法规、政策、技术标准、管理制度制定及实施过程中必须考虑的问题。

1. 建立大数据中心的管理制度

各级行政机关以及履行公共管理和服务职能的事业单位在通过“一网通办”履行职责过程中，形成了海量数据，上述数据应由某一部门例如大数据中心来进行公共数据归集、整合、共享、开放、应用管理和组织实施“一网通办”工作。职能整合需要行政流程的整体化和审批标准的统一化，在此基础上的网络协作又为数据共享提供了平台支持。换言之，数据共享是与职能整合和网络协作协同推进的。网络协作借助网络将政府各部门在线上实现联结，搭建了整体性政府的线上基本架构。但单独的网络协作并不能实现整体性政府，因为网络协作本身并没有从根本上解决政府职能碎片化的问题，政

府各部门间还是处于相对隔离的状态，突出表现在“数据壁垒”“数据孤岛”等。因此，通过建立大数据中心，能够统一推进政府部门间的数据共享、提升政府各部门的数据融合程度。

2. 立法明确政务数据权属

“一网通办”的目的在于实现事权下放、数权上收，实现统一对外服务。可以通过专门立法进一步强化大数据中心的数据管理职权，明确政务数据的公共属性，即政务数据是国家财产，由本级政府行使管理职权，而绝不是某一个部门的财产，以此来改变政府各部门条块分割的状态。

数据的管理运用权属体现为：（1）管控数据源头，在数据的采集环节规范采集权力的行使。需要明确数据的权力主体，大数据中心即可以以本级政府的名义采集数据，而委托公共机构采集数据也应当按照授权，面对新业态，政府可以采取柔性的合作方式向第三方市场主体采集数据。（2）完善数据系统的管理。不同数据散布于各种系统中，而各系统将会逐步消亡，要统一归集、集中存储，实现系统的统一管理。（3）立法划分数据权利。在保障应用权的前提下，有利于加强对数据的管理。（4）加强数据共享的管理责任。数据提供方的法律责任需要明确，在共享管理应用中保证责任可追溯，以共享为原则，以确定为例外。数据的需求方、使用方的权限问题，可以适当借鉴美国应用场景授权方式，每个部门根据数据应用场景进行数据共享，明确共享需求，有序共享。公众对数据共享的应用场景也应当有知情权。（5）促进政务数据开放。根据应用场景选择开放的方式，对于敏感数据通过第三方加密等方式保护。在满足可用的情况下，不改变数据所有权，在保障使用权的前提下，加强管理。

3. 建设数据的标准化工程

数据共享和数据校核的统一标准，是为继续发展“一网通办”提供数据技术的基础。当前，网络、大数据等现代数据技术的应用性大幅度提高，政府部门间的数据共享已几乎不存在技术难题。但是，这种共享不是机械的数据共享，而是实时的、智能的数据共享。具体而言，数据技术带来的数据共享不是数据的手动交换，而是数据录入、代码生成、数据使用以及数据更新与维护的一体化、智能化过程，从而形成可流动、可开发的“数据共享库”。数据共享需要解决的不仅仅是网络、大数据技术的应用问题，更是部门利益和数据保护的问题。因此，要想促进政府部门间的数据共享，一方面需要大力发展网络、大数据等数据技术，进一步增强其应用性；但另一方面，也要在法律保障的基础上着力打破部门间的保护主义，以更高的协调力和统筹力来推动数据共享的持续深入。在目前的情况下，只能通过大数据中心的统筹来打破这种僵局，以其主导来制定一系列的共享数据的形式、程序、格式、责任等标准规范。

4. 数据共享开放的限度及其保护

既然政府要充分获取、管理、共享和开放数据，那么相应地，其也要确保涉及相对人或者说公共利益的数据得到充分保护。数据共享和开放必须要有一定的限度，毫无限度的数据共享和开放必然带来数据滥用，严重的甚至可能造成数据犯罪、数据灾难等。数据共享和开放的限度主要体现在以下三个方面：(1) 数据共享和开放要依法，对外严格遵从法无授权即禁止，对内则要通过内部规范积极、灵活地创制共享规则，对于有争议的数据共享和开放事项，须依法申请上级部门的许可。(2) 数据共享和开放要以数据安全为限。政府部门所掌握的是企业或民众办理事项所留下的数据，这些通常是有关隐私、商业秘密的，若这些数据发生泄露将会给当事人或公共利益带来极大的损失或风险。因此，政府部门间的数据共享及面向社会的数据开放，要完善倒查追踪机制，利用数据技术对共享的数据进行加密处理，以确保数据的安全。同时赋予当事人对有关部门处理结果不服时更进一步的救济途径。(3) 数据共享和开放范围要以必要性为限。数据共享和开放应该在保证数据安全的基础上，在一定条件和范围内共享和开放有限的数据。对数据按照可共享和发放的程度进行分类，制定共享和开放清单，对不同类别的数据“差别”对待，分类共享。

如前所述，我国在政务数据利用、隐私保护、知识产权保护等方面政策和法律混杂不清，但已对政务数据的共享和开放的顶层设计提出了任务和目标，制定了相应的规划和步骤，各地方政府也先试先行制定了一些地方性法规，在规制数据共享和开放，防护数据安全、保护个人信息安全等方面起到一定的作用。但仍需要就数据管理、数据共享、数据开放、数据安全等制定法律位阶较高的法律法规，明确政务数据的权属；我国数据安全、隐私防护的主管部门承担相应的权责；对共享和开放数据的行为进行规范和约束；实施完善的个人数据利用告知和授权策略；界定各个环节的安全边界、安全和隐私保护权责、保护技术措施等以保护不同领域用户的个人隐私；制定能够完整覆盖政府数据管理过程的数据管理和利用政策；明确数据利用的边界和权利及保护对象；明确政府数据利用潜在的安全和隐私风险及其防护要求；开展数据安全和数据隐私风险评估及检测措施等。

第二节　人工智能背景下“一网统管”法治保障研究

为深入贯彻落实习近平总书记关于“城市管理应该像绣花一样精细”的指示要求，有效提升城市治理的科学化、精细化、智能化水平，探索创新城市治理的新模式、新路径，上海市推出了加快推进城市运行“一网统管”的重大工程，开创了超大型城市治理现代化的新局面。[1]

一、人工智能背景下“一网统管”的建设平台

2019年11月，习近平总书记在上海调研期间强调，抓好“政务服务“一网通办”“城市运行一网统管”，坚持从群众需求和城市治理突出问题出发，把分散式信息系统整合起来，做到实战中管用、基层干部爱用、群众感到受用。2020年3月，习近平总书记在考察杭州时指出，运用大数据、云计算、区块链、人工智能等前沿技术，推动城市管理手段、管理模式、管理理念创新。[2]2020年4月13日，时任上海市委书记李强提出，“一网统管”要强化“应用为要、管用为王”的价值取向，按照“三级平台、五级应用”的基本架构，为实现“两手抓、两手硬、两手赢”提供强大支撑，为提高超大型城市治理现代化水平作出更大贡献。

与此同时，上海市出台了一系列政策文件，推进城市运行“一网统管”建设工程。2020年2月，中共上海市委、上海市政府公布了《关于进一步加快智慧城市建设的若干意见》，明确提出将城市运行“一网统管”作为三大建设重点之一加快推进，同时，推进新一轮智慧城市示范引领、全面建设，不断增强城市吸引力、创造力、竞争力。2020年4月25日，上海市政府发布了《关于加强数据治理促进城市运行“一网统管”的指导意见》，提出形成城市运行“一网统管”在业务数据、视频数据、物联数据及地图数据的集中统一

---

〔1〕 参见卢晓蕊：《数字政府建设：概念、框架及实践》，载《行政科学论坛》2020年第12期。

〔2〕 参见廖福崇：《政府治理数字化转型的类型学分析》，载《中共天津市委党校学报》2021年第4期。

管理要求和数据管理模式，并实现“治理要素一张图、互联互通一张网、数据汇聚一个湖、城市大脑一朵云、城运系统一平台和移动应用一门户”，支撑各类成熟应用系统运行。而且，《上海市城市运行“一网统管”建设三年行动计划（2020—2022 年）》也已同步出台。2020 年 12 月，《中共上海市委、上海市人民政府关于全面推进上海城市数字化转型的意见》公布，上海将坚持整体性转变、全方位赋能，从经济、生活、治理三方面全面推进城市数字化转型；在治理方面，打造科学化、精细化、智能化的超大城市“数治”新范式，提高现代化治理效能。

不仅如此，上海市还成立了市级城市运行管理中心，承担全市城市运行管理与应急处置系统的规划建设和运行维护、城市运行状态的监测分析和预警预判、应急事件的联动处置等职责，以“大会战”方式组织推进“一网统管”建设。结合自身特点，上海各区也陆续成立了区级城市运行管理中心，承担全区“一网统管”建设工作。[1]

上海已于 2019 年建成城运系统 1.0 版本，在“高效处理一件事”上，以智慧公安、电子政务建设成果为基础，围绕城市动态、城市环境、城市交通、城市保障供应、城市基础设施五个维度，整合绿化市容、住建、交通、应急、民防、规划资源、生态环境、卫生健康、气象、水、电、气等领域 22 家单位 33 个专题应用，直观反映城市运行的宏观态势，并开展跨部门、跨系统的联勤联动。在此基础上，上海市城市运行管理中心整合各方资源，聚焦发力，2020 年推进城运系统 2.0 版本建设，将上海市“一网统管”工作推向全面建设阶段。该系统目前仍处于持续迭代之中，徐汇区已应用了城运系统的 3.0 版本。

数字化转型和数字政府成为全国和地方政府探索政府治理创新和治理现代化的重要发展战略，也涌现了基于数字化治理的理论范式与实践运行模式。互联网平台模式在私营部门的成功，为公共部门数字化变革和数字治理提供了新的思路和借鉴——将政府打造为全新的治理平台，用技术力量重塑政府治理理念和治理流程，全面提升政府治理能力。在该理念的指导下，国内外进行了多种平台治理模式的探索，上海“一网统管”是平台治理的创新应用的典范。[2]

---

〔1〕 参见韩兆祥：《上海“一网统管”建设探研与思考》，载《上海信息化》2021 年第 2 期。

〔2〕 参见陈水生：《数字时代平台治理的运作逻辑：以上海“一网统管”为例》，载《电子政务》2021 年第 8 期。

上海市建设城市运行“一网统管”，加快推进现代化城市运行管理中心建设，不仅是新一轮信息技术的创新应用，更是机制体制改革和超大型城市治理模式的创新，旨在探索城市治理方式从数字化到智能化再向智慧化演进。

二、人工智能背景下“一网统管”的价值优势

“一网统管”的运行逻辑与技术特性为城市现代化治理提供了创造性地解决问题的方法，在一定程度上改进创新了传统的制度安排与组织安排。时任上海市委书记李强指出，“一网统管”是提高城市治理现代化水平的有力牵引，不只是技术手段创新，更是管理模式创新、行政方式重塑、体制机制变革，将在更大范围、更宽领域、更深层次推动城市治理全方位变革。

1. 从治理结构来看，“一网统管”推动了集约化、扁平化的管理，实现组织结构的精简

“一网统管”通过顶层设计和统筹协调，以政务微信、智能感知、大数据平台等技术，理顺管理流程，实现前端自治共治、后端快速处置，推动了集约化、扁平化的组织结构再造。一方面，通过线上线下的智能联动，使上下贯通对接，把线下的自治共治“一张网”和线上智能管理“一张网”相融合，以线上的数据流、管理流，倒逼线下业务流程全面优化和管理创新。另一方面，它与责任分明的网格化单元对接，实现了工作职责纵向到底、闭环处置，使各类城市运行管理问题信息化快速流转。这种改进从根本上重新思考以技术为支撑的政府、组织和部门在数字化方面应该做什么，以及如何调整其业务和技术发展。[1]最终，使政府组织结构得以优化。

2. 从治理机制来看，“一网统管”搭建部门共享协作平台，实现政府业务整体化治理

部门割据、本位主义等严重制约了政府社会治理能力，无法适应高度复杂性与高度不确定性的治理环境。随着跨部门决策不断增加，越来越多的治理建立在跨部门和跨机构的基础上，政府部门之间的高效协作成为必然要求。“一网统管”打破“部门缝隙”，倒逼部门弥合分歧和管理“缝隙”，全面优化和提升城市治理体系，正是适应了时代的需求。比如，过去各部门以各自的条线为准，基层处置力量的融合度不高。现在有了城运中心进行协调，建

〔1〕 参见黄其松、刘强强：《论国家治理结构的技术之维》，载《探索》2021 年第 1 期。

立起各级联动联勤工作站和合作机制，实现了跨部门的集中调度，打通了条和块、条和条、块与块之间阻隔。[1]政府事务的整体化治理，能更好地处理那些涉及不同公共部门、不同行政层级和政策范围的棘手问题，破除部门主义、狭隘视野和各自为政，为公众提供无缝隙的而非互相分离的服务。

3. 从治理效度来看，“一网统管”以“问题”为导向，有助于高效解决城市治理痛点、盲点和难点

“一网统管”是以问题为导向，围绕问题场景进行预警、分析、处置和事后防范的科学管理机制。“问题”来自群众需求和城市运行突出问题。政府面对着一个复杂、快速切换的“多目标函数”，需要承担来自上级、群众、社会等各方的复杂治理任务。[2]如何解决各类型问题，考验着政府的现代化治理能力和水平。[3]“一网统管”在实践中的应用证明，在问题发现、预警、快速处置、规律研究，以及政府高效回应、传播引导等方面，体现出了区别于传统治理的明显效率优势。通过打破管理和服务上的时间、空间界限，推动政府内部统筹整合、流程再造和管理创新，以大数据的海量处理能力，全方位向社会提供优质、规范、透明的服务，能满足超大规模的治理需要，实现城市治理模式根本变革、治理效能质的飞跃。

4. 从治理精度来看，“一网统管”有助于精准研判治理问题，全面提升治理精细化水平

“一网统管”大数据平台的运用，改变了过去问题难以量化、信息延时、信息模糊和信息不对称的弊端，将问题场景、信息数据全面汇聚于城运平台，统一调度，大大提升了治理的精准度。用数据说话、靠数据决策、依数据行动，实现了精细化治理。这表现为一是高效发现和定位问题。精准定位“民所需、民所呼”以及各类应急问题现场，实现过去难以想象的、针对具体问题的“大海捞针”。二是精准解决问题。调动责任网格，通过政务微信做到“点到人、点到群”迅速“派单”，启动责任网格中的管理、执法、作业部门

〔1〕 参见李烨、闫翀：《基于数字新基建的城市运行管理中心建设思路和实践》，载《计算机时代》2021 年第 1 期。

〔2〕 参见胡琴：《“一网统管”加快提升城市治理现代化水平——以上海市宝山区为例》，载《党政论坛》2021 年第 6 期。

〔3〕 参见刘兵：《以网格化为基础的城市运行综合管理中心建设》，载《电子技术与软件工程》2020 年第 4 期。

的工作力量，火速处理问题现场。高效便捷办结反馈，把问题和风险解决在萌芽状态。三是总结规律，赋能政府精准施策和服务。[1]积累的数据可以为事后“复盘”提供改进优化的精准指导，辅助决策中枢平台和指挥平台提供更实时、更简洁、更聚焦、更深入的分析数据，有利于领导精准把握宏观态势和发展趋势，综合分析研判，研究制定相关对策措施，解决深层次矛盾问题，全面提升区域治理精细化水平。

三、人工智能背景下“一网统管”的运作逻辑

1. 多重功能集成

“一网统管”的平台治理模式构建了多重功能集成系统，集精准服务、监测预警、决策支持、全程监督、协同办公五大功能于一体，将原本不同治理领域的业务和流程统一整合起来，形成一个多功能集成系统。

（1）精准服务功能。“一网统管”平台治理通过平台、技术、业务、数据、流程的整合提供更精准、智能和人本化的服务，真正解决城市治理问题，满足民众公共服务需求。浦东新区城市运行综合管理中心形成一个多角色、自组织、强协作的平台治理系统，从人民需求出发整合数据和业务，政府各个部门在统一的平台上共享数据、统一派单，发挥市场、社会主体的作用，推动协同治理。通过场景的整合统筹推进平台整合，政府从用户需求出发，整合集成垃圾分类、养老服务、智慧气象、渣土治理、群租治理等场景，这些场景都是从人民需求出发而不是从政府部门职能出发，有助于精准高效地满足人民群众和市场主体的需求，提升政府服务能力，改善服务体验。[2]

（2）监测预警功能。“一网统管”使城市治理从被动处置型向主动发现型转变，对敏感指标的监测能做到实时变化与跟进，如空气质量指数、市内交通客流量、全市供水量负荷、水质达标率等。在防汛工作中，“一网统管”平台构建了一张实时更新的防汛中央地图，157 个水位监测点、550 个雨量监测点以及 26 个气象采集点的数据信息为居民提供最为安心的保障。此外，对

[1] 参见张骐严：《上海超大城市治理模式的数字化、精细化创新》，载《科学发展》2021 年第 11 期。

[2] 参见陈水生：《技术、制度与人本：城市精细化治理的取向及调适》，载《山西大学学报（哲学社会科学版）》2021 年第 3 期。

公共服务产品数据和服务对象数据进行全天候动态化、标准化、通用化监测，有助于帮助城市管理者运用数字化、网络化、智慧化的技术手段，基于大数据的预测预警功能，感知社会态势，管理痛点和潜在风险，提前进行预防、干预与快速处置，提升风险治理和危机化解能力。

（3）决策支持功能。“一网统管”凭借其横向到边、纵向到底、互联互通的强大功能，正在成为上海市各级党委、政府决策指挥的得力助手，帮助决策实现从“经验判断型”向“数据分析型”的转变。如临港新片区就通过人工智能技术与物联网数据整合开发了一套智能决策系统，在历史事件数据基础上进行事件模型的搭建，建立城市事件处置模型，实现上报事件的智能立案、智能派单、智能处置、智能核查。在上海防汛防台指挥系统，可以通过收集百年来影响较大的台风数据，分析近十年上海主要灾害事件的要素，从而在台风来临时进行比对，辅助科学决策。“一网统管”平台治理使决策者“有数可依”“有据可考”，使城市治理中的日常决策转向精准化、分层化与个性化。〔1〕借助平台治理对数据的高效处理，政府将能够在数据的支持下制定科学决策，多地已形成的交通大脑、安全大脑、环境大脑、健康大脑治理平台有助于推进智慧化决策的全领域覆盖。

（4）全程监督功能。“一网统管”通过引入数字化治理，使政府行政行为全程留痕，便于追溯。“一网统管”治理平台的全程监督功能一方面能够使民众知晓政府行为的进程，扩展公民监督的广度和深度，使公民能充分发挥民主监督功能，构建线上线下全程监督体系，形成监督合力。另一方面可以让上下级部门、同级部门和跨部门之间共享信息，能够对工作失职、不作为和乱作为等行为形成警示作用与监督功能，强化政府内部的相互监督，从而构建多元、全程与有效的监督系统。而且，平台治理的数字化监督以客观数据作为衡量标准，在一定程度上能够避免传统监督的主观性、随意性和选择性，增强监督的科学性和完整性。可见，“一网统管”治理平台提供了更为直接、快捷和全面的数字监督渠道，强化政社之间的良性互动，约束政府行为，提升政府行为的法治化和规范化。

（5）协同办公功能。“一网统管”治理平台为上海市各级机关的工作人员提供了在线协同办公工具，使组织效能大大提升，尤其体现为给基层工作

---

〔1〕参见容志：《技术赋能的城市治理体系创新——以浦东新区城市运行综合管理中心为例》，载《社会治理》2020年第4期。

松绑减负。[1]基层工作通常是烦琐且艰巨的，为给基层赋能、减负，上海市成立“一网统管”轻应用开发及赋能中心，上线了超过200款轻应用，包括营商管理、协同办公等各类应用服务。通过新平台上的新工具，多项事务无需纸质接触和上门拜访，5分钟就可以在线完成，大大提高了工作效率。赋能中心还能满足基层各种个性化与定制化开发需求。基层单位用户可在平台发布自己的应用需求，多家入驻平台的开发企业都可积极响应，从而实现对平台进行定制化的开发，实现服务资源共享。“一网统管”平台治理有助于推动办公流程无纸化，整体流程更加畅通无阻，每个环节的进度、责任人也能够清晰追溯，整个政务信息、操作系统的安全保密性也变得更为可控。协同办公功能背后是多部门、多系统的数据共享，政府职能的科学调整与设置，办事流程的再造和科学化等多方创新。总之，上海“一网统管”平台治理的功能集成逻辑顺应了20世纪90年代后信息技术的发展趋势，体现了整体性治理理念，契合了从部分走向整体，从破碎走向整合的治理新趋势。

2. 全域系统架构

为实现多功能集成，“一网统管”平台治理需要构建多个子平台相互协作配合的全域系统架构，以保障整体平台的正常运作与功能的有效发挥。“一网统管”平台搭建可用最基础的前台、中台、后台模式的分工来理解。一是“一网统管”的前台主要是面向公民和组织的服务平台，是连接政府与服务对象的互动载体，提供一站式的公共服务，例如政务服务网站、手机App、微信公众号等。二是“一网统管”中台的建设是最为关键的因素，中台的智慧和算力，决定了治理的能级和效果。中台作为前台与后台的沟通桥梁，其目的是更好地服务前台规模化创新，将后台资源顺滑流向用户。三是“一网统管”的后台是前台汇集的各种数据形成的数据库以及其他支撑服务的核心资源，主要面向政府内部的特定平台运营和管理人员开放。

以徐汇区“一网统管”为例，其系统建设中最为显著的突破点在于中台建设。[2]徐汇区“一网统管”3.0版建设聚焦于城市运行中心中台提质增效，推动数据中台、业务中台、AI中台有机融合。目前，大多数平台采用双中台

---

〔1〕 参见《上海：“两网”并行推进数字政府建设》，载《信息化建设》2021年第3期。

〔2〕 参见《上海市徐汇区人民政府印发〈徐汇区关于加快推进城市运行“一网统管”先行区建设的工作方案〉的通知》，载《上海市徐汇区人民政府公报》2020年第1期。

的模式，一个是负责提供数据服务、数据开发、数据治理等能力的数据中台，另一个是提炼服务和办公中各个业务系统线的共同功能需求、打造成组件化的资源包的服务中台。在数据中台的建设中，徐汇区在数据归集共享基础上实现与各委办、街镇的实时对接，达到750.17万条/小时的平均交换频率。业务中台的建设则将中台的“复用”精髓发挥到极致，打造事件中心、流程中心、调度中心和再造中心，定义949项事件标准，完善10项业务监管的流程再造。在双中台的基础上，徐汇区还创新性地搭建了AI中台，根据人、物、动、态、工具五种类型形成290种算法，结合1197个应用场景形成近25万个模型。三中台的建设确保了事务的流转、处置、调度和迭代的高效。

在前台、中台、后台全域系统架构的建设过程中，上海市与多家科技企业建立了长期合作关系，如借助腾讯微搭（WeDa）一站式低代码平台、政务微信等平台能力。这种政企合作模式也是目前平台治理模式的一个缩影，即政府作为运营方，企业作为数字平台的开发方，以外包、众包等方式提供公共服务。这种模式有利于规避政府信息化建设部门的技术能力、经费保障有限所带来的不利因素，同时利用互联网等技术密集型企业在数据和技术上的优势。[1]科技企业除了能参与公共服务提供外，还可以主动参与政策制定与标准设置。2019年12月26日，由中国信息通信研究院和阿里巴巴牵头，多家单位参与编写发布的《数字政务服务平台技术及标准化白皮书》中，提出了数字政务服务平台标准，为各省数字政府建设提供了重要参考。

3. 全面技术驱动

“一网统管”平台治理体现了强大的全面技术驱动逻辑。平台治理的关键技术内核是物联网、人工智能、区块链、5G、云计算等技术，它们贯穿于上海城市运行体系在建的三大机制中，即城市治理数字化转型与数字孪生感知端建设的双向促进机制、城运数据集成与产业高效应用相互带动机制、新型基础设施建设与城市公共数字基座相互融合机制，真正实现数据、算力、算法在政府治理的每一个重要场景中不缺位。[2]三大机制中的数字孪生城市和城市公共数字基座的建设都与物联网管理平台息息相关。上海通过布设的五

---

〔1〕参见石磊等：《上海“两张网”建设的发展背景、实践意义和未来展望》，载《上海城市管理》2021年第2期。

〔2〕参见信集：《智慧先行 安全护航——上海“一网统管”的探索与实践》，载《信息化建设》2021年第5期。

百多万个物联感知设备，打造了千万级的社会治理神经元感知节点。利用超大规模神经元网络和云反射弧，实现了物理数据以及情感行为数据的识别和收集，让人、物、系统的活动高度信息化和数字化。上海“一网统管”市域物联网运营中心是全国首家正式启用的市域物联网运营中心，它统筹上海全市物联感知基础设施的有序建设。物联网在城市运行和城市治理中发挥着重要作用。烟感、燃气、水质监测等涉及民生服务、公共安全的物联感知设备发挥排除社区安全隐患的重要功能。通过物联感知设备，不仅可以实时监测消防车道占用情况，实现告警精准推送、处置流程全程监管；还可以远程实时监控，如果有电瓶车进入楼道或居民区过道，小区物业就会及时收到警报。

4. 整体流程再造

上海市运行“一网统管”不仅是技术手段创新，更是管理模式创新、行政方式重塑、体制机制变革。现阶段的政务服务不是一个部门或地区的单打独斗，而是多部门、多层级、多区域的协同合作。在此背景下，“一网统管”提出要对跨部门、跨层级和跨区域的办事流程进行整体性重构，以线上信息流、数据流倒逼线下业务流程优化创新。[1]对跨层级之间的协调分工和相互配合，上海城市运行管理服务平台建立了“三级平台、五级应用”的运作体系，让城市运行有了“大脑”支撑，区里有“中脑”，街镇有“小脑”，村居也有了“微脑”。三级平台主要是市、区、街镇三级，市级平台为全市提供统一规范和标准，区级发挥枢纽和支撑功能，强化本区域个性化应用的开发和叠加能力，街镇则妥善处理本辖区的具体治理问题。五级应用是在市级、区级、街镇应用的基础上，进一步细化覆盖到网格应用、小区楼宇应用等领域。

在跨部门和跨区域协同上，上海市通过对申请条件、申报方式、受理模式、审核程序、方针方式和管理架构实行“六个再造”，从而实现部门业务协同能力和服务水平的全面提升。改革前最大的问题在于信息不能有效共享，一些政府部门将自己所掌握的数据和信息视为部门财产，不愿互相共享，从而形成政府各部门、各层级间的信息壁垒。跨部门、跨层级和跨区域的整体流程再造进一步打破了行政壁垒、信息割裂和流程断裂，让不同地域、不同部门和不同业务的工作人员达成有效的沟通、共享和协作，实现地域之间、

〔1〕 参见陈水生、卢弥：《超大城市精细化治理：一个整体性的构建路径》，载《城市问题》2021年第9期。

部门之间和上下层级的一体化与无缝隙对接。这也符合林登提出的“无缝隙政府”理念，以一种整体的而不是各自为政的方式提供服务，打破传统的部门界限和公共服务功能分割局面，充分整合行政管理资源，将各个部门及职能进行无缝隙衔接，提高服务供给效能。

总之，“一网统管”平台治理整体流程再造的目的是，通过技术实现治理过程的科学分解、治理部门的有效协同、治理流程的删繁就简、公共服务体验的升级迭代，全面实现治理过程的科学化、精准性、智能化与人本化，适应城市数字化发展与治理的转型要求，打造整体性、一体化与无缝隙的科学治理平台体系。

四、人工智能背景下“一网统管”的资源体系

城市运行管理中心是“一网统管”的具象实体，作为新型智慧城市建设的智能中枢，其建设核心在于实现城市管理和城市治理的智能协同。[1]对此，我们认为“六大统一”是整合城市各区运行系统，实现各部门互联共融、协同联动的核心要素。

一是统资源：统筹全区城市物理载体、组织机制体系、指挥处置力量和社会公众力量等城市治理中的公共资源，建立专门管理机构和综合性组织体制；积极构建城市治理全科一张网和联勤联动协同机制，建立综合性、一体化指挥处置模式；加快推进管理重心下移、力量下沉、权力下放，推动多元主体参与，进一步推动城市治理向德治、法治、共治、自治转变。

二是统数据：统筹全区政务数据、视频数据、物联数据、地图数据和社会行业等公共数据资源，构建统一的智能中枢平台（集成数据资源能力、物联感知能力、业务协同能力、城市建模能力、人工智能与融合通信能力），为城市治理提供数据赋能。

三是统指标：统一制定全区城市治理运行体征和评估评价“城市数字生态指标体系”，全面描述城市运行的实时情况，清晰反映和回溯城市发展状态。[2]同时，对城市治理全过程进行考核、监测和全面评价，客观、科学、公正地

---

〔1〕参见陈水生：《数字时代平台治理的运作逻辑：以上海“一网统管”为例》，载《电子政务》2021年第8期。

〔2〕参见王谦、陈放：《智能城市治理中大数据的作用及安全问题》，载《长江论坛》2021年第5期。

保障城市治理高效运行。

四是统事件：加快推进事件类型的标准规范和统筹管理，建立健全主动发现、被动发现和智能发现三大来源案件的统一受理、派遣流转、处置反馈、核查结案等工作规范和管理标准。

五是统指挥：完善城市治理事件的业务全流程规范体系，强化“应用为要，管用为王”的价值导向，着眼高效处置一件事，构建市级大循环、区级中循环、街镇小循环和居村微循环的“四级循环”业务流转处置模式，支撑横向到边、纵向到底、快速反应、整体联动的智能协同指挥体系。

六是统决策：围绕观、管、防、处、评五个维度，实现城市运行各类要素信息的数字化呈现、各类事件的智能化管理、潜在风险的智慧化预防和决策指挥。“观”主要包括人、物及多维城市运行生命体征等。“管”主要包括值班值守、联合指挥、事件上报、事件处置、过程跟踪。“防”主要包括社会风险、公共安全、自然灾害等的分析、预警和跟踪。“处”主要针对基层治理实现全流程跟踪和处置。“评”主要是建立相应考核、督查和评估机制。通过智慧闭环实现城市综合治理、公共安全防护、经济运行分析、应急指挥调度、生态环境宜居、民生服务保障等多部门综合分析及业务协同。

第三节　人工智能在城管非现场执法领域运用研究

为深入贯彻落实党的二十大所提出的坚持人民城市人民建，人民城市为人民，打造宜居、韧性、智慧城市的新要求和习近平总书记“城市管理应该像绣花一样精细”的指导思想，上海城管肩负使命，利用当前“一网通办”“一网统管”加速建设机遇，积极探索运用视频监控、影像摄录、远程监测等信息技术手段，确定违法事实并以此为证据，推进“非现场执法”与现场执法融合模式，减少执法者与被执法者之间的现场冲突，有效缓解执法力量不足的矛盾，提高执法效率和执法水平，标志着上海智慧城管建设迈上新台阶。

一、城管非现场执法概述界定

（一）历史沿革

我国的非现场执法肇始于道路交通管理领域。1996 年 5 月，北京市公安交管局在北京西四路口试验成功国内第一台“抢红灯自动拍摄器”，开启了我国道路交通非现场执法模式。鉴于社会快速发展对提高行政执法效率、强化秩序管理的迫切要求，避免“人情”因素和现场冲突给执法带来的困扰，同时也为解决传统执法模式取证难、送达难和执行难的问题，非现场执法方式应运而生、快速推行。继道路交通领域之后，我国海事、航政、水上交通、城管、互联网监管、市场监管等领域也积极推行非现场执法方式。在一些领域，非现场执法方式已有逐步占据行政处罚“半壁江山”之势。中共中央办公厅、国务院办公厅2018年11月印发的《关于深化交通运输综合行政执法改革的指导意见》（中办发〔2018〕63号）明确要求大力推进非现场执法，这意味着非现场执法将进一步得到推广。《中华人民共和国行政处罚法》（以下简称《行政处罚法》）第41条也对非现场执法予以了明确规定。

（二）内涵特征

非现场执法，并非严格意义上的法律术语，学界理论探讨的主流观点认为，非现场执法是指行政机关运用现代信息系统，通过监控、摄像、录像等技术手段及时发现违法线索，在执法人员不直接接触行政相对人的情况下，收集、固定违法事实证据，经调查、审核、告知、执行程序后，进而对违法主体依法给予行政处罚的执法方式。基于这一界定，我们可以得出非现场执法基本特征：一是全程电子化取证，即证据采集方式的信息化；二是“零口供”，即执法调查全过程与相对人可以不接触；三是案件流转的电子化，即从记录违法行为开始到最终的行政处罚，均通过数据流转来完成整个过程。

（三）适用范围

在当前监管主体数量井喷式增长、城管执法事项不断增加的情况下，城市城管执法人员执法力量不足的问题更加捉襟见肘，日常监管工作中存在的短板和问题更加突出，“管”已经成为“721”工作法中的薄弱环节。在此形势下，监管理念和监管方式的创新迫在眉睫。城管非现场执法的适用范围主要包括但不限于：一是街面跨门经营、占道堆物、占道设摊、违规设置户外设施、“五乱”等违法行为；二是道路上行驶的车辆超限、未采取密闭或者覆盖措施、运输产生泄露、散落或者飞扬等违法行为；三是工地违规夜间施工、扬尘污染等违反建设工程文明施工管理的行为；四是其他多发易发、直观可见、易于判断的违法行为。通过视频开展巡查，提高对违法行为发现的及时性以及取证的成功率，诠释新的执法理念，即重程序、重警示，有利于实现法律与道德的双向指引，进而体现“以人为本”“重在治理”的法治特征。

（四）价值意义

1. 在执法方式上，实现从传统执法向智慧执法的转变

城管执法事项纷繁复杂，部分违法行为反复性强，且难以现场查获，致使执法调查取证难、文书送达难、长效管控难的问题凸显。城管运用智能化手段，打造“非现场执法”工作流程，开启城管执法办案新模式。一是变人工搜索为智能采集。通过引入智能视频抓取技术，实现对占道经营、出店经营、乱堆物堆料、违法广告、井盖破损等城市管理问题的自动巡查，对违规行为进行识别，并自动报警推送，不仅速度快，而且准确率高达90%以上。二是变事后处理为实时追踪。基本上实现对市政、河道、环卫、亮灯、停车等城市管理行业的覆盖，能拍摄监控点位200米范围内的人脸、车牌等信息，不仅能实时掌握车辆违停、渣土车违规运输、工地违规作业、景观灯缺亮、高架设施破损等情况，还能随时视频监控、影像摄录、录像存储、数据共享。三是变单一视角为统领全局。突破区域执法的壁垒，整合城管、综治、应急三方资源，统筹执法、管养、社会三方力量，建立联勤联动机制，为街面、居委、村委、楼宇四类网格提供执法保障。

2. 在工作模式上，实现从末端执法向源头治理转变

当前城市运行数字化转型秉持以问题为导向，注重非现场执法实效，简化传统的行政执法程序，克服传统的行政执法协作瑕疵，诠释全新的城管行政执法新理念新模式。一是对策清晰，增强措施针对性有效性。监管平台通过对高发时间、高发地点、高发违法形态的“三高数据”智能分析，确保各类执法资源准确投放，做到“看得见、听得着、叫得通、管得住”，克服传统执法方式的信息滞后及配合度低的困难，切实提高城管执法工作的针对性、实效性。二是以人为本，保障相对人合法权益。非现场执法采用“零口供”方式执法办案，有效缓解执法机关压力的同时，也为相对人提供便利化服务，对于轻微违法违规行为，督促相对人及时整治改正，达到预防作用；对于再三违法违规的“惯犯”，避免其逃脱法律的制裁；通过执法文书电子送达等方式，降低对市场主体正常生产经营的影响；通过线上缴纳罚款，为相对人履行接受处罚的义务提供便捷和高效的途径。三是主体多元，凸显社会治理多

元共治。非现场执法模式将区域范围内的人、物、机制等系列资源统一起来，变被动管理为主动参与，通过社区、物业、商家、居民、执法共治，实现市民群众与政府部门关系从“要我做”变为“一起做”，让城市管理顽疾得到有效解决，推进城市源头治理、综合治理做实做细做优。

二、上海城管非现场执法的举措成效

2020年初受疫情防控启发和“一网统管”技术优势支撑，上海城管率先在浦东、杨浦、闵行、虹口、徐汇等区试点重点开展跨门经营、占道设摊、占道洗车等领域非现场执法，告别“固守式”“人海式”传统执法方式，有效减少执法矛盾和冲突，提升执法效能和水平，这种以数字化方式创造性解决超大城市治理的执法办案模式为深入推进超大城市精细化治理提供有益借鉴。

（一）打破壁垒，构建了非现场执法信息平台

积极利用大数据、云计算、区块链、人工智能等前沿技术，助力城市治理结构重塑。一是在横向维度上，上海城管以“一网统管”“智慧城管”为平台，横向与公安交警、市场监管、绿化市容、建设等部门开放数据对接和信息共享，建立联勤联动机制。二是在纵向维度上，打通区局、中队两级平台数据壁垒，加快推进数据、视频资源整合，层级间强化垂直支撑、指挥监管，实现科学性、基础性、体系性的自我革命与治理创新，为城市治理开辟新方向。

（二）实现闭环，厘清了非现场执法基本流程

一是“看”。依托智慧城管平台，通过高清摄像头、“一网统管”数据共享数据库，查看报警照片和实时视频后，及时发现并查处违法行为，执法队员截屏取证并制作非接触现场检查笔录，实现执法办案与信息技术高效衔接。二是“查”。通过“一网统管”街面商户信息系统，确认商户信息比对，确定违法事实；通过电话联系商户，告知其违法事实，并制作录音询问笔录摘要；在现有的技术条件下，通过“智慧城管”案件系统大数据的积累，配以预设的算法，开发“非现场执法”自由裁量助手功能，给执法人员提供自由裁量的建议。三是“送”。移动互联网应用程序、收集短信或者邮件等方式，将违法时间、地点、违法行为、异议申诉方式等告知相对人，并告知其有陈述申辩的权利。四是“罚”。通过移动互联网应用程序、收集短信或者邮件等方式，向

相对人送达行政处罚决定书及罚款单，督促相对人在期限内按时缴纳罚款。

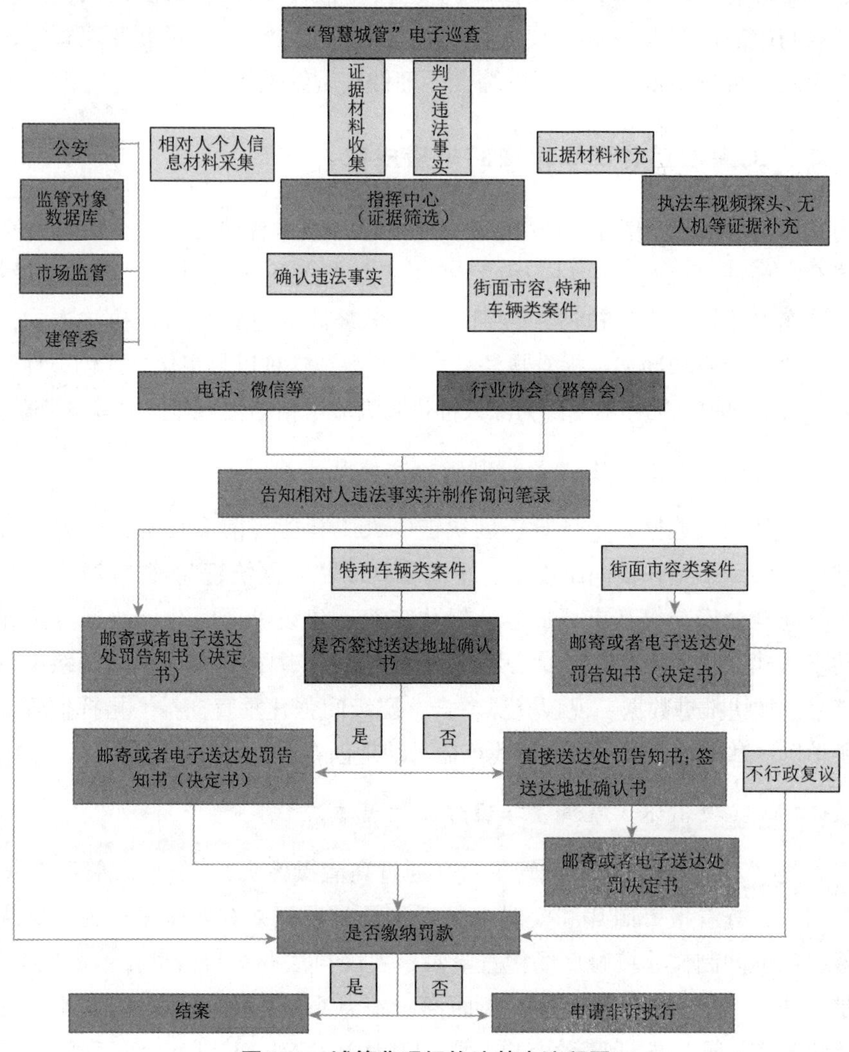

图 2-1　城管非现场执法基本流程图

（三）整合资源，构建了非现场执法联勤联动机制

一是实施跨部门的"大联动机制"。为了城市的治安稳定，城管与绿容局、建管委、交通委、公安局等部门实行"大联动机制"，建立案件双向移送

告知机制，对平台及现有技术进行资源整合，实现管理信息的收集共享，联动社会各方力量，以民生服务为核心，高效联动执法。二是建立指挥中心与领导小组联勤联动机制。领导小组与指挥中心的良好沟通是非现场执法运作的基础。由勤务、指挥、督查等部门组成的城管指挥中心对采集的电子证据进行审核、筛选。符合证据标准的电子证据，由勤务信息科、法制科、办公室和试点中队组建的领导小组介入，对该行为的合法性进行快速认定，同时从“一网统管”执法对象监管数据库中调取违法主体基础信息，提升执法办案取证效率。三是线上执法与线下批评教育管执联动机制。由城管执法信息平台确定违法事实及相对人个人信息并按照程序进行行政处罚及规制，由城市网格化管理线下对违法经营者进行批评教育，警示周围主体遵纪守法，形成线上预警和线下教育相结合，实现规范执法和管理服务的双重促进，维护城市的有序管理，保障民生服务。

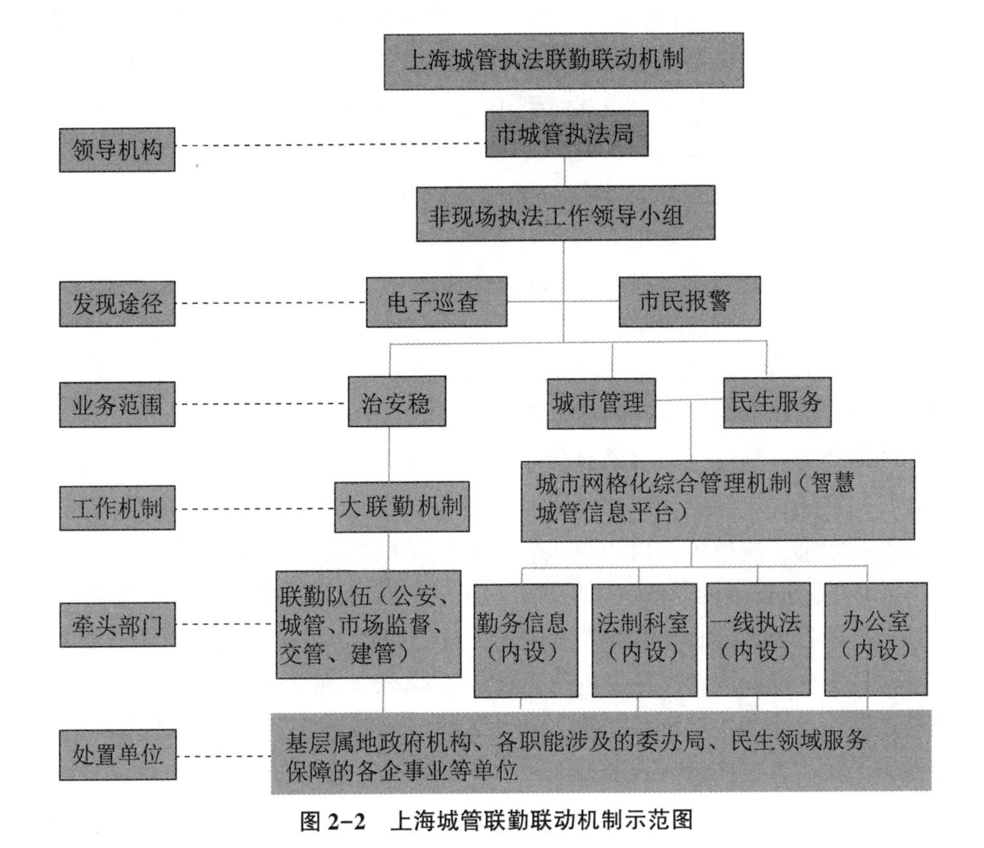

图 2-2 上海城管联勤联动机制示范图

三、城管非现场执法的问题挑战

目前，城管非现场执法在强调执法高效便捷、追求效率价值和秩序价值时，倾向于强化行政本位、方便执法，有可能在一定程度上偏离了行政程序法最重要的程序公正价值和程序正当价值，对于行政相对人权益保障机制设计不够全面细致。

（一）对《行政处罚法》理解和适用造成一定冲击

1. 执法理念和底层逻辑的差异。非现场执法是一种全新的行政执法理念，其在执法理念上“重程序、重警示”，在执法机构上“以大联动为常态、以单一部门执法为例外”，在执法形式上“电子巡查”，在文书送达上“电子送达”，在证据固定上“线上视频监控、违法抓拍”，在罚款缴纳上“线上银联等多平台缴纳”。这些理念必然对基于传统线下执法为底层逻辑框架的《行政处罚法》带来严重冲击，尽管相关部门规章和其他规范性文件在设定非现场执法程序时，在一定程度上也注意到了《行政处罚法》对行政处罚程序的一般要求，甚至在许多条文中也按照我国《行政处罚法》的规定作了相应表述，并且还往往声称自己遵守了《行政处罚法》的规定，但由于《行政处罚法》设定的诸多程序和相关规则无法直接适用非现场执法，客观上造成了非现场执法事实上一直游离于《行政处罚法》之外，《行政处罚法》设定的诸多程序和相关规则无法直接适用于非现场执法。

2. 处罚程序、执法手段和方式等差异。《行政处罚法》是基于执法人员直接接触行政相对人而设计的具体程序制度，“当场”（即面对面）作出行政处罚的简易程序制度，如“简易程序”第 52 条所规定的执法人员当场作出行政处罚决定的，应当向当事人出示执法证件，填写预定格式、编有号码的行政处罚决定书，并当场交付当事人。一般程序中的相关程序制度，“普通程序”第 54 条所规定的行政机关发现公民、法人或者其他组织有依法应当给予行政处罚的行为的，必须全面、客观、公正地调查，收集有关证据；必要时，依照法律、法规的规定，可以进行检查。第 42 条所规定的行政处罚应当由具有行政执法资格的执法人员实施。执法人员不得少于两人。因在非现场执法中执法人员不直接接触行政相对人，会导致适用《行政处罚法》有难度。

（二）信息、数据收集以及处理的潜在风险

1. 取证设备的设置规范不够明确。非现场执法主要依托电子监控设备所拍摄的视频、照片等，但监测设备的设置不够明确，一方面城管的相关视频监控设施往往没有统一的规划，不同执法部门的视频监控设备随意设置、重复设置，彼此间的联系机制没有确立；另一方面城管的视频监控设备情况亦未完全向社会公示，一定程度上存在逐利执法、过度执法，不合理设置电子监控，实施暗中抓拍等问题，这些都损害了执法的严肃性和公信力。

2. 执法流程设置过于弹性和疏漏。非现场执法流程主要包括违法情况的相对人告知程序、处罚结果的送达和执行以及相对人教育程序、相对人异议和权利救济程序等。《上海市城管执法部门非现场执法工作规定（试行）》对于非现场执法的执法流程做出了明确规定，但规范执法程序、统一执法尺度和标准、执法自由裁量权、执法透明度等条文设置较为粗疏，不利于执法行为的规范化和标准化。

3. 算法黑箱及其不可解释性所引发的风险。算法对交通技术监控设备采集的数据进行智能识别和实时分析，按照技术标准形成违法数据。算法运行看似客观，其背后却隐藏着难以为外界知晓的数据处理过程。无论是相对人还是城管执法，目前能做到的只是“知其然”，对技术如何得到结论的过程难以“知其所以然”，由此形成了所谓的“算法黑箱”。这无疑又给城管执法的说明理由出了一道难题。

（三）行政相对人权益保障机制不够完善

1. 执法公示、违法告知程序尚需厘清。非现场执法需要遵循必要的处罚程序，目前城管执法主要采用短信和手机 APP 相结合的方式，基本上能满足城管执法需求。但在实践中，少数城管执法机关对非现场执法的公示、告知还不及时，公众不完全知悉，缺乏有效参与，依然存在执法设施的标线、标志不健全、不完善的情况，加之部分执法设施存在超龄服役的情况。此外，当违法行为发生后，部分相关信息无法及时全面准确告知相对人，比如相关相对人在基本信息发生变化后没有向城管部门告知、部分社会弱势群体或者年龄长者无法及时收到告知信息。

2. 行政相对人陈述、申辩易被压缩。行政机关在作出对相对人不利的决定前必须听取其意见，告知相对人与行使权利有关的信息，这是正当程序的

基本要求。视频装置收集违法行为人的违法事实后，理应听取违法行为人的陈述、申辩，但实践中一些城管执法往往有意或无意直接省略该环节，或者压缩违法行为人的陈述、申辩空间，侵犯行政相对人本应享有的陈述、申辩等程序权利，从事前、事中程序变为事后纠正程序，行政正当程序遭到架空。

3. 容易助长“以罚代管”“不教而诛”“不纠而罚”的倾向。非现场执法对执法机关享有的程序权力规定较多，而对其应尽的程序义务规定不足，有背离我国《行政处罚法》规定的“处罚与教育相结合”的原则和“处罚与纠正相结合”要求的潜在隐忧；具有连续或继续状态的违法行为经过几个辖区均被拍摄，可能受到多次处罚，有违“一事不再罚”原则。

（四）证据形态和证据审核方式亟待规范

城管非现场执法程序中的证据审查制度，是指执法人员在行政执法的事实审查过程中，据以判断认定相对人存在违法行为的证据是否确实、充分的制度。目前证据审核制度的问题在于：

1. 证据“确实、充分”的证明标准难以明确。根据《行政处罚法》第51条规定，证据应当确凿充分，达到证明“违法事实确凿”的程度。非现场执法同样要求做到证据证明力达到“确实、充分”。所谓“确实、充分”，是指证据已经查证属实并在量上达到足以得出结论的程度。具体而言，一是指据以定案的每个证据经过查证，真实可靠；二是定案的每个证据与案件事实之间存在客观关系；三是证据之间、证据与案件事实之间不存在矛盾；四是根据证据得出的结论是唯一的。根据《行政处罚法》第54条的要求，城管调查、收集有关证据“必须全面、客观、公正”，并在必要时“可以进行检查”。当前城管非现场执法制度并未对证据的审查做出明确、规范、统一的规定，2020年9月印发的《上海市城管执法部门非现场执法工作规定（试行）》第8条对于证据应当进行审核仅仅作出了原则性要求，不利于非现场执法的大范围展开和全方位推广。以渣土车运输过程中产生泄露、散落或者飞扬等违法行为为例，城管执法在大多数情况下仅依靠交通技术监控设备或执法设备所记录的图片或视频就实施处罚。在这种情况下，这些图片或视频应当满足证据“确实、充分”要求，就应该达到“清晰、准确地反映机动车类型、号牌、外观等特征以及违法时间、地点、事实”的要求，且符合《道路交通安全违法行为图像取证技术规范》（GA/T 832-2014）等技术标准。目前，非现场执法尚未归纳总结出在不同场景下证据证明力的规范标准。

2. 人工审核证据容易产生技术依赖。在非现场执法的后续处罚程序中，执法人员应当向相对人说明处罚的理由，尤其在行政相对人认为监控设备有问题时。城管一般会给出以下三点理由：一是监控设备符合国家标准或行业标准；二是监控设备经国家有关部门认定、检定合格，且被用于执法时处于有效期内；三是图像符合我国相关行业领域的推荐性标准的要求。在实践中，一旦相对人对证据提出异议，执法部门不是采取“疑违（法）从无”原则，而是要求相对人承担自己没有违法行为的举证责任。如果相对人没有足以推翻的证据，法院一般尊重城管的判断进而认定监控设备运转正常、记录真实。这就往往使得城管执法在调查取证环节更多成为人工对图片或视频简单判断的流水线作业，执法人员更容易相信经过技术辅助筛选的图片或视频是正确反映违法事实的，而不再查证其是否属实。执法人员的技术依赖既会消弭证据认定的价值，也不利于保障相对人权益。我们认为，行政执法绝不是自动贩卖机，非现场执法的最大威胁在于，它将消解行政执法的神圣性与权威性，物化城管职业，剥夺执法者的内心自由，摧毁执法者的主体地位，使得执法者的精神家园变得荒芜。

四、城管非现场执法的完善对策

（一）价值指引

完善非现场执法应坚持和发展正当程序原则以解决在程序与证据方面面临的挑战，城管非现场执法的价值旨趣在于以下四个维度：一是有利于实现非现场执法程序的公正价值。非现场执法基本程序法定化的终极目标，是要实现对非现场执法程序的法律规范，其核心是要实现非现场执法程序的公正价值，提升对相对人权利的程序保障。二是有利于实现非现场执法程序的秩序价值。应当借非现场执法基本程序法定化为非现场执法提供法律赋予的正式“名分”，靠非现场执法程序的公正保障，解决社会对非现场执法的质疑和非难，从而提高非现场执法的权威性，更好地实现非现场执法程序的秩序价值。三是有利于实现非现场执法程序的效率价值。非现场执法基本程序法定化，应当注重提高非现场执法程序制度的服从性、面向未来社会发展和技术进步的多领域可拓展性，促进城管执法整体效率的提高。四是有利于实现我国行政处罚程序体系的制度价值。《行政处罚法》目前没有规定非现场执法程序，构建非现场执法的基本制度和具体程序，促进新技术条件下我国行政程序法的发展和完善。

（二）遵循原则

一是严格法治原则。非现场执法本质是一种典型的行政行为，直接影响着行政相对人的权利义务，因此应将严格法治作为其收集证据的首要原则，证据的收集必须符合法律规定和操作规范，具体包括证据收集的主体合法、适用范围合法、程序合法、方法和手段合法等。二是操作合规原则。构建非现场执法相关视频证据和电子数据的保全机制，建立相关数据库和信息平台，对非现场执法中所取得的信息数据资料依法规范管理，信息资料应该具有明确、合理的目的，并遵循最小必要和合理期限原则，避免相关隐私或商业秘密泄露。三是公正高效原则。公正是行政执法的生命，效率是行政执法的灵魂。城管执法在收集证据时，既要收集能正面证明其行政行为合法适当性的证据材料，也要注意从另一个侧面收集有利于相对人的材料，做到不偏不倚，反对偏听偏信。四是为民便民原则。城管非现场执法对电子数据等证据经审核确认后，可以采用电子邮件、短信、互联网应用程序等多种方式，将违法事实、法律依据、陈述申辩途径等告知相对人，并要求其在指定时间内接受处理。

（三）具体举措

通过对上述调研情况的汇总、整理和分析，我们认为推动完善城管非现场执法工作可以从以下几个方面展开。

1. 明晰法律定位，厘清非现场执法本质属性

基于算法的“半自动化行政”辅助执法已经深入城管非现场执法，这使得针对非现场执法单独立法或独设一套行政程序再次成为学界和实务界的热议话题。那么，是否有必要在《行政处罚法》中创设独立于简易程序和一般程序的非现场执法程序，以顶层设计的形式更凸显程序法定与程序正当的内在价值？还是在维持现有程序制度的基础上，调试部分内容以化解当前或未来一段时间内的挑战？我们持后一种观点。因为尽管城管非现场执法的基本构造看似是一个相对完整的案件处理流程，但仔细考究逐个环节可知，技术监控的作用仅仅是收集、固定违法行为证据，至于后续的通知、告知及处罚

等，依然适用的是《行政处罚法》中的简易或一般程序。

换言之，城管非现场执法的内核与关键，是利用技术手段收集和固定证据，其聚焦的是技术辅助人工调查取证，整个执法程序本身并不具有独立性。在技术发展远没有产生颠覆性影响前，尤其是机器替代人工或进入全自动算法行政前，现行程序制度经由适当调试与补充，在执法人员妥善遵从正当程序原则的前提下，是基本可以适用于非现场执法全流程的。所以，在《行政处罚法》中单独增设非现场执法程序，实无必要。新《行政处罚法》也基本印证了我们的观点，并没有在简易程序和一般程序之外增设一套非现场执法程序，仅在“第五章 行政处罚的决定”的“第一节　一般规定”中形成了特定规则，即第 41 条关于技术监控设备设置、证据审核、违法信息通知、听取陈述、申辩的规定，而简易程序和一般程序仍是非现场执法程序框架的重要组成。

2. 加强证据审核，提高证据证明力

非现场执法证据审核主要包括证据来源的合法性审查、证据内容的客观真实性审查和证据内容的关联度审查。审查流程应当由专门从事非现场执法的两名执法人员同时完成视频审看、审查意见提交。审查重点包括但不限于：

（1）审查判断电子数据的来源是否合法。电子数据的来源主要从以下两个方面展开：一方面审查监控设备的设置是否科学合理、公开透明并向社会公布。利用监控设备收集、固定违法事实的，应当经过法制和技术审核，确保监控设施设备设置合理、标志标线明显，并要求将设置地点向社会公布，确保执法公示、公开。另一方面审查视频数据捕捉与接收设备质量是否符合标准。利用监控设备收集、固定违法事实的，应当经过技术审核，确保监控设备符合标准。对区域内不准确、不清晰、不科学、不合理的设施设备、标线标识等加以完善，相关情况及时向社会公布。

（2）审查电子数据的内容是否真实。由于电子信息技术的发达，电子证据被伪造、篡改的可能性极大。电子证据真实性的存疑主要表现为：一方面电子证据是否真实完整，电子证据本身有无遭受伪造、变造的情形，是否被改动处理过或者是在形成之后被损害过；另一方面电子证据形成的整个过程中，监控系统是否处于产生、存储、传播等正常运转的状态之中，通过对电子证据的系统和程序的质疑，是否会进而质疑电子证据的可靠性。

（3）审查电子证据的内容是否与案件事实有关联。电子证据的关联性，即电子证据必须与案件的事实存在一定的联系并且能够证明相关的案件事实。审查电子数据关联性，必须考察违法行为发生的时间、地点、过程等内容。

3. 加强程序保障，规范非现场执法流程

尽管《行政处罚法》并未明确规定非现场执法程序，但为了提升非现场执法效率和准确度，降低执法风险，各地相关规范性文件可以规定非现场执法的基本制度和具体程序，形成完善的法律法规和执法规范体系。

（1）优化非现场执法程序转换。《行政处罚法》对于行政处罚设置了简易程序和一般程序，正如上述分析，非现场执法并无单独设置第三种程序的必要性和可行性，但结合非现场执法的独特性可以在既有程序中适当优化改进。根据我国《行政处罚法》第33条，初次违法且危害后果轻微并及时改正的，可本着惩罚和教育相结合原则，作出免予处罚决定。结合这一创新规定，可以考虑在现有城管执法非现场执法程序中，引入“首次违轻微违法免罚程序”，体现更为人性的执法文明。同时，针对一般行政处罚的简易程序规程，应秉持“两个当场决定”，但非现场执法模式无法实现两个“当场”。因此，应结合非现场执法的模式特征，建立非现场执法特有的简易程序的变通执法流程。针对案件事实清楚，但处罚金额较大，需适用普通程序的案件，可以考虑在普通程序中嵌入简化审模式，提高此类案件的审理效率，使城管非现场执法的程序体系和功能更加完善。

（2）细化办案流程和法律文书配套制度性文件。加强非现场执法的执法公告，明确适用范围、执法事项、区域范围等；加强非现场执法的提示告知，明确非现场执法告知承诺书、涉嫌违法行为提示单、违法行为警示单等；完善非现场执法法律文书，明确违法行为处理告知书、行政处罚事前告知书、行政处罚决定书等；优化非现场执法陈述申辩，明确陈述申辩处理、陈述申辩反馈等；改进非现场执法内部流程，明确立案审核、执法流程、部门协作等；强化非现场执法安全管理，明确数据安全使用、数据备份、数据恢复、数据保管、数据清理转存、数据保密、数据修改等。

（3）建立严格复核制度和严肃问责制度。现阶段，进行行政处罚时，尚不可过度依赖人工智能，宜将其定位成辅助工具。在行政处罚执法中仍应坚持以人为中心的工作理念、构建人与人工智能的“合作观”、平衡效率与价值之间的冲突。在法律架构中，为落实“严格取证”原则和“疑违（法）从无”原则，一旦当事人提出异议，执法机关就应当对采集、记录的信息进行严格复核，不能查实的，应当按“疑违（法）从无”原则消除已经录入的信息，坚持处罚的，则要为自己作出的行政处罚行为的合法性承担举证责任。

4. 加强权利救济，维护相对人合法权益

非现场执法本质是执法的一种手段，关乎民众切身利益，更需从人民角度出发，出措施、拿办法，践行“人民城市人民建，人民城市为人民”理念。在大力推广的同时，如何将其对相对人的不利影响降到最低，充分保障相对人知情权、申辩权等，是亟待解决的问题。

（1）进一步完善告知机制。告知机制的本质一方面是保证相对人在违法时及时知道错误之处和原因，使违法者不再一错再错；另一方面是敦促城管执法切实履行告知义务，保证相对人知道权利救济方式，切实维护自身合法权益。告知机制的优化可以从两个层面展开：从告知渠道角度而言，一般情形可以通过线上告知方式展开，对于无法通过线上告知方式的少数特殊群体，可通过日常执法积累做好统计，并采取点对点方式，做好行政告知；可在执法窗口、自助银行端口等与人民群众密切联系的服务点设立自助查询机器，智能化、便利化为群众提供查询服务，降低相对人救济成本，逐步建立渠道多样、方便快捷的告知机制。从告知内容角度而言，可设置一定权限，确保相对人能方便查询到详细、全面的违法信息，包括照片、录像等；同时在相关资料中给出技术和法制审核意见、标准、依据等，并告知相对人陈述申辩的权利及方式方法，进一步普及非现场执法。

（2）充分保障相对人异议权。在送达处罚决定的告知中，应当同时附载相对人提出异议的权利和行使权利的期限、方式以及相关途径。相对人对于技术监控设备、视音频记录设备记录的违法事实有异议的，可以通过移动互联应用程序、书面或者到指定地点向城管执法部门提出。城管执法部门应当在5个工作日内予以审查，违法事实不成立的，不予处罚；违法事实成立的，告知相对人，并依法作出行政处罚决定。审查重点围绕技术监控记录资料与经由算法辅助调查结果之间的因果关系或者关联程度展开，在算法流程适度公开、透明的前提下，城管执法以此作出处罚的说服性与可接受性会大大增强。

（3）将听取相对人意见作为必经程序。《行政处罚法》等法律法规对听取相对人陈述、申辩所给予的重视是显而易见的。随着非现场执法的多场景运用，相对人会基于对技术监控设备的不信赖，质疑技术监控设备的运行系统。为确保有效听取相对人陈述、申辩，城管执法应当充分尊重和允许相对人质疑。但仅仅尊重和允许是不够的，更需要城管执法在复核时将质疑回应落到实处。一个妥帖的进路在于城管执法在按照相关要求定期维护、保养、检测技术监控设备等相关规定的同时，定期邀请第三方专业机构对运行系统进行技术审查、出具意见，并制定具体审查细则，以规范化方式回应相对人关切、听取相对人意见。

五、总结与展望

随着人工智能和法治政府建设的积极推进，一方面我们要充分认识到技术的发展仍然在不断推进中，甚至越来越快，非现场执法所带来的巨大挑战与回应需求将越来越大；另一方面，为了有效应对非现场执法带来的风险，使人工智能等高科技更好地服务于行政处罚执法活动与行政管理目标。行政执法的理念和实践亟需突破利益固化的藩篱，汲取科技文明的有益成果，构建系统完备、运行有效的具有一定发展弹性的执法制度体系，这也将是我们继续关注并深入研究的一个重要命题。

第四节　人工智能在群租治理领域运用研究

随着我国城镇化进程的发展，人口流动规模和频率空前增长，上海作为全国的特大城市，外来人口导入长期保持高位运行，大量的外来人员来沪务工、求学与定居，推动了城市的经济、社会、文化等各方面的繁荣，但同时也给城市管理和社会治理带来一些棘手的难题，群租问题就是其中之一。

一、问题的提出

上海作为超大城市，就业机会多、人口流动快，群租现象始终是困扰城市管理者的一个难题。群租行为不仅改变了房屋的使用功能，更存在着多方面的问题：一是影响生命安全；二是影响社会治安；三是影响小区卫生；四是侵犯了相邻业主的权益；五是加大了物业管理的难度。

2019 年 11 月习近平总书记考察上海时指出，上海要抓好“两张网”，即政务服务“一网通办”和城市运行“一网统管”。时任上海市委书记李强在调研城市运行管理平台建设后，进一步要求紧扣城市运行“一网统管”的目标方向，在数据汇集、系统集成、联勤联动、共享开放上下更大功夫，加快建设城运平台，探索走出一条具有中国特色的超大城市管理的新路子，对推动高质量发展、创造高品质生活提供有力支撑。

2018 年 4 月，上海市大数据中心正式揭牌，构建了全市数据资源共享体系，并制定了数据资源归集、治理、共享、开放、应用、安全等技术标准及管理办法，从而实现了跨层级、跨部门、跨系统、跨业务的数据共享和交换。

在“一网统管”的大背景下，以上海市大数据中心汇集的“数据湖”为基础，使用大数据分析，使发现群租有了实现的可能。对此有必要在网格化升级的基础上，开发群租治理应用场景，以统一的城市管理主题数据库和地图服务为基础，采用自动、主动、被动“三动合一”的发现手段，借助全区的网格力量，针对群租建立一套从发现到整治的全流程系统。

二、群租概念、特征及其认定标准

（一）概念

最近几年，随着房价和房屋租金居高不下，城市生活成本不断提高，价格低廉的可居住房屋供应又在减少（征收、旧改、“五违四必”整治、“三合一”整治等多方面原因造成），而廉租房、公租房、经济适用房等住房困难解决政策大多针对本市户籍人口。因此外来人口的居住成本显著上升、特别是低收入外来人口的有效居住面积被大幅度地压缩。但是，外来人员的居住需求却不可能凭空消失。群租现象屡禁不止，而且有愈演愈烈的趋势，群租问题也成为社区管理中的一大难点问题。群租问题对居民群众的安全感、满意度都有较为显著的负面影响。而且群租泛滥，各种社会闲杂人员聚集，容易滋生黑恶土壤，引发诸多社会治安问题。中央督导组更是将群租现象作为一项社会乱象问题指出。

现有法律法规或者政府规章并没有明确使用群租的概念，因此其并不是一个正式的法律术语。关于“群租”的含义，学术界有不同见解。有学者认为，“群租”是指目前在大城市中心地带的中、高档小区里出现的，建筑物的某一单位的所有权人或者使用权人（第一承租人）改变该单位原来的建筑结构和平面布局，把房间分割改建成尽可能多的若干小间后，再次向两个以上的社会各类人员分别按间出租或按床位出租而形成的租赁关系。也有学者认为，“群租”是指房屋实际所有人将房屋结构改造成尽可能多的小房间后出租给不同人，从而形成两份以上的房屋租赁合同关系。上述观点实质认为，群租属于房屋租赁行为，是房屋租赁的一种特殊形式。群租和普通房屋租赁的区别就是把一整套单元房化整为零，分为几个独立的居住空间，分别出租给两个以上承租人，各承租人就自己使用的独立空间向出租人支付租金的行为；当然，实践中还存在二手房东，即房屋承租人作为转租人，将其承租的一整套单元房化整为零，分别转租给两个以上次承租人使用，各次承租人就自己使用的独立空间向出租人支付租金的行为。

目前上海市闵行区治理群租问题的主要法律依据是住房和城乡建设部的《商品房屋租赁管理办法》（2010 年中华人民共和国住房和城乡建设部令第 6 号）、上海市政府的《上海市居住房屋租赁管理办法》（2021 年上海市人民政府令第 49 号）和《闵行区人民政府关于加强本区住宅小区“群租”等突出问题综合治理的工作方案的通知》（闵府发〔2014〕27 号）。

（二）特征

界定群租，需要把握以下特征：

1. 合同签订方式。每一个承租人分别与房东签订租赁合同，租赁标的物是整个单元房的一部分；如果多个承租人共同与房东签订房屋租赁合同即承租人是房东的共同债务人，此种情形不属于群租行为，有学者称之为合租。一些单位为了解决外来务工人员住宿问题，以单位名义与房东订立房屋租赁合同后，将该租赁房屋作为其单位外来务工人员的集体宿舍。我们认为该租赁方式不应纳入群租管理模式，除不符合笔者对群租的界定外，该种租赁模式以及人员管理完全可以通过对单位、行业管理达到治安目的。

2. 承租人相互关系。各个承租人之间是相邻关系。

3. 租赁合同粘性。承租人之间一般不认识，往往是房东发布租赁信息，逐步承租房屋。承租人生活经历、学历层次、性格都不同，很可能因为不能相互适应而解除租赁合同。

（三）认定标准

具体到违法群租界定的标准上，2014 年上海市社会管理综合治理委员会办公室等十部门联合颁布的《关于加强本市住宅小区出租房屋综合管理工作的实施意见》和2021年上海市政府颁布的《上海市居住房屋租赁管理办法》予以明确：一是规定最小出租单位，不得将一间原始设计为居住空间的房间分割、搭建后出租，或按床位出租；二是规定居住人数限制，除了有法定赡养、抚养、扶养义务关系的情形外，出租居住房屋，每个房间的居住人数不得超过2人；三是设定最低人均承租面积，居住使用人的人均居住面积不得低于5平方米；四是禁止居住特殊空间，不得将原始设计为厨房、卫生间、阳台和地下储藏室等非居住空间予以出租；五是禁止员工宿舍与普通住宅混同，不得把居住物业管理区域内的居住房屋出租作为单位集体宿舍。如果房屋租赁行为违反了上述五个禁止性规定就属于违法群租，需要依法整治。

三、群租的危害分析

（一）消防安全隐患丛生

1. 居住人口密度过大。群租房以低廉的居住成本深受低收入人群，特别是外来务工人员、大学应届毕业生的欢迎，为了节省开支，承租人往往选择多个人合租一个房间，十几平方米的房间内通常住五六个人；还有的虽然一个房间内只住了一户三口之家，但整个群租房内类似的住户有六七户之多，居住空间狭小，单位面积内人口密度过大，一旦发生火灾极易造成较大人员伤亡。

2. 群租群体安全意识低下。低收入人群是群租的“主力军”，绝大多数承租人由于文化水平有限，缺少必要的消防安全意识，日常生活总是存在侥幸心理，得过且过。此外，消防安全常识匮乏、逃生自救能力缺失，也是导致思想松懈的一个重要原因。尤其是，群租群体的流动性较强、人员成分复杂，相互之间人际关系淡漠、缺乏应有的责任感，这种“匿名关系”削弱了社会关系中的区域性控制和监视作用。同时，群租房的承租人多为经济能力较弱的务工、求学、求医、无业人员，难以进行有效的消防安全管理，直接导致消防安全措施无处落实，火灾隐患丛生，使群租房逐渐成为火灾事故的“重灾区”。

3. 电气线路隐患严重。各类电器设备的普及，使群租房用电量激增，常规电气线路设计已无法满足群租群体日常用电需求。一方面，电气线路长时间超负荷运载，极易加速电气线路的陈旧老化；另一方面，私拉乱接电线现象泛滥，也是群租房电气线路火灾事故易发频发的重要因素。通过调研发现，群租屋内普遍存在分割隔断、空间狭小、杂物堆积等现象，疏散通道不畅，尤其是水、电、煤、气管线私接、乱接、乱用等更是存在大量消防安全隐患。

4. 建筑内部结构复杂。群租房屋往往会改变建筑结构和布局，拆改管线及配套设施，破坏房屋承重结构，严重影响房屋结构安全。目前，群租房主要以改建、扩建的形式出现，从建筑类别上涵盖了居民住宅、地下储藏室、地下车库、厂房等不同结构的建筑，突出表现为房间设置数量多，内部空间狭小，建筑用途多样化，大多不具备安全居住条件，一旦发生火灾后果不堪设想。此外，群租房大量使用可燃、有毒材料进行分隔装修，发生火灾不仅会加速火势蔓延，而且会增加人员窒息死亡风险，危害性巨大。

表 2-1　群租房建筑类别及用途

建筑类别	特点	用途
大居室“分割型”	多由居民住宅整体分隔而成，房间数量多、空间小	员工集体宿舍、家庭式群租
非法“改造型”	多由居民地下储藏室、居民小区地下车库、设备间、厂房等建筑改造而成，内部电气线路混乱、不具备居住条件	无相关证照，吸纳零散承租人提供短租、长租服务的“黑旅馆”
生产住宿“多合一型”	多出现在“城中村”，以 2~3 层建筑为主，食宿在同一区域，底层作为店面使用，形成集住宿、经营、仓储等功能于一体的“多合一”场所	小饭店、小商店、家庭式作坊

（二）滋扰周边住户正常生活

1. 诱发邻里矛盾、摩擦。群租人员众多，难免存在深夜进出、活动喧闹、不讲卫生等不良生活习惯，容易干扰相邻业主正常生活，降低小区居住品质，侵害他人合法权益，诱发邻里矛盾、摩擦。实践中专业化、规模化的“二房东”队伍，他们看准群租市场的利润空间，将租赁的整套房屋装修间隔成多个小间用于群租，赚取租金差价牟利。同时，由于他们长期从事群租行业，信息互通、互相帮助，对于如何应对检查执法有着一定的“经验”，在群租整治过程中往往抵制赖租、无理索赔、煽动对立，也成了群租整治中的一大顽疾。

2. 治安违法案件高发。群租屋内人员密集、成分复杂、流动性强，容易发生人际冲突，进而引发盗窃、伤害等治安问题。在当地居民大量移居、外来人口占绝大多数的老镇和农居老宅，原有的社会管理组织如村民小组、村民委员会的管理力度弱化，新的管理方式尚未有效建立，“安徽帮”“河南帮”“江西帮”等以地缘和亲缘维系的势力或明或暗地左右外来人员的行为，并逐渐对当地居民的生活行为产生影响。

3. 破坏正常的房屋租赁管理秩序。群租现象通过密集出租获得丰厚利润，但对于合法的出租人或者商业酒店，造成不公平竞争，破坏正常的租赁市场秩序。群租造成小区人口密度加大，物业公司需要花费更多的人力财力，不少业主因为群租往往会投诉物业、拒绝缴纳物业费，增加物业管理难度。更为重要的是，由于缺乏完善的生活配套设施，污水垃圾随意处置，特别是旧式里弄和农村老宅，加上违章搭建使原来落后的居住环境更加恶劣。由于多人群居，空气混浊，一旦群租房内的人有传染病，其他人员的健康就难以保障。一旦出现流行病，这些地方就是爆发点。

四、当前群租整治难的原因分析

从上文法规条文中责任及处罚措施的规定，就可以看出，法律法规对群租问题实际上是有明确的规定和刚性制约措施的，而且为了防止有钻法律空子的现象，从登记到管理的各个环节都设置了一些防范措施。但现实情况是，群租现象还是屡禁不止，不断在整治和回潮中循环。一部分固然有住房供应跟不上城市社会发展速度的根本原因，另一部分恐怕还是在执法管理环节有一定的脱节。因为“徒法不足以自行”，有法律规范不一定代表着群租问题就会自行解决，还是需要在不断发展的实践中探索执法管理的具体手段和措施的。只有经过长期的实践才能落实法治。因此，我们在工作中通过现场访谈、问卷调查、座谈研讨等方式对群租问题整治难做了进一步的分析和梳理，主要原因有以下几点：

（一）发现难

一是邻居关系不密切，公房里门一关，有些群租都无法被发现，甚至于有的楼里大部分都是出租户，对周边的居住情况和人员情况既不了解也不关心。二是群租人员大多从事低端服务业，例如：餐饮、娱乐、跑腿等，早出晚归的多，除非扰民严重，否则周边居民、物业公司和居委会工作人员因作息时间原因，大多根本无法碰到这些群租人员，也很难详细了解出租房内群租的具体状况。

（二）联系难

一是因为很多群租房是房东全权委托中介公司代租；二是有相当一部分房东是投资客，户籍不属于本居民区，联系方式也查不到，或者房东长期在国外或外地，很难与房东直接沟通。但在程序上，如果要对群租开展治理或处罚，又必须直接联系业主。

（三）认定难

属地街镇在接到居民的信访投诉或举报之后，通常会组织有关职能部门会同所属居委会干部，通过比对实有人口信息和房屋面积信息、上门核查取证等方式，对该房屋是否属于群租进行初步认定。然而在实际操作过程中，这些群租房的承租人员，因担心受处罚，通常不愿主动配合调查取证，导致工作人员上门核查遇到困难。

一是群租房屋成因复杂多样。有的是企业借来用作员工宿舍的，有的是二房东靠出租床位来赚取差价的，有的是房地产中介公司集中管理产生规模收益的，当然也有房东自己明知群租违法，但为了牟利不管的。

二是群租的认定部门主要是房地产管理部门。目前，由于房管办下沉街道管理，该工作职责由综管中心下属房管办落实。但街道房管办工作人员较少，而整个群租现象数量较多，两者之间差距很大。这就形成了群众举报群租后的认定时间较长，加之群租群体大多早出晚归，和房管办、居委会、物业同志工作时间错开，更增加了认定难度。而且，即使一处房屋被认定为存在群租现象，也要经过告知教育并要求其自行整改的程序才能对其开展整治，因此群租房屋整治的周期很长，从 3 周至 2 个月不等。但等到整治了这一处，下一处群租可能马上又冒出来了。总而言之，目前的群租整治方式方法，执法成本很高（时间和人员等），但其回潮却很方便，几乎没有成本。

三是在采取集中整治行动之前，还需经过“责令整改”的规定程序。在这一过程中，由街道、房管办和城管组成的工作组需要事先对房东进行约谈，告知房东关于群租的界定标准并张贴责令整改告知书。但大部分业主都以本人不在当地等缘由，采取消极回避的态度，拒绝谈话或者让二房东出面交涉，这样就造成了执法周期的延长，大大减慢了联合整治的开展进度。

图 2-3　群租治理一般流程图

（四）整治难

因为很多租赁户随着我们整治的经常性开展已经练就了一套“反整治”技能，例如：不用高低床，而改成大床或沙发床，有的甚至直接在地上打地铺，用塑料泡沫板铺在地板上，直接铺上被褥睡人，使得我们整治的时候根本无从下手。我们在执法过程中甚至发现，群租这门生意已经发展成了“一条龙”服务的产业链。其中有专门负责找房源、集中装修、发布租赁信息，与房东长期签约一手代租的房地产中介；也有多重转租后面向快递、外卖等行业从业人员提供以床位为单位租赁的个体掮客；还有某些企业雇佣低薪资劳动者较多，为解决其超长的工作时长，降低劳动者住宿、通勤时间和经济成本，而租赁房屋改建成“宿舍”的；还有一个电话就能把高低床、行军床甚至地铺送货上门的家具店和二手家具商。另外，上文也提到，整治困难重重，周期很长，但回潮却基本没有成本，速度很快。

以对一个三室两厅的违法群租房的执行环节为例，单凭街镇或者房管部门执法人员人数过少，可能会诱发被执行人的对抗，也难以防范被执行房屋内财物看管清点存在争议等问题，所以街镇一般要动员房管、公安、综治等多个部门组成 20 人以上的队伍，如果存在违章搭建或改变房屋结构用途的情形，还需要聘请专门的拆房公司。这样的一次执法活动至少需要提前一周准备，各部门事先都要做好应急预案和分工协同，执法的时间和经济成本不可谓不大。而二房东往往在群租整治力度降低后又卷土重来，请装修队还原恢复速度很快，但成本不过数千元。

但相对而言，执法成本高。现以闵行区古美路街道为例，2019 年上半年该街道共开展了 10 次群租集中整治，取缔群租 100 户，现将集中整治工作的相关费用进行结算如下：

表 2-2 群租集中整治费用结算表

项目		标准	费用
集中整治工作费用	上门取证宣告检查费用	10 人 * 10 次 * 100 元/人次	10 000 元
	现场整治人员补贴费用	20 人 * 10 次 * 200 元/人次	40 000 元
	物业公司施工费用	100 套 * 200 元/套	20 000 元
	垃圾清运公司清运费用	10 车 * 500 元/车	5000 元
群租整治宣传费用			20 000 元
群租整治稳定工作经费			5000 元
半年整治经费合计			100 000 元

注：1. 每次群租集中整治前，街道分片区共安排 10 名工作人员上门取证告知；

2. 每次群租集中整治，来自街道、房管办、派出所、城管、居委会、物业等共计 20 名工作人员参加；

3. 每次群租集中整治的垃圾清运按照每次一车计算。

由此可见，政府部门开展群租集中整治的执法成本相当高，整治前、整治时和整治后都会涉及相关费用，这些费用都要用行政经费“买单”。与高额的执法成本相比，群租利益群体的违法成本很低。由于群租房一般都采用简易的分隔木板对房屋进行分隔，放入几张高低床就可以按照市场价格出租，即使政府通过集中整治拆除了这些木板和高低床，重新添置几张床位的代价非常小，且操作简便。因此，群租现象的反复回潮也就不足为奇了。

更为重要的是，群租房是在租赁过程中产生的特殊现象，本质上是一种市场行为，只有当群租带来的问题对社区公共利益造成影响后，行政部门的介入才符合当今社会所倡导的法治精神。事实上，政府部门接到的很多关于群租的举报都是因为邻里矛盾引起的，这就使得政府处于不作为或是强制执行的两难境地，行政伦理受到挑战。

（五）处罚难

虽然现有的治理政策明确了对群租行为中大房东、二房东、租客及房屋租赁机构等利益相关主体的行政处罚措施，然而，由于处罚周期长、处罚程序尚未明确，行政处罚只能停留在纸面上。成功采取行政处罚或走司法诉讼程序的案例非常少，在日常管理和执法过程中几乎没有先例可循。在这样的情况下，法治的威慑力和行政部门的权威性就很难体现，违法者对违法行为的预期没有产生严重后果，因而毫无触动，屡教不改，屡禁不止。处罚是法律的执行，是对违法行为最好的震慑，但因为处罚程序很难启动，处罚的力度又很难掌握，而且相关职能部门也很少有处罚的案例，因此操作层面上几乎没有实践的可能性，就很容易陷入整治、回潮、再整治、再回潮的循环中。

根据课题组的调研发现，一些有经验的租客在收到政府张贴的整改通知书后，会事先拆除高低床铺，转移到其他地方暂时安置，一段时间过后再搬回原来的群租房，使工作人员收集证据的难度大大提升。而有的租客甚至打起了地铺，使执法人员无计可施。根据《行政处罚法》，除特殊情况可采取简易程序以外，都必须按照一般程序进行。在发送《行政处罚告知书》后，根据当事人申请还需安排听证程序，听证过后，当事人有权申请行政复议，若走完整套流程，预计至少花费 30 天时间，如果还需申请法院强制执行，时间可能会延长至 3 至 6 个月，造成行政资源的浪费，处罚威慑力大大降低。

（六）监督弱

《上海市住房租赁条例》第 49 条规定中有关于出租人、承租人和房产中介参与群租的诚信处罚条款，其中提到了房屋出租人的违规出租记录会被记录在全市公共信用信息服务平台。租客租住“群租”房的，依据上海市居住证管理及相关规定，在落实整改以前，由街镇通知社区事务受理服务中心，暂停办理居住房屋租赁合同登记备案，暂停受理居住证、临时居住证申请。租客已经办理居住证的，暂停办理年度签注；租客已经办理临时居住证的，暂停续期手续。房产中介一旦违规出租，同样将被记录到诚信档案，并被市场监管等部门作为重点监管对象。在西方，发达国家的诚信体系制度相当完善，违信成本极高，涉及漏税、逃票或是交通违章的人员，不但会影响求职、社会保险和住房保障，而且往往要赔上巨额财产。而当前，我国社会诚信体系的建设正处于起步阶段，诚信信息的采集、管理和使用尚未形成制度，违信成本极低。《上海市住房租赁条例》中虽然提出了诚信处罚，明确了房地产经纪机构从事违法群租，记入经纪机构信用档案，但没有强制规定会受到必然的处罚，另外目前也没有管理部门关注信用评价，制定相应的处罚程序和标准。房产中介作为经纪人，以利益为主，违法群租屡见不鲜，市场监督管理部门也缺乏有效的监管措施，行业协会就更加没有监管权了。

五、解决思路

《关于加强本市住宅小区出租房屋综合管理工作的实施意见》中对于“群租”的规定是，出租房间的人均居住面积低于5平方米，每个出租房间的居住人数超过2人（有法定赡养、抚养、扶养义务关系的除外）。

通过各种数据来源（包括公安机关、不动产部门、自来水公司、供电公司、燃气公司等），获取实有人口、房型、建筑面积、用电量、用水量、用气量、外卖、快递等静态或实时数据，进行清洗、融合、存储及建模后得出分析结果。根据模型设定认定为疑似群租的，进入网格派单系统流转，由执法人员上门检查，确认后责令整改或依法处理。在网格平台中，区、街镇两级均可看到辖区内的工单处置状态，可以督查督办。

以往发现群租大多依靠民警、居委会、物业上门挨家摸排（主动发现）和投诉举报电话（被动发现）两种手段，或是需要大量人力，或是在产生了严重影响后才进行处置。这里介绍的群租发现方式的创新之处在于其将多来源的海量数据进行融合计算，利用各种数据模型自动发现群租现象，既节省了人力，又能及早发现问题。

其主要难点如下：一是数据的获取。计算涉及的数据分散在各个委办局、水电气等国企和快递外卖等各类私企，因此需要与各方协调。二是数据的处理。因为数据来自各方，各自的数据标准不一，因此需要在数据清洗上花费大量的时间和精力。

六、国内相关案例分析

（一）城市案例

1. 天津：“利用大数据破解群租房管理难题”。工作人员通过水电气消耗数据分析，发现群租房，然后通过数据变化，监管群租房的使用状态。按照反恐、治安、消防、安全、卫生等46类隐患防范要求，通过大数据分析，把出租房划分为重点户、关注户、普通户。对每一户出租房进行居住信息登记并生成二维码，网格员通过二维码有针对性地采集核查出租房的人员和安全情况。在基础摸查环节，通过政府购买服务等方式，由协管员、社工、社区民警等政府力量与劳动密集型用工企业、小区物业公司、业主委员会、房屋中介机构等协作，共同对辖区内的出租屋进行地毯式摸查，按一户一档的原则建立档案资料，作为原始基础数据。

2. 江苏："大数据+网格化+铁脚板"。泰州治安部门运用大数据技术手段，加快推进租赁住房、房屋租赁中介机构、物业服务企业相关信息以及水电气用量异常等群租房相关数据的采集汇聚和共享应用。发动社区民警把上门走访与健康登记、平台申报、数据推送等有机结合，及时对台账底册进行增删改，力求全面、真实、准确地掌握全市流动人口、租赁房屋特别是群租房的底数。

南京江宁区龙西新寓小区的人脸识别系统让小区内有无群租变得"一目了然"。该小区居民进入小区和单元门都靠"刷脸"，所有居民必须通过人脸识别登记信息，数据直接连通辖区内的派出所，一旦一个房屋内登记人口超过 5 人，系统就会自动标红，社区民警、网格员等就会上门了解情况。

3. 上海："引入大数据搭建起'大脑'"。2018 年 8 月，上海市徐汇区田林街道工作人员在"智慧社区"平台上发现了一处群租房，因为数据显示一位居民连续 10 次刷卡进楼，显然超出了正常频率范围。田林街道一度是群租房"重灾区"，使用"智慧社区"进行治理后，群租房问题得到缓解，2018 年 1 月至 8 月，该街道群租房数量同比下降 76%。

浦东新区建立"一户一档"的大数据系统管控群租房。工作人员分头行动，每家每户上门排摸核实。每栋楼门口都贴着一张"出租房屋信息一览表"，白色为自住房，红色表示有群租嫌疑，绿色则是合格的出租房。信息公开透明，让居民都能参与监督。

（二）案例分析与对比

1. 基础数据的获取。各地均以户为单位，建立档案，搜集人口、户籍等基础数据。上海市公安局建设的"智慧公安"现已初显成效，"一标六实"基础数据已建立，人口等基础信息也已做到实时更新共享。

2. 水电气数据的应用。天津、江苏都已经将水电气的数据用于发现群租现象，说明此方法切实可行。

3. 人脸识别。在试点小区里，人脸识别对发现群租确实有用，但使用人脸识别在上海的小区里并不普遍，尤其是大部分的老小区，另外，人脸识别系统一般是小区自建，市级层面做数据对接存在一定困难。因此，上海没有在全市层面应用人脸识别，而是在区和街镇自建应用里预留了接口，如有需要，可以接入人脸识别和门禁数据。

4. 快递外卖数据的使用。在实际应用中，我们发现快递外卖数据分析结果的准确率是最高的，但此方法尚未在上海以外的地区得到使用。

5. 借助网格。在各级政府体系中，网格是可以横向打通各职能部门的重要桥梁，所以各地几乎都借助了网格的力量，上海也不例外。

七、数据模型和流程管理

（一）数据模型

群租的发现手段，在传统的上门挨家摸排（主动发现）和投诉举报电话（被动发现）以外，创新性地增加了利用大数据分析的自动发现手段。数据处理平台对相关原始数据的分析包括数据导入、数据清洗、地址标准化、数据融合、数据存储、自定义建模、定制建模、结果输出等。

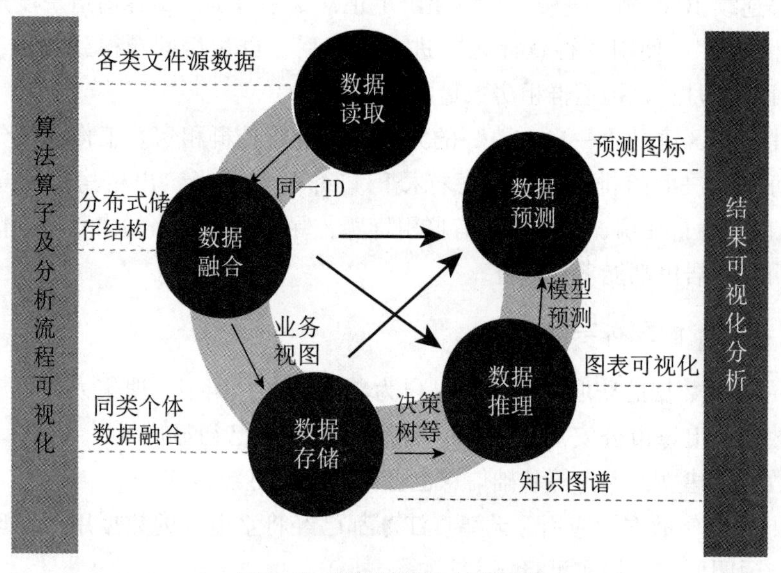

图 2-4　数据处理平台流程图

数据来源包括实有人口、住宅的房型和建筑面积、用电量、用水量、用气量、外卖量、快递量以及区和街镇的门禁刷卡、人脸识别等数据（所有数据均经过脱敏后使用，不包含个人的隐私信息）。模型有三种：实有人口模型、水电气模型、外卖快递模型。三种模型的计算逻辑如下：

1. 实有人口模型。通过实有人口、房型联合分析，将房屋内实有人口与该房型的法定最多居住人数进行比较。实有人口超过房间和客厅数两倍的即视为疑似群租。

2. 水电气模型。通过地址标准化，将水电气地址转化为“路—弄—号—室”的标准地址，并进行数据清洗、数据转换、数据关联等处理后入库，对数据进行偏离程度计算、归一化处理，最后将水、电、气数据的权重按照一定比例进行合并计算，得出疑似群租户。

3. 外卖快递模型。对同一地址内外卖、快递订单数进行分析，超过一定个数即视为疑似群租（除去商业办公、物业等情况）。

以浦东新区为例，2020 年 1 月至 8 月，共发现群租 7601 户，已处置 7601 户。其中，智能（自动）发现占到三分之二左右，是人工（主动和被动）发现的两倍（图 2-5）。

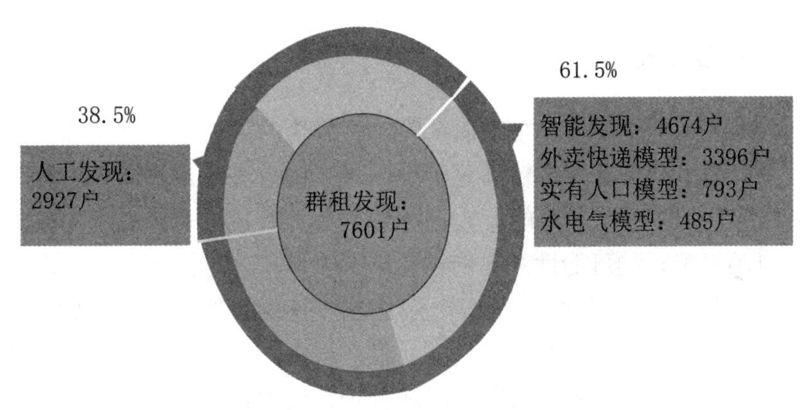

图 2-5　浦东 2019 年 1 月至 8 月群租发现数量和比例

（二）处置流程

应用网格平台在发现疑似群租现象后，由区平台推送疑似群租告警到区网格中心，区网格中心指派网格责任人进行疑似群租核实，对核实为群租的予以告警，系统推送群租告警，网格责任人进行依法处置。

网格责任人协调房管、公安、市场监督、城管、地税等部门，出具《居住房屋违规租赁责令改正通知书》，责令责任人在规定期限内整改，对逾期不整改的，进行行政处罚或集中整治。整改、行政处罚或集中整治完成后，网格责任人在网格平台反馈群租整治结果。

群租核实与整治过程信息通过网格平台推送到区平台，形成管理闭环。对整治异常的情况，可报送城管执法部门进行依法处置。

（三）系统和地图展示

为了更好地实现全流程管理，在网格平台的群租应用场景系统中加入了每个环节的实时统计，并且以月、半年、年为单位进行数据统计与分析。系统主页展示信息主要包括当年群租自动发现概况、今日群租发现推送告警、当月群租处置情况、超期未反馈群租告警轮播、当月群租发现和处置情况地图撒点分布、当年群租发现和处置情况统计以及处置详情查看、最近半年群租发现趋势分析、当年街镇群租整治效能分析等。值得一提的是，在平台的“全市一张图”上，根据发现和处理结果可以实时展示处置案件的撒点分布，为相关部门采取应对措施和作出决策提供依据。

八、主要结论

群租发现难、处置难。在发现手段上，传统的人工主动排摸和被动接受举报的手段已不能满足城市精细化管理需求。随着技术的进步，上海市大数据中心的成立，使不同来源的大数据能够归集并应用，这才有了实现大数据分析（自动发现）的可能性。在网格化平台升级中，上海市闵行区着力打造了“全区一张图”、一个主题数据库，有了地图和数据底座，依靠网格的实体力量，案件经历发现、立案、派遣、处置、核查、结案等网格化六环节，可在地图上实时展现、全流程监督、闭环管理，因此群租治理才会有好的执行效果。

但如果仅仅依靠大数据分析来加强对群租的发现和处置，对群租治理来说只是治标，并不治本，而且并没有充分利用数据的优势。现在的数据分析只是开始，未来随着案例的不断积累，可以进一步深挖掘数据价值。例如，通过历史数据的分析，预测群租人员的大致数量，再结合社保数据，计算出他们的平均收入水平，有的放矢地提供相应数量的保障房，既可满足他们的住房需求，又可解决群租难题，一举两得。

第五节　人工智能在信访治理领域运用研究

《中共中央关于制定国民经济和社会发展第十四个五年规划和二〇三五年远景目标的建议》明确了“十四五”时期的社会发展目标，在社会治理方面，要求“完善共建共治共享的社会治理制度”，“加强和创新社会治理”。这为未来信访工作的开展指明了方向。今天，大数据时代已经来临。利用大数据和人工智能来发现客观规律，是备受关注的科技潮流。这既给信访工作带来挑战，同时也给信访工作创新带来机遇。在一定程度上讲，抓住了信访大数据，也就抓住了新时期信访工作发展的关键所在。建立在信访大数据基础上的人工智能分析，能够为信访苗头预判、信访治理决策、调查研究、检视公共政策得失等众多方面提供精准的个案应对方案、科学的工作战略，从而摆脱传统信访工作面临的被动局面，创造出符合新时期特点的信访工作新价值。

一、人工智能赋能信访工作的价值意义

现阶段我国处于改革的深水区，社会矛盾呈现多样化发展趋势，涉法涉诉信访明显增多，非访集访、重复信访难以化解，信访部门职能宽泛且责任落实较难。随着大数据在国家治理领域的应用，建设基于大数据技术的人工智能信访服务平台和信访数据库，为信访治理的精准化提供了可能，信访大数据的核心就是要实现社会风险的源头治理，减少社会风险形成，基于海量数据信息的分析，使得出的分析结论最大关联度地接近信访规律，促进实现精准化决策。这就强化了信访的治理能力，超越了信访制度的存废之争，回归了信访制度的本位制度价值。具体而言，本书的意义价值主要体现为以下几个方面：

1. 有利于尽快准确发现信访规律。信访大数据要求工作人员将每一个信访人的年龄、性别、诉求及理由、工作单位、社会身份、诉讼史、信访史、案件案由、投诉事项、接谈过程、化解方案、化解效果、信访人的话语文本、信访人所针对的社会对立目标等变量完整录入数据库。在完整且客观的信访数据基础上，调研人员可依托人工智能软件，对信访数据进行“全样本”分析，尽可能挖掘潜藏在数据背后的信访规律。

2. 有利于实现对信访工作的科学预测。能否对信访形势进行科学预测一直是各级政府非常关心的问题。凡事预则立，不预则废。如果能从源头上对信访未来发展的可能性作出预判，实现未雨绸缪，将信访矛盾冲突化解在萌芽状态，那么信访工作必将进入一个全新的格局。完备的信访大数据库再加上人工智能，让信访形势的科学预测实现成为可能。

3. 有利于提升公共政策科学化水平，下好社会治理“先手棋”。传统信访工作主要依赖于人的经验，所收集的信访信息缺乏完整性和客观性，分析技术匮乏，这是远远不够的。经验要凭人积累，主观随意性较强，且无法高效传承。信访大数据系统的建立，以信访信息客观、详实、完备为目标，以量的积累突破经验的局限性，最终为科学研究和精准预测提供了坚实的判断基础。完整保存信访数据，依据这些数据一方面既可以对已经实施的公共政策效果进行科学、客观、准确、细致的描述，同时还可以对将要实施的公共政策的政策效果提前作出预测，从而为政府决策当好参谋助手，下好社会治理的“先手棋”。

4. 有利于提升信访工作法治化水平。党的十八大以来新的历史时期强调坚持以法治引领信访工作制度改革，那么，应如何深化改革，全面提升信访工作制度法治化水平，以应对经济社会发展新常态下矛盾风险叠加的新挑战？对此，时任国务院副秘书长、国家信访局局长李文章同志曾指出，要做好“互联网+信访”这篇文章。这就要求我们一方面要用活用好信访大数据，从中发现问题；另一方面，充分利用人工智能和“互联网+”等先进的技术手段，引导信访人依法逐级走访，同时实现信访过程全公开，引导信访工作人员依法依规解决信访事项，提高信访工作公信力。

二、研究现状与综述

利用大数据和人工智能进行信访创新，实现“智慧信访”是信访制度完善创新的重大课题。近年来，作为大数据与信访的深度融合，信访大数据对于重复上访现象的治理将产生巨大的变革作用，并将深刻改变信访部门的思维方式和工作方式，创设信访工作的新空间，极大拓展国家治理能力发挥作用的新领域，并且以提高认识信访规律和再造政府流程为平台，促进国家治理体系和治理能力的现代化。

1. 治理空间：促进宏观治理向微观治理的转换

信访大数据的特征之一是与信访事项有关的全数据而非抽样数据，对于全数据的掌握有利于对全部维稳过程进行监控，既监控治理对象，也监控治理环境，确保维稳功能始终定位在规范高效运行的轨迹上，随时发现政策执行中的问题，追溯政策制定中的瑕疵，保证政策执行的精准，充分发挥公共政策的效能。显然，将信访大数据分析作为治理重复上访现象的重要手段，能够有效实现从宏观治理空间到微观治理空间的转换，是提升政府治理能力的题中应有之义。微观治理空间的优势之一在于能够根据信访老户和信访事项的具体情况，采取更加有针对性的精准治理措施，达到稳准治理，靶向发力，事半功倍的结果。在政策执行方面，信访大数据能够针对具体个案的各项适用政策是否得到有效执行，通过各种算法，实现个案与政策执行方式的精确配位，能够保证政策执行过程的各种机制和环节尽可能符合公共政策的初始目标的要求。这有利于促进重复上访的政府治理由宏观向微观进行旨在降低交易成本的时空变换，改善公共产品供给和政府治理效果，并引发连锁的政府制度创新，沿着这个路径促进政府治理体系和治理能力的现代化。

2. 治理机制：推动被动应对向主动化解的跨越

信访大数据实现了信息资源的完整留存，这就为重复上访治理融入大数据战略，以数据驱动重复上访治理的创新能力，实现重复上访治理的智能化和信息化奠定了基础。[1]信访大数据能够针对重复上访治理过程呈现出的数据结构的多特征性、多样性以及多变性等特点，设计预测模型，有效反映重复上访现象的特征行为与各种环境数据和其他有关数据之间发展的关联性。[2]在这个基础上，信访大数据分析能够对重复上访现象的各种关联行为进行更加准确的预测，揭示重复上访现象的行为规律、勾勒其对于社会的破坏能力、判断其持续期、预估信访老户行为风险的各种可能性等规律。依赖于可靠的预测结果，便于地方政府发现治理时机、制定治理计划和救济策略。[3]还能够根据类间数据的强相关性，在信访老户行为预测和评估中引入模糊数学理论，使用贴近度概念和择近原则，定量描述信访老户行为与成功的息访案例

[1] 参见景汉朝：《涉诉信访治理的演进与新时代现代化方向》，载《清华法学》2023年第6期。

[2] 参见傅广宛：《信访大数据与重复上访现象治理变革》，载《中国行政管理》2019年第11期。

[3] 参见曲甜、张小劲：《大数据社会治理创新的国外经验：前沿趋势、模式优化与困境挑战》，载《电子政务》2020年第1期。

之间的关联关系和关联程度、信访老户行为与环境因素之间的相关程度，预测信访老户行为的发展趋势，这对扭转“信访老户出题目，地方政府写答卷”现象，减少强制力量的介入频率及强度，化被动应对为主动治理具有重要的工具价值。[1]这种在治理机制上推动被动应对向主动化解的跨越，非常有利于寻求信访治理的整体突破，进而形成新的治理理念，推动信访改革，创新社会治理，维护社会稳定，进一步提高政府的科学决策能力。

3. 治理方式：助力粗放治理向理性治理的变迁

粗放型重复上访治理方式主要依靠增加治理过程中各种行政要素的投入，这种外延型的治理绩效维持方式，是依靠增加行政投入来实现保持社会稳定的目的。这种方式以围追堵截为形式要件，以高消耗、高成本、低绩效为过程特征。粗放型的围追堵截式的治理，必须适应生产力的发展，向科学治理转变，这一转变的重要前提之一就是深度挖掘并充分认识信访数据背后所隐藏的各种信访规律。基于信访大数据，在对信访老户的行为模式进行深度挖掘的基础上，可以构建信访老户行为模式的特征数据模型，采用关联规则特征分解方法进行信访老户行为模式的特征分析和信息重构，并根据信访老户行为模式的差异性和行为偏好强度进行标准特征分类，在对信息进行融合处理深度挖掘的基础上，根据信访老户的行为特征实现智能决策和判断。大数据技术所占有的数据信息能够使信访工作者在短时间内获得十分惊人的洞察力。有理由认为，成熟的大数据技术对于信访规律的深度挖掘，为信访工作迈上新台阶提供了技术基础和现实可能性，为信访工作现代化和法治化提供了新的动能，为认识信访规律、及时发现矛盾风险点，分析背后的成因和预测发展趋势，实现对于信访老户现象的科学治理拓展了新的创新空间。

4. 治理内容：加快单向治理向双向治理的过渡

信访大数据包括信访人的基本信息、信访相关的案件信息、信访过程信息、信访环境信息等，几乎整个重复上访的处理过程都能在大数据中全程留痕。这样既能够对信访老户带来约束，也能够对信访工作人员和地方政府带来约束。通过信访环境数据、信访过程监测数据等的动态维护和实时更新，能够精准掌握重复上访和博弈各方在不同阶段的行为变化情况，明晰上访过

[1] 参见傅广宛：《信访大数据与重复上访现象治理的变革》，载《中国行政管理》2019年第11期。

程中使用的各种法律规章的效力，以及各方的行为发展和行为依据，做到重复上访治理信息内容全覆盖。在有效解决信访信息单一化、碎片化、闲置化问题的基础上，提炼各种利益相关者的行为模式特征及其后果发生的可能性，为进行法治化处理提供有效的各种数据依据和法律证据。其实质是以信访大数据分析促进政府信息公开化和行政流程透明化，消除信息不对称和暗箱操作。利益相关各方基于对法律的敬畏和数据刚性的限制，自然就能够增进自律意识，有效减少“情”和“理”这两种高弹性因素出现的频率，在不受外界约束和情感支配的情况下，自觉自愿地遵循法律要求，避免治理过程中许多的节外生枝。这样，就逐渐形成和强化了具有可逆特征的双向治理格局。

综上所述，通过国内研究现状的梳理比较分析，国内对于大数据与信访的深度融合研究、智慧信访的本身价值、存在意义等都作了较详尽的讨论，但同时也存在一些矛盾和不足之处：一是信访大数据系统的科学研究工作有待加强。尽可能细致、充分的结构化数据，是进行信访大数据分析的坚实基础。亟待通过技术手段将视频、音频、原始信件等非结构化的信访数据转化为文本格式，再利用中文分词技术提取研究变量，使之成为结构化数据，这是信访大数据挖掘的前提。二是数据采集的标准化研究有待加强。即在充分研究的基础上，制定信访数据采集标准，规定哪些数据必须采集，做到数据采集、存储、整合的规范化。实现信访数据采集工作标准化建设，这项工作反过来又能极大地推动信访基础工作的科学化和规范化建设。三是数据处理精细化研究有待加强。需尽可能深入地挖掘有关信访人行为的数据因子。四是信访数据维度的广泛化研究有待加强。通过对信件内容进行挖掘，同时大量补充第三方数据源，例如网络行为、社交行为、购物消费、交通出行等众多维度数据，更为精确地刻画信访人特征。

二、人工智能赋能信访的核心内容梳理

1. 信访事件聚类分析，以呈现事件脉络研究

本书将依托信访大数据分析平台分析来访和来信的文本内容，通过自动摘要信访文本技术，抽取出事件发展的重要阶段或重要节点，采用聚类的方法，将同一主题下的句子进行聚焦，进而选取每个主题的中心语句，组合生成适当的摘要。这样做，一方面可用于事件识别，即通过聚类技术结合信访

摘要和信访人基本信息，将同一事件的信访进行归并；另一方面有助于信访事件的脉络梳理，智能勾勒显示事件脉络，以协助信访工作人员对事件的起源、发展经过及现状如何，有利于分析事件演变过程。此外，基于成功处置的经验对相似案例进行同类处理，可极大地提升工作效率和规范化程度，有利于依法依规处理信访诉求。

2. 信访人的情感和行为分析，以发现苗头性问题研究

对信访人的来访或来信内容进行主客观分析和观点文本识别是信访大数据平台的一个重要功能。本书通过信访大数据分析平台对信访人来访、来信信息中的主观性信息进行有效的分析和挖掘，识别出其情感趋向，或得出其观点是“赞成”还是“反对”。通过情感分析，我们可以了解信访人的情感方向，即是平静、理性、愤怒，还是绝望等。还可以了解信访人的情感程度，并可给信访人的情感程度进行量化评分。如社会身份、性别、是否在信访文本中有过激言词，事件矛盾是否向上迁移，信访人的负面评价程度，重复上访的次数，信访类别（极端行为高发类别），事件发生地点（极端行为高发地点）等，进而构建专家样本，训练以“是否发生极端行为”为二分类目标的预测模型，实现对极端行为发生概率的预测。在此基础上，对多头上访、多年上访、缠访闹访、目的不纯（基于个人的经济利益或政治目的）的信访人建立多维度数据档案。可通过信访数据和外围数据对每一位信访者及信访者群体进行“精细刻画”，采用科学的方法实现分类，从而科学地配置信访工作资源。

3. 信访趋势预测和分析，以有效控制危机扩散研究

信访矛盾有多个发展阶段，其性质和量级虽然主要体现在集中爆发期，但大多取决于孕育潜伏期。利用大数据的挖掘、分析、预测和流程整合功能，对危机全流程进行动态管理，可有效解决“重治轻防”问题，增强前期预警能力，有效控制危机扩散。信访人信息、信访事由、诉求、信访行为、信访结果等研究变量之间存在一定的相关性。在宏观方面，本书拟采用机器学习模型（例如逻辑回归、随机森林等模型）进行建模计算，发现这些研究变量之间的相关性，筛选出显著性强的数据因子，对信访矛盾苗头进行科学预判，最终实现谋略先于未动，彻底扭转以往被动的事后补救为积极的事前预警防范。在微观方面本研究对信访人的个人行为进行“精细刻画”，例如，从某人之前一段时期是否有过激扬言，预测他未来在多大程度上有可能作出极端行

为等。此外，本研究还将利用多种模型评估指标，例如精确度、召回率、ROC 曲线等评估指标，检验研究结果的预测精度。

三、人工智能赋能信访的难点分析

本书有利于科学研判区域信访治理精细化工作水平，有利于减少数据采集对人工依赖提高纠纷化解效率，有利于实现阳光信访、法治信访、责任信访，全面提升区域治理体系和治理能力现代化水平。

1. 如何把握好智慧信访改革同信访其他改革的关系，信访体制改革与跨部门协作间的关系，要对智慧信访治理进行描述性解释，较准确地概括政府“家门口”信访服务指数的运作机制。能够运用已获得资料对政府“家门口”信访服务指数进行评估，要通过对政府“家门口”信访服务指数改革的调研和研究得出有效的政策建议。

2. 如何构建研究的分析框架及个案的描述性框架，以期准确地回答研究问题、提出研究命题。另一方面，难点在于如何研究发现长宁区“家门口”信访服务指数与智慧信访治理的整体性关系，并在此基础上，提供加强长宁区“家门口”信访服务治理能力、推动信访整体性治理的政策建议。

3. 如何开展人工智能赋能信访工作创新性研究，一是提升研究对象的创新性。政府“家门口”信访服务指数作为智慧信访治理领域的一个探索，目前缺乏相关系统而深入的研究，且在各地的探索下，信访治理领域的政府“家门口”信访服务指数改革结合信访代办制度、基层网格治理等系列改革，具有较充分的研究空间。二是如何丰富研究视角的内涵性。政府“家门口”信访服务指数改革在价值取向、流程优化、信息共享、力量整合等方面为其他领域的改革提供了相当重要的经验，具备推动各领域全面深化改革的撬动效应。以长宁区“家门口”信访服务指数改革的撬动效应来研究智慧信访工作，是推进国家治理体系和治理能力现代化的总体要求。三是如何凝练研究内容的独特性。既有研究无法有效解释信访与大数据之间的“张力”，较少讨论基于行政体系内部力量的信访体制改革，且无法对实现智慧信访治理与整体性政府衔接提出令人信服的政策建议。

CHAPTER 3 第三章

人工智能在国家司法领域运用的探索与实践

第一节 人工智能背景下智慧司改“四梁”“八柱”

那么，究竟何为“智慧司法改革”？顾名思义，智慧司法改革即“智慧+司法改革”。“智慧”意味着科学技术是基本方法，在于把互联网、云计算、大数据、人工智能等现代科技引入司法改革，也是智慧司法改革与传统法院的关键区别。“司法改革”意味着司法活动仍是核心，智慧司法改革在一定程度上转移了诉讼的空间，升级了科技法庭，但既然“智慧法院”本质上还是“法院”，那么就不能偏离司法活动的规律，这是底线。“+”不是简单的“审判+互联网”或“执行+互联网”，而是强强联合，技术性人才与专业法官的联合，技术理念与司法原理的融合。从这个角度而言，智慧法院是指“依托现代人工智能，围绕司法为民、公正司法，坚持司法规律、体制改革与技术变革相融合，以高度信息化方式支持司法审判、诉讼服务和司法管理，实现全业务网上办理、全流程依法公开、全方位智能服务的人民法院组织、建设、运行和管理形态”。[1]

“四梁八柱”来源于中国古代传统的一种建筑结构，靠四根梁和八根柱子支撑着整个建筑，四梁、八柱代表了建筑的主要结构。自最高人民法院提出建设智慧法院的要求后，我国各级司法系统在智慧司法改革建设的“四梁八柱”进行了积极实践与探索，全面深化全业务网上办理、全流程依法公开、

〔1〕 许建峰：《智慧法院：促进审判能力现代化》，载《光明日报》2017年7月28日，第5版。

全方位智能服务，实现知识驱动、智能辅助、能力支撑、全面赋能、云网一体、集约高效、中台架构、创新业态、质效运维、安全可靠、规则引领、规范有序，打造集数字化、智能化、人文化于一体的新时代智慧司法改革。

我们认为，智慧司法改革应当充分运用物联网、云计算、大数据、人工智能、区块链等现代科技，积极打造智慧司法改革“四梁”——建设标准、服务平台、审执管理、司法公开。“四梁”主要聚焦于智慧司法改革建设的中观层面，为智慧司法改革建设宏伟宫殿建设的重要基石，为智慧司法改革所秉持的服务保障大局、践行司法为民、提升审判质效、规范司法管理、深化司法改革、促进司法公正、提高司法公信力提供强有力支撑。

一、智慧司改“四梁”

1. 建设标准日益完善

为了促进智慧司法改革建设，最高人民法院先后制定了相关文件及标准。2017 年 4 月 12 日，最高人民法院印发《最高人民法院关于加快建设智慧法院的意见》，明确智慧法院建设的意义、目标并提出了总体要求，同时对智慧法院建设的各项内容提出了具体的意见和要求，为智慧法院的建设作出了纲领性的指导。2017 年 9 月，最高人民法院信息化建设工作领导小组审议并原则通过《智慧法院建设评价指标体系（2017 版）》，并分别于 2018 年 12 月、2019 年 11 月进行了修订。修订后的评价指标体系包括 7 项一级指标，21 项二级指标，68 项三级指标，从规划引导能力、基础支撑能力、网络化应用成效、阳光化应用成效、智能化建设成效、综合保障能力等方面综合评价人民法院智慧法院建设成效。2017 年 9 月，最高人民法院通过了《人民法院信息化标准制定工作管理办法》及 10 项人民法院信息化标准，对人民法院的信息化工作提供了更为清晰的指导。最高人民法院相关意见及标准的出台，为智慧法院建设提供了顶层设计，有力保障了智慧法院建设的顺利进行。

2. 服务平台逐步健全

随着智慧法院建设的推进，人民法院通过整合资源，明确智慧诉讼在起诉、立案、送达、举证、开庭、裁判每个环节的适用范围，为此可以从诉讼服务、电子案卷、司法管理、执行活动等方面建立起统一的服务设施和业务平台。

（1）健全诉讼服务体系。全面升级诉讼服务大厅、诉讼服务网、12368诉讼服务热线和律师服务平台，为当事人提供一站通办、“一网通办”、一号通办、一次通办的诉讼服务。加快推进“上海移动微法院”建设，上海各法院官网、微信公众号、“随申办市民云”APP 等均开通“移动微法院”，为当事人提供自助立案、案件查询、法律咨询、在线缴费等智能化诉讼服务，初步形成“掌上诉讼”新格局。上海法院诉讼服务平台入驻上海政务“一网通办”，直接面向1000多万注册用户，平台使用率、好评度和影响力排名前列。积极推进跨域诉讼服务，在全市三级法院设立跨域立案服务专窗，与全国中基层法院跨域立案实现初步贯通。

（2）确立电子案卷法律效力。上海市高级人民法院印发了《上海市高级人民法院关于在互联网公开相关司法数据的若干规定（试行）》《上海市高级人民法院关于网上立案、电子送达、电子归档的若干规定（试行）》。对于一审普通民事、民商事、知识产权、金融案件，一审刑事自诉案件，民商事强制执行案件以及民商事申请再审案件，当事人可通过身份认证，律师、法律工作者可凭本人登录密钥进入上海法院12368诉讼服务平台申请网上立案。2019年年初，最高人民法院明确授权北京、上海两市法院统筹立案登记系统和档案管理系统，探索试行新的诉讼电子档案归档办法。根据新版规定，今后当事人在诉讼过程中提交的以及法院在审理案件过程中产生的电子文件，上海法院将通过“电子卷宗随案生成系统”进行电子归档，这就解决了以往电子诉讼材料无法归档的问题，真正实现了网上立案“完全无纸化”的目标。这在全国法院尚属首次。

3. 审执管理动态调整

（1）推进员额编制动态调整。完善法官员额动态管理制度，省级有关部门应当适时对辖区法院的人员编制、案件数量、机构设置、人均办案量进行调查评估，根据需要在总额度范围内对员额进行统筹调配、动态调整。经省级有关部门同意，中级法院可以在核定的员额范围内，对辖区法官员额进行统筹配置、动态调整。案件数量或者工作量发生明显变化的法院也可以提出员额调整建议。深化省以下地方法院政法专项编制省级统一管理，综合考虑地区经济社会发展状况、实有人口数量、案件总数和现有编制等因素，对编制实行省级统筹、动态管理，推动编制向人均办案量较大的地区、单位倾斜。省级层面建立编制和员额信息库，及时更新编制、员额信息，全面掌握变动情况。

（2）优化司法管理资源配置。在基层法院内设机构改革的基础上，率先推进高、中院内设机构改革，机构数量减少27.5%，职权配置、组织机构进一步优化。改革办案模式，打造集约化管理团队，全市法院共组建审判团队560个，推动法官由“单打独斗”向团队化工作模式转变。完善人员配置，在全国率先启动法官逐级遴选工作，实行初任法官到基层法院任职制度，引导审判力量向办案一线集中、向人案矛盾突出的法院倾斜。整合内外资源，加强与调解、仲裁、公证、行政复议的程序衔接，上线“上海法院一站式多元解纷平台”，与银行、证券、期货等行业调解组织以及全市6400多家人民调解组织实现在线对接，上海市法院诉调对接中心收案数占一审民商事收案数的51.9%，其中三分之一以上的案件调解成功。[1]

（3）大数据赋能案件繁简分流。推动在各业务领域、各诉讼层级对案件进行繁简分流，探索运用大数据和人工智能技术自动识别案件繁简程度、自动分配案件。完善程序激励机制，通过诉讼费减免、快审快执、责任豁免、绩效激励等方式，鼓励引导当事人、法官选择小额诉讼程序、简易程序办理案件。深化认罪认罚从宽制度适用，在充分保障当事人自主意愿和诉讼权利的基础上，推动侦查、审查起诉、审判阶段程序简化。探索扩大小额诉讼程序适用范围，优化审理流程与方式。

（4）数据赋能深入推进执行攻坚。执行查控工作应用大数据对执行模式和执行工作方式产生了革命性的影响，为我们解决执行难问题提供了利器。2014年12月，最高人民法院开通了具有案件管理、网络查控、信息公开、信用惩戒等功能的法院执行指挥系统，将大数据思维理念融入法院执行工作，预示着我国法院执行进入“准大数据”时代。2015年8月，全国法院执行工作座谈会议提出将全力推进执行信息化建设转型升级，切实破解“执行难”难题，预示着大数据将更深层次地应用到法院执行领域。2016年3月，最高人民法院又提出“用两到三年时间基本解决执行难”，全力推进执行信息化建设转型升级，预示着法院执行工作将通过大数据突破“执行难”的难题。2017年4月，最高人民法院印发《最高人民法院关于加快建设智慧法院的意见》，充分利用数据信息化与法院执行工作的深度融合，搭建“智慧法院”信

[1] 参见《再次升级！上海高院进一步推进法治化营商环境建设行动计划3.0版》，载http://www.thepaper.cn/newsDetail_forward_5443227，最后访问日期：2024年6月1日。

息化系统，构建网络化、阳光化、智能化的信息化体系，这将是破解执行难的应有之义。2019年7月，中央全面依法治国委员会印发《关于加强综合治理从源头切实解决执行难问题的意见》，重点提到了推进执行联动机制建设和执行信息化建设以切实解决执行难的问题。可以预见，在未来数年乃至更长的时间内，大数据的司法适用问题将成为司法实务部门持续关注的焦点，也是应对治理挑战、赋予算法和数据以主体性的必然要求。当前形势下，提高司法执行效率、化解执行难问题的关键所在是利用大数据、信息化手段与“互联网+”的思维，提升法院执行智慧化水平，这是提升案件执行的质量与效率，提升司法权威，逐步化解法院“执行难”的必由之路。

（5）破解法院信息化瓶颈难点。坚持“科技强院”的方针，坚持“向科技要人力、向科技要效率、向科技要质量”工作思路，牢固树立“大数据”战略思维，将大数据、互联网、人工智能等新的科技成果应用于司法实践中，推动智慧法院建设，顺利完成“迁网上云”工作，法院信息化系统迁移到全市政务网上统一运行，解决了长期困扰法院的内外网不通、带宽不够、存储不足、数据壁垒等瓶颈问题，为下一步发展提供了广阔空间。以电子卷宗随案同步生成为重点，打造覆盖审判执行工作各个环节的全流程网上办案体系，实现节点可查询、进程可监控、全程可追溯。积极推进人工智能技术深度应用，“上海刑事案件智能辅助办案系统”目前已完成了102个常见罪名的证据标准制定，并运用语音识别、智能抓取、自动关联等技术辅助庭审。上海法院“法宝智查”智能辅助系统荣获“全国政法智能化建设智慧法院十大创新案例”。

4. 司法公开更为便民

最高人民法院在智慧法院建设启动之前已经利用信息化技术建立起中国审判流程信息公开网、中国庭审公开网、中国裁判文书网、中国执行信息公开网等全国统一的四大司法公开平台。值得关注的是，随着裁判文书网的文书数量增加、社会关注增多，以及大数据分析技术的飞速发展，存在的使用效果、权利保护、安全风险等不足屡屡提出诟病。最高人民法院经研究，于2023年7月决定建设“人民法院案例库”。与之前将中国裁判文书网的裁判文书“上传了事、简单累加”的公开方式相比，案例库将收录对类案具有参考示范价值，并经最高人民法院审核认可的权威案例，未来将成为裁判文书网在应用和效能上的“升级版”。人民法院案例库和中国裁判文书网是互为补充、相得益彰的关系，并不是要以库代网、此开彼关。

上海高院深化“阳光司法、透明法院”建设，坚持“以公开为原则，不公开为例外”，依托审判流程、庭审活动、裁判文书、执行信息四大公开平台，不断拓展司法公开的广度和深度。制定《关于在互联网公开相关司法数据的若干规定》，设立司法大数据公开平台，向社会公众及时发布全市法院案件办理数量、各类案件审结率、平均审理执行时间等数据。加强审判流程公开，通过网站、短信、微信等多种渠道向当事人推送案件流程信息 315.4 万次。继续加大裁判文书上网力度，在“中国裁判文书网”公开裁判文书 86.6 万篇。开通上海法院电子诉讼档案互联网查阅服务平台，当事人、律师可在线查阅电子诉讼档案。[1]

二、智慧司改“八柱”

“八柱”主要聚焦于智慧司法改革建设的微观层面，是智慧司法改革建设“四梁”的进一步展开。那么“四梁”确定之后，如何选择“八柱”呢？我们认为应该基于以下一些基本原则，一是遵循司法规律，应贯彻落实司法改革要求，以业务需求为驱动，走现代科技与司法审判深度融合之路，确保司法真正成为可视化、可量化科学；二是突出问题导向，仅仅抓住影响司法公正、司法效率、制约司法能力的深层次问题，确保信息化项目应用真正满足业务需求、解决实际问题、实现任务目标；三是重在发展创新，深度融入司法改革、智慧法院、社会管理等新要求、新元素，充分运用大数据、人工智能、区块链等现代技术，挖掘司法审判智慧，不断创新发展；四是优化用户感受，充分考虑用户的使用体验，确保系统设计精密、使用简单、方便实用，让管理服务实用，系统平台好用，法院干警愿用；五是强调安全有序，在确保系统安全、运行安全、数据安全的前提下，有计划、有步骤、有预案地推进，确保信息化发展安全有序进行。基于上述基本原则，“八柱”主要包括以下内容：全流程智慧审判、现代化诉讼服务、全方位智慧管理、规范化智慧执行、能力环支撑体系、安全轴运维体系、全要素标准体系、“206 系统”建设。

1. 全流程智慧审判

以“知识驱动，智能辅助”为导向，以电子卷宗同步生成和深度运用为

〔1〕 参见 http：//wenhui.whb.cn/third/baidu/202001/18/314991.html，最后访问日期：2024 年 6 月 11 日。

抓手，以大数据、人工智能、区块链等前沿技术为支撑，实现全案信息自动回填、全案文书智能生成、证据校验、证据链辅助构建、裁判偏离度分析等。

（1）构建高质量服务审判业务的能力资源，构建基于审判业务能力的微服务组件，总结审批流程、审判管理、审判监督、司法责任制等成功经验，树立司法改革新要求、新做法，构建基于业务驱动的微服务模块、常涉案由的办案要件知识图谱、常用法律文书模块、庭审模板库、法官、法官助理、书记员的个性化办案模块、审判事务性集中办理模块。

（2）推进案件智能辅助办案系统深入应用，完善不同诉讼阶段证据标准指引，完善各罪名核心功能的个性化需求，提升机器自动标注能力，探索证据链审查中逻辑推理智能分析判断能力。

（3）推进电子档案为主、纸质档案为辅的“单套制”归档应用，提升卷宗材料要素提取准确率和自动编目率，推动实现从电子卷宗生成、应用到最终归档的全流程电子化，推进人民法院电子卷宗、电子档案、司法统计报表等司法数据上链存储，确保电子档案可靠、可控、可溯。

（4）完善要素式审判、庭审智能辅助系统建设，充分运用语音识别、图像识别、视频检索、要素提取、语义理解等人工智能手段，辅助书记员完成庭审记录，逐步替代现行的人工记录方式，辅助法官梳理证据、展示证据、校验证据、审查证据，确保庭审在查明事实、认定证据、保护诉权、公正裁判中决定性作用的发挥，确保审判质量、效率和效果。

2. 现代化诉讼服务

以服务内容全覆盖、多渠道沉浸式体验、统一标准化规范、权威公正可信、互动及时高效为导向，健全完善“一站式”诉讼服务平台和“一站式”多元解纷平台集诉服大厅、热线、短信、邮件、网络、微信、APP 等多渠道，打造“一站通办”“一网通办”的集约高效、多元解纷、便民利民、智慧精准、开放互动、协同共享的现代化诉讼服务体系。

（1）完善一站式诉讼服务平台，形成多渠道多功能全方位的大服务格局。进一步丰富和完善诉讼服务功能，进一步理顺不同渠道的诉讼服务衔接，进一步提升法官与诉讼服务平台当事人的互通互动能力，进一步提升自动智能诉讼服务能力，方便当事人一站办理诉讼业务。

（2）完善“一站式”多元解纷服务平台，形成诉源治理、诉中调解的信息共享、业务协同的大服务格局。进一步健全司法调解与人民调解、行政调解、行业调解等多方调解平台的信息互通、工作协商机制，进一步完善在线咨询、在线评估、在线调解、在线仲裁、在线诉讼、在线理赔，强化平台与法院内部立、审、执等办案平台有机衔接贯通，实现“一网通调、一网解纷”。

（3）优化司法公开平台，提供便捷安全及时互动式的司法公开服务。进一步拓展司法公开渠道，创建随案进程同步互动式的司法公开方式，进一步整合优化审判流程公开、庭审活动公开、裁判文书公开、执行信息公开平台的推送展示查询功能。

3. 全方位智慧管理

以“数据驱动、集约整合”为导向，构建统一的办公事务平台，实现规范化、无纸化、移动化办公；构建统一的队伍管理平台，实现精细化、绩效化、资源化队伍管理；构建统一的大数据综合分析应用平台，实现法院管理的数字化、可视化、智能化、为经济社会治理、司法服务保障大局提供科学决策参考。

（1）整合构建统一的办公事务平台，推进精细化无纸化办公办案。基于云平台、微服务构架，整合现行办文、办公、财务、资产、物业、餐饮、安全等系统，构建规范、集约的办公事务平台，实现以人、案、事为维度的司法政务精细化、规范化、可视化、无纸化管理。

（2）完善司法大数据分析平台，让数据活起来，充分赋能司法审判、司法管理和社会治理。不断提升司法大数据数量与质量，构建司法大数据目录体系、质量标准，搭建司法大数据应用能力与工具平台，提供常用分析和专题分析社区，为司法大数据的普及普惠利用提供支持；不断拓展司法大数据应用场景，构建开放共享的数据应用格局，为司法审判、司法管理提供知识与能力支持和决策参考；畅通数据跨网跨领域交换机制，提升共享协同能力。加强数据中心建设，提升数据安全管理能力，为经济社会发展提供司法保障和辅助决策参考；为疑难问题会商解决、审判指导监督、预警信息发布提供数据决策支持，提供专题报告、司法白皮书、司法建议、司法指导意见等。

（3）以编定额向以案定额迈进。对于法官工作量而言，必须清楚地认识到其对法官员额的测量只是在数据提取范围内具有相对准确性，但这种方式却远比完全依赖直觉分析的定性分析和简单数据比对具有更高的准确性，更能反映动态条件下由司法需求所催生的真实法官需求数量。同时，也要清楚地认识到该模型的适用边界，确定法官员额比例涉及因素众多，不能孤立地进行，而应结合司法改革综合配套改革，为确立法官员额制度创造良好环境。如此，才能真正回答“法官多少才够用”这道司法难题。改革应从司法权的本质属性出发，将司法工作划分为司法业务和非司法业务两类。在此基础上，对法官的审判工作量进行量化测量。加强对法官核心职能的关注，通过对两种类型司法工作的区分及其工作量的测量，较为精确地量化法官用于司法业务的实际工作量，从而科学地确定法官员额，并以此为依据设置合理的法官助理比例，保证审判人员设置与日益繁重的审判任务相一致，避免出现案多人少、忙闲不均现象，为人民法院可持续健康发展提供更加有力的人才保障，促进符合司法规律的司法管理、法官业绩评价等路径的探索，最终建立以法官为中心、以服务司法任务为重心的司法资源配置模式。

4. 规范化智慧执行

（1）以“规范协同、精准高效”为导向，升级执行办案系统，实行执行节点自动提醒、违规行为自动冻结、案件质量智能核查等功能。完善法官移动执行办案系统，实现移动办案。

（2）建立执行事务性工作集中办理系统，实现执行事务处理集约高效，完善网络查控模块、研发执行财产询价评估模块、研发律师调查令在线申请模块、研发刑罚罚金刑执行管理模块。

（3）完善整合网络查控、联合信用惩戒、网络司法拍卖等系统，切实解决执行工作中查人找物和财产处置难等问题，从执行立案到结案的全过程信息自动获取、数据实现全案信息自动回填，减少手动输入信息的工作量；实现全案格式化文书自动生成；实现当事人信息自动关联；实现执行节点自动提醒；实现网络查控自动启动；实现执行过程自动公开；实现执行线索自动推送；实现执行风险自动预警；实现违规行为自动预警；实现终本案件自动核查。

（4）进一步提升执行指挥中心在跨层级和跨地区执行工作中的作用，整合完善执行办案、执行管理、执行指挥、监督考核、决策分析等功能，增强内外网数据交换效率，逐步形成上下一体、内外联动、响应及时、保障有力的执行工作协同联动的长效机制。

5. 能力环支撑体系

以“能力支撑，全面赋能”为导向，构建云网一体、安全高效的基础设施能力和以知识驱动、中台架构为特征的业务应用能力体系。搭建非密业务网、涉密业务网、诉讼服务网的三张网络架构；非密业务云、涉密业务云、诉讼服务云的三朵云，优化大数据中心运行模式，构建人工智能、区块链、中台微服务等能力平台，保障法院各项工作全业务网上办理、全流程依法公开、全方位智能化应用的高效安全。

（1）打造人工智能支撑平台。充分利用人工智能对文字、图像、语音、视频的识别分析能力，满足卷宗编目、音字转换、要素提取、类案推送、证据校验等司法实务需要。

（2）打造区块链应用支撑平台。发挥区块链在促进数据共享、优化业务流程、提升协同效率等方面的作用，为法院提供审判执行业务数据、电子卷宗、电子档案、关键重要操作的上链存证和数据验证能力，确保数据安全可信，实现共识节点和数据上链的可视化监管。

（3）打造基于中台架构的应用开发生态能力平台。采用全新应用软件设计方式，将法院目前的应用软件“整体”生产交付模式变革为“零部件”生产的交付模式，从需求到部署运营的整个流程，都是以微服务为单位而不是以系统为单位，从而增强法院业务应用的高效可持续发展能力。

6. 安全轴运维体系

以“安全可控”为目标，加强网络安全基础理论研究与关键技术应用，落实网络安全标准化认证工作，完善网络安全监测预警和网络安全重大事件应急处置机制，提升全天候全方位感知网络安全态势能力，确保网络安全、数据安全、应用安全。以“即时可视”为目标，构建安全运维综合管理中心，实现对“三网三云”以及各类应用系统的实时动态监控、故障预警、质效评估和应急响应。健全完善基础实施、数据、应用运维体制机制，最大程度发挥信息系统的应用成效。

（1）建设安全运维综合管理中心，提升安全运维能力，形成监、管、控为一体的“一站式”综合安全运维新模式，为智慧法院建设提供先进的安全运维保障支持。

（2）提升安全防护能力，强化网络安全边界技术防护，强化数据安全，强化应用安全，强化自主可控应用，确保各项信息化系统安全运行。

（3）提升质效运维能力，建设可视化质效运维平台健全运维应急处理机制，确保各项信息化系统高效运行，实现各类问题的闭环处理，全面提升信息化系统运行质效，提高对各类突发事件的应急响应能力，确保审判执行工作正常运行。

7. 全要素标准体系

坚持发挥业务规范、制度机制的规范、保障和引领功能，健全完善审判执行流程规范、诉讼服务和司法公开标准、司法行政管理标准。按照最高人民法院制定的《人民法院信息化标准体系表》《智慧法院建设评价指标体系》等规范要求，健全完善法院数据、应用、安全、基础设施等标准和实施细则，在加强规划引领、基础支撑、网格化应用、阳光化应用、智能化建设、综合保障能力等维度形成突破性进展，为法院深化智慧法院建设提供依据支撑：

（1）按照业务规范引领原则，健全完善审判执行流程规范、诉讼服务和司法公开标准、司法行政管理标准；

（2）全面推广应用人民法院现行技术标准，建设和完善数据分类标准、数据编码标准、数据共享标准和数据治理标准；

（3）进一步丰富和完善智慧审判类应用建设标准、智慧执行类应用建设标准、智慧服务类应用建设标准和智慧管理类应用建设标准；

（4）丰富和完善科技法庭、诉讼服务大厅等场所建设标准，进一步完善网络、设备、系统软件和云计算建设标准；

（5）进一步丰富系统建设的成效评价标准、运维标准以及安全管理标准。具体而言，以人民群众、律师、当事人为主要服务对象，以服务及时性、服务满意度等为关注点，形成针对司法为民的成效评估机制；以法官为服务对象，以应用使用率、方便快捷度、业务支撑能力、系统智能化为关注点，形成针对审判执行核心应用的成效评估机制；以各级法院领导和管理干部为服务对象，以数据应用效果、决策支持能力、管理业务协同融合能力为关注点，形成针对司法管理应用的成效评估机制。

8. "206 系统" 建设

在现有基础上，持续抓好"206 系统"研发应用工作，更好地发挥"206 系统"在推进司法体制改革，办理刑事案件中防范冤假错案、维护司法公正的重大作用。具体而言，抓好以下重点：

（1）全面实施案件电子卷宗"单套制"，完善电子卷宗质量管控机制，逐步形成工作机制，逐步覆盖到全部案由，适时推广至整个政法系统；

（2）全面完善"206 系统"功能完善，进一步提升证据校验模型、拓展校验点，提升系统的校验能力，在业务层面提升专业度，丰富和完善证据校验规则，并基于规则提升校验能力，在技术层面提升精准度，优化模型引擎以及应用实效；

（3）全面实施“206系统”融合工程，将“206系统”与公安、检察院、法院、司法局各家现有业务系统深度融合，实现案件办理全程一体化应用，健全完善刑事执行、强制隔离戒毒行政执法衔接功能，完善社区矫正对象管控特殊人群衔接功能，健全完善罪犯出监、出矫、出所衔接功能，健全完善减刑假释工作流程，加快推进减刑假释案件运行，加强认罪认罚评估信息共享，拓展协同应用范围；

（4）全面推广应用协同办案功能，攻关网上换押、涉案财物共管等跨部门协同办案功能及配套规则，提升高效流转的数据通道服务、实时响应的数据接口服务、耦合业务的消息提醒服务、覆盖全面的权限管理系统，适时推广应用至整个政法系统；

（5）全面推广应用智能辅助庭审功能，在庭审试点应用工作的基础上提升要素提取、自动抓取等系统能力，优化类案推送和量刑参考的功能实效，优化要素式询问的功能实效，加强全程录音录像功能的对接。

第二节　人工智能在员额动态调整机制的运用研究

通过对司法工作的区分及其工作量测量，不仅希望能够为法官员额的编制及法官和法官助理比例的确定提供实证依据，更期待引起学界对于法官核心职能的关注，建立以法官为中心、以服务司法任务为重心的司法资源配置模式。一是法官员额应取决于多种因素综合影响下的需求。应以实证研究方法为主，以定性分析为辅进行描述性研究，将司法任务量、辖区面积及人口、社会经济发展水平等因素进行细致梳理。二是对员额定额发挥直接甚或决定作用的是某个特定法院受理的案件数。同时，案件类型（主要是简繁类型）对之也具有重要影响。三是确立法官年均饱和实际工作量模型。法官年均饱和实际工作量模型应考虑核心要素、基础要素、影响要素和辅助要素。四是关注法官工作量模型限制因素。对法官工作量统计不仅按照办案数量计件的方式，还对其工作环境、单项工作时间等进行全景式回访，进而获取数据。五是大数据与法官员额的动态调整。采用 Spark MLlib 技术，在机器学习上使用决策树、线性回归算法以科学回答“法官多少才够用”这道司法难题。

习近平总书记提出完善司法人员分类管理、完善司法责任制、健全司法人员职业保障、推动省以下地方法院人财物统一管理是司法体制改革的基础性、制度性措施。由此也引出了法官员额制的改革。[1]时任最高人民法院院长周强指出，法官员额制改革是按司法规律配置审判人力资源，实现法官队伍正规化专业化职业化的重要制度，是实行法院人员分类管理的基础，也是完善司法责任制的基石。[2]从这个角度而言，法官选拔机制的本质是对员额制改革的不断深化和提升，这不仅是学界所要探讨的话题，亦是本次深化司法改革综合配套改革背景下无法回避和亟待解决的现实问题。

一、法官员额制的提出与发展

员额制始于最高人民法院在2002年发布的《关于加强法官队伍职业化建设的若干意见》，其中提出："实行法官定额制度。在综合考虑中国国情、审判工作量、辖区面积和人口、经济发展水平各种因素的基础上，在现有编制内，合理确定各级人民法院法官员额。"2004年《最高人民法院关于在部分地方人民法院开展法官助理试点工作的意见》进一步表述为："试点法院应当以保证依法公正、高效地完成审判工作为前提，以案件数和审判工作量的发展变化为基本因素，并综合考虑本院的法官素质，机构设置，法院辖区的面积、经济发展水平、人口等情况确定所需的法官员额。"2015年最高人民法院发布的《关于全面深化人民法院改革的意见——人民法院第四个五年改革纲要（2014-2018）》（以下简称《关于全面深化人民法院改革的意见》）中也论及法官定额定编问题。回顾对法官员额测算方式的研究，主要分为两个阶段：

第一阶段：员额制提出以后的一五、二五、三五改革中，对员额制测算仅仅列举了一些相关因素，例如认为确定法官员额比例中要考虑的因素，包括中国国情、司法工作量的大小、管辖面积和人口、社会经济和文化发展水平的高低、司法机关现有编制人员的分布情况、合议庭和审判长的数量等。并没有具体的测算方式，有个别的理论模型也是从人口密度、司法工作量和社会经济发展情况进行量化性测算。

---

〔1〕 参见王若磊：《十八届四中全会后的司法改革》，载《中共天津市委党校学报》2015年第5期。

〔2〕 参见丰霏：《法官员额制的改革目标与策略》，载《当代法学》2015年第5期。

第二阶段：2011年以后，员额制研究进入了精细化，提出了各种测算的模型，有从审判工作总量/法官审判工作量进行测算，工作量计算方式上以案件数×个案平均工作时间的方式；有的研究方法试图将影响案件数的管辖面积、经济发展、陪审员与书记员比例等一切相关因素均纳入统计因子，运用SPSS统计分析软件采取统计回归分析和工作量测算的相结合的方式。

纵观各种测算模型，我们发现上述改革尚未解决如下问题：①测算因子的合理性设置上，试图容纳包含所有影响因子的测算既不现实，也不可取，经济发展情况、管辖面积、人口因素等属于对审判工作量影响的间接因素，其影响程度会通过诉讼的形式传递到司法机关，最终反映在司法工作总量上，因此在员额制测算上，还是以司法工作量作为主要影响因子；[1]②在立足于司法工作量测算方式上，虽然均采用案件工作总量/法官个人工作量比值的方式进行测算，但案件工作量计算方式上，有的采用平均值计算方法，有的简单地分为调撤案件和判决案件，忽略了案件类型的个性因素，类型不够细化，没有对各种案件类型设置案例权重，有的提出根据案件类型设置权值模型，但对设置权值数却没有明晰计算方式；③在法官工作量确定上，许多测算中忽视了改革后法官助理职位设置的工作分流作用，应该根据法官助理职责、对工作事项的承担，实现对法官工作的减负，对改革后法官合理工作量进行评定，而非根据现在的工作量进行测算。

二、法官员额动态管理的意义和价值

随着收案数量持续大幅攀升，法院人案矛盾日益突出。当前一线法官长期处于“超负荷”工作状态，司法工作量不断增长与司法运转效能相对不足的矛盾日益突出。科学测定法官饱和工作量，准确反映一线法官工作状态，不仅关系到法官的身心健康和人文关怀，更关系到法院事业、法官职业的可持续发展。目前学界和实务界关于法官年均最大实际工作量的讨论研究不绝于耳，但大多处于比较法研究或者理论研讨的状态，而未采用令人满意的实证方法。近年来，各地陆续公布的地方司法体制改革试点方案也都未对此有明确说明。有鉴于此，我们试图对法官的审判工作量进行量化测量。通过对审判工作量测量，我们不仅希望能够为法官员额的编制及法官和审判辅助人

---

[1] 参见郭松：《绩效考评与司法管理》，载《江苏行政学院学报》2013年第4期。

员比例的确定提供实证依据，更期待引起学界对于法官核心职能的关注，进而探究真正符合司法规律的审判管理、法官业绩评价等路径。改革的必要性主要表现为以下几个方面：

1. 破解案多人少的矛盾。面对案多人少的矛盾加大，除了深挖潜力推动繁简分流改革、认罪认罚从宽试点、庭审方式改革、多元化纠纷解决等提高审判效率，还应探索以科学绩效评估来使得人、财、物资源最优化配置。[1]通过员额动态调整研究不仅可以打破法院内部同庭不同案由的评价，而且可以打破不同业务庭不同案由法官之间的工作量评价，测量法官群体所能负荷的最大工作量和现有工作水平，为丈量法官年均饱和工作量提供一把科学标准。[2]

2. 科学评价法官绩效。最高人民法院《关于全面深化人民法院改革的意见》提出："根据法院辖区经济社会发展状况、人口数量（含暂住人口）、案件数量、案件类型等基础数据，结合法院审级职能、法官工作量、审判辅助人员配置、办案保障条件等因素，科学确定四级法院的法官员额。"目前对于员额制改革而言，急需一个法官工作量的评价指标来对员额法官的工作绩效开展实事求是、科学合理的评价。[3]目前理论界和司法实务界已经有一些关于法院员额的动态管理的研究和探索，但已有研究都是从小数据、小样本来进行分析研究，具有非常明显的局限性。

3. 推动法院信息化工作。目前，大数据语境下的审判信息化和审判能力提升是一个备受社会各界关注的话题，其中法官员额动态管理无疑是重中之重，是法院信息化工作的关键内核之所在。[4]对此，开展这方面的评价工作具有非常强烈的信息彰显价值和意义，同时，本领域深化改革可以进一步推动法院信息化工作实施。

---

〔1〕 参见苏力：《审判管理与社会管理——法院如何有效回应"案多人少"?》，载《中国法学》2010年第6期。

〔2〕 参见谭世贵、梁三利：《构建自治型司法管理体制的思考——我国地方化司法管理的问题与出路》，载《北方法学》2009年第3期。

〔3〕 参见姜峰：《法院"案多人少"与国家治道变革——转型时期中国的政治与司法忧思》，载《政法论坛》2015年第2期。

〔4〕 参见《上海高院院长刘晓云：建议建立科学的审判人员编制动态增减机制》，载 http://www.sohu.com/a/225279801_161795，最后访问日期：2018年3月14日。

三、本领域国内外研究现状分析

1. 理论界对法官工作量测算研究

当前一线法官长期处于“超负荷”工作状态，司法工作量不断增长与司法运转效能相对不足的矛盾日益突出。科学测定法官饱和工作量，准确反映一线法官工作状态，不仅关系到法官的身心健康和人文关怀，更关系到法院事业、法官职业的可持续发展。学界对此进行过一些探讨，比如王静等以55名基层民事法官为样本，通过参与式观察、问卷调查、深度访谈、录像监测等方法，对法官的审判工作量进行分类和量化。特别提出了核心性审判工作和辅助性审判工作的分类；进而结合法官员额制度改革，提出在假定现行诉讼制度和审判组织等形式不变的前提下，依照审判的核心工作量来确定法官员额，根据辅助性工作量来确定审判辅助人员数量和比例的建议。〔1〕左卫民认为案件数抑或审判工作量是法官员额定额的基数，社会组织结构、法院组织结构因素和法官职权结构与法院受理的案件数之间存在微妙的互动关系。〔2〕屈向东以以案件类型、工作任务、任务频数、任务复杂性为核心的法官工作负荷模型，尝试通过计算法官工作量测算法官员额。〔3〕

2. 实务界对法官饱和工作量测算研究

在实务界，目前国内法院的办案绩效评估，一是借助于样本抽样（专家调查法、问卷调查法、审判数据提取法、统计年鉴查询法等），初步进行定量分析（案件权重赋值法、区间估值法、线性回归法等）；二是辅之以资深办案人员的经验，对不同类型、案由的案件，以统计学和人工主观折算方式完成绩效评估。现将具有典型代表性的最高人民法院以及上海市、浙江省、贵州省三个地区法院的案件权重调整方式进行分析。

（1）最高人民法院对法官工作量测算的框架性态度梳理

法官工作量测算的核心问题是法院每年受理的案件数究竟受到哪些因素的影响抑或决定？最高法院对此给出了框架性的回答。

---

〔1〕参见王静等：《如何编制法官员额——基于民事案件工作量的分类与测量》，载《法制与社会发展》2015年第2期。

〔2〕参见左卫民：《时间都去哪儿了——基层法院刑事法官工作时间实证研究》，载《现代法学》，2017年第5期。

〔3〕参见屈向东：《以案定编与法官员额的模型测算》，载《现代法学》2016年第3期。

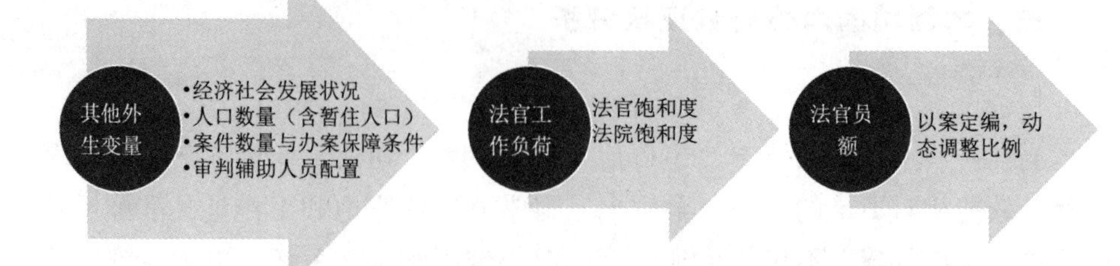

图 3-1　法官年均最大实际工作量模型构建思路

第一，最高人民法院在 2002 年 7 月发布的《关于加强法官队伍职业化建设的若干意见》中提出实行法官定额制度的职业化建设目标，认为确定各级法院法官员额要综合考虑的因素包括中国国情、审判工作量、辖区面积和人口、经济发展水平等各种因素。但由于当时我国法院法官数量非常庞大，机构相当臃肿，故此意见将各级法院法官员额限定在现有编制内。

第二，最高人民法院在 2004 年 9 月发布的《关于在部分地方人民法院开展法官助理试点工作的意见》中提出实现法院审判人员分类管理的职业化建设目标，认为确定所需的法官员额应当考虑的基本因素是案件数、审判工作量，综合因素是法官素质、机构设置、辖区的面积、经济发展水平、人口等。

第三，最高人民法院在 2009 年 12 月公布的《对 5 类 31 个网民意见建议的答复情况》中提出法官定员定编的基本依据是工作量，综合因素是经济、地域、人口、审级等因素。在此基础上，最高人民法院认为，法官员额应在前述编制管理框架下，按照人员分类管理原则，根据各级法院的特点和工作量，设计相应的员额方案。

第四，最高人民法院在 2015 年 2 月发布的《关于全面深化人民法院改革的意见》中提出建立法官员额制度的正规化、专业化和职业化建设目标，认为辖区经济社会发展状况、人口数量（含暂住人口）、案件数量、案件类型等是四级法院的法官员额的基础数据，将法院审级职能、法官工作量、审判辅助人员配置、办案保障条件等因素作为辅助数据。由于法院人才流失严重的现状，最高人民法院特别强调要设置法官员额制改革过渡方案，以确保优秀法官留在审判一线。

我们认为，一个法院管辖地域内经济社会发展状况、人口数量（含暂住人口）这两个要素与案件量呈现正相关关系，也就是说，这三个解释变量之间大多都存在一定程度的相关性。即解释变量之间存在多重共线性。由于解释变量之间近似或严重的多重共线性会对因变量产生混合影响，进而掩盖每种解释变量的独立影响，从而使任何模型的预测精确性降低。因此，可以得出的结论是，在基数中，真正对法官员额定额发挥直接甚或决定作用的是某个特定法院受理的案件数，这也是最高人民法院在确定各级法院员额定额时反复强调的、最重要的、最关键的数据，其他各项数据基本上是对该关键数据的展开或补充。但是很遗憾，最高人民法院在2015年《关于全面深化人民法院改革的意见》中发布的、为媒体和实务界反复引用的“基数”本身就非常模糊笼统。由于全国各地法院情况不同，它只能算是一个指导意见。

表3-1　最高法院权威意见中各因素的名称变化

因素 文件	社会	案件	法院	法官	法官助理	保障条件
2002年《关于加强法官队伍职业化建设的若干意见》	中国国情 辖区面积和人口 经济发展水平	审判工作量	审判工作量	审判工作量	无	无
2004年《关于在部分地方人民法院开展法官助理试点工作的意见》	辖区的面积 经济发展水平 人口	案件数、审判工作量	机构设置、审判工作量	法官素质、审判工作量	无	无
2009年《对5类31个网民意见建议的答复情况》	经济 地域 人口	工作量	审级、法院的特点、工作量	工作量	无	法院的特点
2015年《关于全面深化人民法院改革的意见》	辖区经济社会发展状况、人口数量（含暂住人口）	案件数量、案件类型、法官工作量	法院审级职能、法官工作量	法官工作量	审判辅助人员配置	办案保障条件

备注：①“案件”因素从外延上看包括案件数量及类型，但它又可以换算成法院或法官的工作量，因此“工作量”一项就可以同时归入上述三类（案件、法院、法官）因素之中；

②“法院”因素从外延上看也可以包括除社会因素之外的其他所有因素，但是既然本表将之与其他因素并列，那么可以归入其他因素的项目就不再重复归入该因素。

表 3-2　最高法院权威意见中各因素的地位变化

文件＼因素	社会	案件	法院	法官	法官助理	保障条件
2002 年《关于加强法官队伍职业化建设的若干意见》	综合排 1、3、4	综合排 2	同前	同前	无	无
2004 年《关于在部分地方人民法院开展法官助理试点工作的意见》	综合排 3、4、5	基本排 1、2	综合排 2、基本排 2	综合排 1 基本排 2	无	无
2009 年《对 5 类 31 个网民意见建议的答复情况》	综合排 1、2、3	基本排 1	综合排 4、5 基本排 1	基本排 1	无	综合排 5
2015 年《关于全面深化人民法院改革的意见》	基础排 1、2	基础排 3、4 辅助排 2	辅助排 1、2	辅助排 2	辅助排 3	辅助排 4

备注：① 2002 年《关于加强法官队伍职业化建设的若干意见》没有对上述因素进行地位区分，但有排序之分；

② 2009 年《对 5 类 31 个网民意见建议的答复情况》“基本依据”中只有“工作量”一项，因此没有排序之分。

（2）上海市法院

上海市法院的案件权重系数测算基本上采取的是“2+4”模式：即以案由和审理程序 2 项为基础，以庭审时间、笔录字数、审理天数、法律文书字数 4 项要素为计算依据。通过比较不同类型案件审理中这 4 项要素与全部案件审理中 4 项要素的占比程度，来区分不同类型案件的适用系数。现有法院案件权重系数测量方法可以作如下说明：（1）案件权重数据来源。主要来源为审理时间、法律文书、笔录字数、庭审时间等 4 类。（2）一般权重系数计算。将某时间段内所有案件通过 4 个维度统计，取平均值。以该平均值为基准，将同一时段内某一案由案件全部测算，与平均值做比较得出一个数值，就是该类案由一般权重系数。即：假定基准为 1，某个案由的案件与基准比较为 1.5，那么权重就是 1.5。（3）浮动权重系数。比如出现反诉、当事人较多、追加第三人、法官工作量增加，则设定浮动系数，权重系数也相应上浮。

浮动系数的测算办法是将所有存在某一浮动要素的案件数据，与没有浮动要素的案件做比较，得出浮动值。比如具备反诉浮动因素的系数是 2.05，不具备浮动因素的系数是 1.2，那么浮动系数就是 0.85。（4）固定权重系数。对于比较简单或适用特殊程序案件，按一般权重方法测算后，不再区分案由，而是设定一个固定的值。比如简单批量案件不再区分案由，而是按判决、调解、撤诉结案方式不同赋予固定权重。根据上海法院公布的固定权重系数，简单批量案件以判决结案的为 0.18，以调解结案的为 0.09，以撤诉结案的为 0.05。

这种研究方法的问题在于：一是定位于小数据分析，缺少全景大数据，要求基础数据质量高，对于数据的结构化要求很高；二是难以考虑影响办案工作量全过程要素，且测算方法复杂且无法移植；三是测算原理还是基于历史数据，没有考虑新案由和新类型案件出现；四是案件权重不具有自我学习和进化功能，原型设计为 2008 年，一直未做大的更新。

（3）江苏省法院

江苏省法院的做法是提出新一代法官绩效评估和案件权重体系的“更新版”复杂维度构建，既有固定权重，又有浮动权重，且进行了可视化界面的前期设计，甚至已在全省各地进行局部试点，取得一定成效。江苏省法院的优势在于：一是领导高度重视；二是升级版评估维度趋于精密；三是在苏北、苏中、苏南广覆盖试点；四是可视化界面的设计落地较好。与上海市法院类似的，小数据定量分析色彩浓厚。江苏省法院做法不足在于：一是“广撒网”的大范围问卷调查等为主，大数据挖掘不足；二是大数据和人工智能的机器训练缺乏。

（4）贵州省法院

贵州省法院的做法在于：一是根据法院辖区经济社会发展状况、人口数量、案件数量、案件类型等外部和内部数据；二是结合法院审级职能、审判辅助人员配置、办案保障条件等更多影响因素，确定不同法院的法官员额。贵州省法院的优势是：一是高院“一把手”高度重视；二是理念新、提出早，为最高人民法院政策制定提供一定理论基础。贵州省法院的问题主要表现为：一是法院分管领导和相关部门的协同力和执行力可进一步提高；二是法院外部数据不足，法院内部数据结构化程度不强；三是设计建模的部分维度难以测量；四是实施公司贝格数据对法院业务了解要进一步提高。

总之，学界和实务界对于法官工作量测算研究处于尚待开发阶段，缺乏科学、合理、有效反映法官工作量的一整套系统工程，可以凭借的测算模型与数据采集方式仍需开展深入细致研究，学界目前将研究的重心聚焦于法官工作量，我们认为以法官工作量为对象的研究找准了一条打开法官工作量的“潘多拉魔盒”的钥匙，也只有这样法官员额才有可能真正落到实处，审判资源才有可能得到科学配置，法官的职业保障才有可能跟得上，社会各界才有可能理解当下的法官为什么要“5+2”“白加黑”。

四、法官遴选、培养、监督与员额动态管理重点

在司法改革中，司法人员分类管理被看作是法官职业化的前提和切入点，没有司法人员的分类管理，其他改革可能是原地打转，改来改去，只能回到原点，[1]司法员额制与人员分类管理息息相关，可谓牵一发而动全身，员额制关系到深化司法改革综合配套改革的成败。在新一轮司法改革自上而下推进模式中，虽然员额制被视为按司法规律配置司法人力资源、实现法官正规化、专业化、职业化的重要制度，是司法责任制的基石，但对于员额制的具体实施并没有指导性和可参考的测算方法，也没有经过长时间的理论论证与制度预热，并呈现出官方话语向学术语言上不断延伸与转化的现象。[2]因此亟待通过回顾现有的研究，根据各类案件工作量设定权重比测算工作总量，在预设司法辅助人员可对法官工作实现分流的情形下，探索设立员额数量的测算模型。

1. 法官员额应取决于多种因素综合影响下的需求

当前一线法官长期处于“超负荷”工作状态，司法工作量不断增长与司法运转效能相对不足的矛盾日益突出。科学测定法官饱和工作量，准确反映一线法官工作状态，不仅关系到法官的身心健康和人文关怀，而且关系到司法事业、司法职业的可持续发展。落实员额制，首先要解决“需要多少法官”这一数量问题，改革应以实证研究方法为主、以定性分析为辅进行描述性研究，将司法任务量、辖区面积及人口、社会经济发展水平等因素进行细致梳

---

〔1〕 参见董邦俊、黄珊珊：《法官员额制之异化风险与未来路径》，载《湖北警官学院学报》2018年第1期。

〔2〕 参见王亚明：《法官员额制的结构改革新探》，载《法治研究》2017年第5期。

理，在收集相关数据后预测法官员额的大概数量，并且将国内外法官工作量测算方式进行细致比较，一方面重视宏观性的数据比对，科学准确地回答某一地区司法机关究竟需要多少法官这一实践难题，我们认为法官员额应取决于多种因素综合影响下的需求，绝不能单纯为追求“精英化”而“精英化”，否则容易引发青年法官辞职潮、司法效率低下、司法人手不足等诸多问题。

2. 对员额定额发挥直接甚或决定作用的是某个特定法院受理的案件数

目前部分司法改革将员额量等同于法官占法院司法人员的比例，如上海法院拟设置 3 年至 5 年的过渡期，逐步将法官、审判辅助人员、行政管理人员的员额比例控制在 33%、52% 和 15%。但这种“一刀切”的比例方式存在以下三点缺陷：①确定员额比例依据的科学性与合理性令人质疑；②不具有普适性；③灵活性差。可见，司法工作量的测算是一个令当前全国各地员额制试点法院领导们颇为头疼的事。在这一背景之下，我们认为司法改革应注重员额的确定方法而不应纠结于具体的比例值，一个法院管辖地域内经济社会发展状况、人口数量（含暂住人口）这两个要素与案件量呈现正相关，也就是说，这三个解释变量之间大多都存在一定程度的相关性，即解释变量之间存在多重共线性。由于解释变量之间近似或严重的多重共线性会对因变量产生混合影响，进而掩盖每种解释变量的独立影响，从而使任何模型的预测精确性降低。在基数中，真正对员额定额发挥直接甚或决定作用的是某个特定法院受理的案件数，同时，案件类型（主要是简繁类型）对之也具有重要影响。改革应将对涉及司法工作量的《关于加强法官队伍职业化建设的若干意见》《关于在部分地方人民法院开展法官助理试点工作的意见》《对 5 类 31 个网民意见建议的答复情况》《关于全面深化人民法院改革的意见》等权威意见进行详细梳理和总结归纳。

3. 确立法官年均饱和实际工作量模型

法官年均最大实际工作量是指在年度法定工作时间最大值之内，充分利用现有资源办理诉讼案件量的上限值。为合理测算员额制及其统计案件司法工作量，应从以下几个方面切入：①采用资料分析法（即对访谈人员审结所有案件的类型、结案方式、合议、阅卷量等基本情况按照表格进行统一登记）；②面谈法（按照问卷调查表要求，对包括谈话、庭审、送达、调解、文书制作、宣判等流程节点的次数，每个环节需要的工作事项等进行访谈，了解案件审理的相关流程节点所需时间）；③典型事例法（即对独任制简易程序、合议制简易程序、普通程序等不同审理方式的案件进行抽样分析，分析不同诉讼程序下案件流程和耗费时间的共性和差异，并针对个别疑难案件占用工作时间情况进行统计，对难以书面反映的工作量情况进行了解），对调研法官的工作量进行统计。为防止调研介入访谈对象的工作，形成霍桑效应（Hawthorne Effect），在统计方法上以资料分析法为主，面谈仅为了获取工作所需要的时间及了解未能量化的工作。

由于历史、经济、人口、文化等原因，全国各地法院在案件数量、案件性质、人员配置、法官构成、收入保障等方面，均存在较大差异。对此，法官年均饱和实际工作量模型应考虑核心要素、基础要素、影响要素和辅助要素：①核心要素是影响法官员额数量配置的最重要因素，主要有案件数量、法官工作量等；②基础要素是影响法官员额数量配置的重要因素，主要有地区经济发展情况、常住人口数量等；③影响要素是影响法官员额数量配置的编制、组织、人事、财政等外部关系，主要有政法专项编制数量等；④辅助要素是影响法官员额数量配置的辅助要素，主要有司法辅助人员贡献率、员额法官的工作年限、信息化程度和软硬件设施等。

以苏州市中级人民法院的智慧审判系统运行为例。以交通事故损害赔偿案件和金融借贷案件为例，此类案件通常涉及多个自然人，证据资料琐碎繁杂，对于涉及银行的金融借贷类案件，在诉请中还经常会涉及众多的抵押物信息。因此，在传统模式下，立案部门承办法官和书记员往往要花费大量时间和精力对当事人身份地址信息、诉请事实理由以及证据材料进行手动录入，同时还需要手动填写各类诉讼文书邮寄凭证，耗时费力。从系统实测的情况看，以案件立案受理到移送业务部门的全部流程作为计算期间，在传统模式下，交通事故损害赔偿案件平均耗时为 1.1 个工作小时，金融借贷案件平均耗时为 1.4 个工作小时。而在智慧审判模式下，有效剥离了审判人员和书记员邮寄、扫描等重复性和事务性工作的负担，大幅提升了案件立案受理的效率。对于交通事故损害赔偿案件，平均耗时为 0.3 个工作小时，与传统模式相比平均节省 0.8 个工作小时，对于金融借贷案件，平均耗时为 0.5 个工作小时，与传统模式相比平均节省 0.9 个工作小时。审理裁判阶段中，以智慧模式代替传统办案模式，交通事故损害赔偿案件平均每案节省 2.4 个工作小时，金融借贷案件平均每案可节省 3.9 个工作小时。[1] 因此，司法机关的信息化水平与软硬件设施状况，也应当列为测算员额数的影响因素。

表 3-3　测试案件立案受理阶段用时均值数据统计表（单位：小时）

案件类型 / 立案流程	交通事故损害赔偿案件				金融借贷案件			
	传统模式		智慧模式		传统模式		智慧模式	
	方式	耗时	方式	耗时	方式	耗时	方式	耗时
1. 立案材料审核	手动	0.2	手动	0.2	手动	0.3	手动	0.3
2. 材料扫描识别			扫描	0.1			扫描	0.2
3. 当事人信息录入	手动	0.1	自动	0	手动	0.1	自动	0
4. 当事人诉请录入	手动	0.1	自动	0	手动	0.2	自动	0
5. 当事人证据录入	手动	0.1	自动	0	手动	0.2	自动	0
6. 立案文书制作	手动	0.2	自动	0	手动	0.2	自动	0
7. 诉讼材料收发	手动	0.2	云柜	0	手动	0.2	云柜	0
8. 立案材料移送	手动	0.2	自动	0	手动	0.2	自动	0
工作小时合计		1.1		0.3		1.4		0.5

表 3-4　测试案件审理裁判阶段用时均值数据统计表（单位：小时）

案件类型 / 审判流程	交通事故损害赔偿案件				金融借贷案件			
	传统模式		智慧模式		传统模式		智慧模式	
	方式	耗时	方式	耗时	方式	耗时	方式	耗时
1. 阅卷笔录	手动	0.5	语音	0.2	手动	0.7	语音	0.2
2. 证据交换	手动	0.8	扫描	0.3	手动	1.0	扫描	0.5
3. 开庭准备	手动	0.2	语音	0.1	手动	0.2	语音	0.1
4. 庭审记录	手动	0.5	语音	0.3	手动	1.0	语音	0.3
5. 笔录核对	手动	0.2	自动	0.1	手动	0.1	自动	0.1

〔1〕 参见徐清宇、孙一鸣：《运用智慧审判苏州模式提升审判质效的实证研究》，载《姑苏审判》2018 年第 1 期。

续表

案件类型 审判流程	交通事故损害赔偿案件				金融借贷案件			
	传统模式		智慧模式		传统模式		智慧模式	
	方式	耗时	方式	耗时	方式	耗时	方式	耗时
6. 审理报告	手动	1.0	语音	0.5	手动	2.0	语音	1.0
7. 案件讨论	手动	0.5	语音	0.3	手动	0.6	语音	0.3
8. 文书制作	手动	0.5	语音	0.3	手动	1.2	语音	0.8
9. 文书签发	手动	0.6	自动	0.3	手动	0.7	自动	0.3
工作小时合计		4.8		2.4		7.5		3.6

4. 法官工作量模型限制因素

由于财力、人力、分析技术等条件的限制，我们很难拿到全样本。因此改革中调研样本也是取样而得，但对法官工作量统计不仅按照办案数量计件的方式，还对其工作环境、单项工作时间等进行全景式回访，进而获取数据，实现对调研对象个体微观样本的大数据研究。并且数据思维不是终极思维，数据仅仅是为了反映问题的存在，是研究的起点。改革对于员额制数量设置还需考虑一定的动态限制因素：①因测算模型按照工作的应然饱和度理想状态设置，工作状态属于法官工作的极限值，为防止对人力资源过度使用而形成职业耗竭，法官合理工作量区间应根据饱和度工作数值略有下浮；②法官的个体变量因素如职业技能高低数量程度、家庭生活状况、个人子女生育抚养、职业态度等也会影响工作量的实现；③外部经济环境、诉讼案件数量的变化也对工作量有所影响，因此应在员额制数量配置上保留一定的调剂数量。

5. 大数据与法官员额的动态调整

具体而言，可以从以下五个方面开展进一步研究。一是案件要素方面。通过对结构化与非结构化大数据挖掘与处理，获取对案件的审理时间和审理难度的影响的案件要素。目前，我们已经初步提取30多个，但不宜过多，否则难以通过后期的变量控制，精准分析某一案件要素与评估结果的相关性，即失去“可解释力”。已经初步提取的要素包括：①庭审系统：庭审笔录、开庭次数、开庭时间；②裁判文书：文书总字数、法院认定事实字数、判决理由字数、当事人描述字数、判决部分字数、引用法律总数、引用法律法条总数、是否保全、是否评估鉴定、是否内部协调、是否调查核证；③审判系统：案件类型、立案案由、审理时间、结案案由、案件代字、案件类别、审判程序、结案方式、结案标的、涉案人数、是否发生过上诉、上诉次数、是否附带民事诉讼、是否提交审委会、是否小额诉讼、审查监督类型。二是目标数据方面。按照不同案件类型（民事、刑事、行政）随机抽取一定数量的案件进行专家评估（即案件审理时间）。三是机器学习方面。将整理好的案件标准元数据集（案件要素与目标数据）使用机器学习算法进行模型训练。四是自我优化方面。模型应用于某省全量数据测算并不断迭代更新，因此，法院法官年均饱和工作量模型与大数据分析测算的准确度有一个随着研究时间的推移，不断日趋完善的过程，日趋完善逼近真实值是必然，但这有一个不断迭代的过程，与所投入数据的质和量等相关因素密切相关，不可能一蹴而就。五是成果运用方面。研究成果不仅仅局限于法官年均饱和工作量模型与大数据分析测算结果，而且在此框架内，可以根据法院方的要求进一步整理出新的可视化评价结果，比如管理绩效可视化评价 APP、法官绩效评价、法庭绩效评价、法院绩效评价等。前提是前期数据投入的质与量符合机器学习的要求，在建构大数据与人工智能的案件权重系数模型中，可以采用 Spark MLlib 技术，在机器学习上使用了决策树、线性回归的两种算法。(图 3-2)

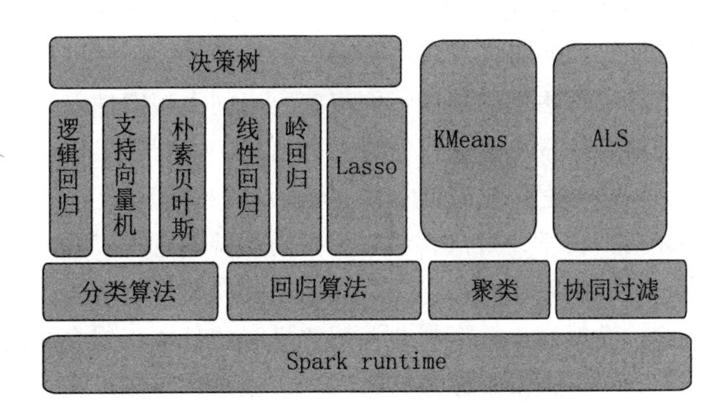

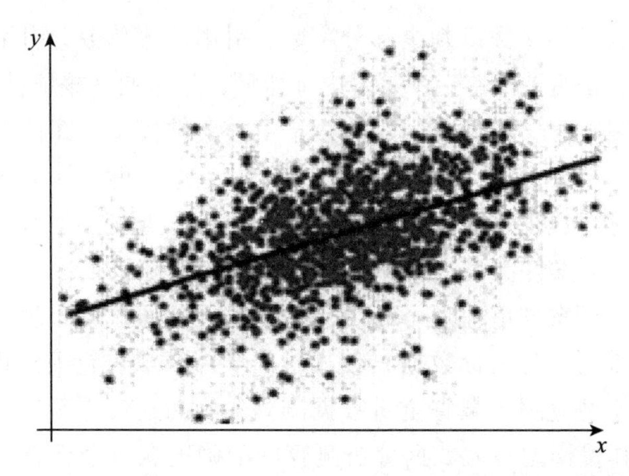

图 3-2　大数据与人工智能的案件权重系数模型中的两种算法

五、小结和展望

在案多人少的背景下，如何确定法官员额成为一个亟待解决的问题。法院内部人员的设置比例及相关配套制度，都是法官员额制改革的重要内容，都会对法院的运行产生重要影响。法官员额制改革尚未解决如何对法官承担的审判工作事项进行科学统计？以核心司法工作与司法审判辅助工作的分离性为理论前提，如何通过实证调查出反映出目前案件审理中各种工作事项、单项事项工作时间？如何通过考察法官助理岗位设置对司法工作事项的分流空间来确定法官核心司法工作事项？如何确定不同类型案件工作量测算的合理权重比？如何对工作量总值进行测算？如何对法官合理工作量进行测算并测算出法官员额？等问题。基于此，法官员额动态管理应运而生，有助于破解案多人少的矛盾，科学评价法官绩效，推动法院信息化工作。对最高人民法院以及上海市、浙江省、贵州省三个地区法院的案件权重调整方式的优势和不足进行分析，发现对于员额制动态调整机制的具体实施中并没有指导性和可参考的测算方法，也没有经过长时间的理论论证与制度预热，亟待通过回顾现有的研究，根据各类案件工作量设定权重比测算工作总量，在预设司法辅助人员可对法官工作实现分流的情形下，探索设立员额数量的测算模型。

同时，我们也应清醒地认识到，任何模型的建构都不是十全十美的，对于跨学科的定量分析更是如此，但它可以说是现实系统的替代物，通过模型分析有助于我们更为客观精确地界定和测量认知对象。对于法官工作负荷模型而言，我们必须清楚地认识到其对法官员额的测量，只是在数据提取范围内具有相对准确性，但这种方式却远比完全依赖直觉分析的定性分析和简单数据比对具有更高的准确性，更能反映动态条件下由司法需求所催生的真实法官需求数量。同时，我们也要清楚地认识到该模型的适用边界，这是因为，确定法官员额比例涉及司法工作的方方面面，不能孤立地、单枪匹马地进行，必须深化司法综合配套改革，为法官员额制度的确立创造有利条件。如此，才能真正回答“法官多少才够用”这道司法难题。改革应从司法权的本质属性出发，将司法工作划分为司法业务和非司法业务两类。[1]在此基础上，采用参与式观察、问卷调查、深度访谈等方法，对法官的审判工作量进行量化测量。通过对两种类型司法工作的区分及其工作量测量，我们不仅希望能够为法官员额的编制及法官和法官助理比例的确定提供实证依据，更期待引起学界对于法官核心职能的关注，进而探究真正符合司法规律的司法管理、法官业绩评价等路径，进而确保优秀法官集中在司法一线，从而使法官编制与其工作负荷相匹配，法官人数与司法辅助人员数量相适应，避免出现案多人少、忙闲不均现象，最终建立以法官为中心、以服务司法任务为重心的司法资源配置模式。

第三节　人工智能在法院精准执行领域的运用研究

2016年4月20日最高人民法院召开“基本解决执行难”暨执行案款清理工作动员部署视频会，提出“用两到三年时间，基本解决执行难问题”。这是“执行难”问题首次以明确性的时间节点纳入最高人民法院攻坚计划中，解决法院执行难问题从此成了法院工作的重中之重。“执行难”一直以来都是困扰法院执行效率的一大现实难题，社会各界均对此给予高度关注，也是法院遭人民群众诟病最多的实际问题。解决“执行难”问题是实现社会公平正义的最后一道屏障，是当事人合法权益兑现的最终途径，亦是司法公信力的权威保障，也是最终确保全面推进依法治国的根本保证。

---

[1] 参见郭人菡：《嵌入与抽离：法官员额制改革的利益衡量研究》，载《北京行政学院学报》2017年第2期。

人民法院当前“执行难”的原因是综合性的，第一，我国当前的信用环境决定我国的信用体系构建并不完善，被执行人自主履行法律文书的比例不高，导致法院需要在执行案件中投入大量人力、物力、财力。第二，法院执行部门的权力较为有限，在查询、冻结、扣押、划拨某些财产时遭遇各种执行困难，在被执行人实际持有财产时隐瞒、隐匿时却并不能查控到位而达到完全执行的效果。

如何快速、便捷地掌握被执行人的信息是提高司法执行效率的关键所在。看似无规则、无踪迹的信息数据，事实上每时每刻都在无意识地记录着每一个人的行为意识，这些海量数据被贮存在各个行为路径汇总的信息库中。这些信息库看似无关却又彼此相连，原始数据的长期积累事实上已经形成了一个规模庞大的公司个人信息大数据库，其蕴含的巨大数据价值对执行工作具有革命性意义。通过这样的数据库可以勾勒被执行人的行为意识并为其进行数据“画像”，而且还能追踪查找到“隐形人”和“隐匿财产”。在大数据时代解决“执行难”问题需要在传统路径基础上开展逆向思维，从传统的“被动查”向“主动传”数据化执行模式转变，利用互联网爬虫软件抓取的有效数据开拓出一条全新、高效、便捷且独辟蹊径的数字化执行道路，为法院执行工作开创一个崭新的道路和纪元。

一、“执行难”案件的定义及难点

截至2018年9月，全国法院通过网络查控系统，为5746万案件提供查询冻结服务，共冻结资金2992亿元，查询房屋、土地等不动产信息546万条，车辆4931万辆，证券1085亿股，船舶119万艘，网络资金129亿元，有力维护了胜诉当事人合法权益；全国法院累计发布失信被执行人名单1211万例，共限制1463万人次购买机票，限制522万人次购买动车、高铁票，322万名失信被执行人迫于信用惩戒压力自动履行了义务；从2017年3月网拍系统上线至2018年9月，全国法院网络拍卖74.7万余次，成交22.1万余件，成交额5030亿元，标的物成交率73%，溢价率66%，为当事人节约佣金153亿元；2016年至2018年9月，全国法院以拒不执行判决裁定罪判处罪犯14 647人，累计拘留失信被执行人38万人次，限制出境3.2万人次；特别是2018年以来，共判处罪犯7281人，拘留13.4万人次，同比分别上升90.6%和11%，形成打击逃避、规避执行行为的强大声势。[1]尽管取得了上述成绩，但人民法院当前依旧面临十分紧迫的执行难困局。

“执行难”案件是指被执行人有可供执行的财产却逃避执行、隐匿财产，或者法院没有按规范执行导致执行案件长期没有得到有效执行的案件。其中法院没有按规范执行既指法院没有能够及时、隐蔽、有效地采取规范的保全或执行措施导致被执行人逃脱、执行财产转移的执行结果，也指法院在本次案件执行终结后怠于继续查找财产线索和继续采取相关限制措施而导致失去继续执行可能的执行结果。“执行难”不等于“执行不能”，两者存在根本区别。“执行不能”指被执行人客观上无任何财产，抑或查控财产被依法处置后无财产可供执行，或者虽有财产但客观上无法执行的一种客观执行状态，[2]这种状态也是被执行人实际没有可供执行财产，经人民法院穷尽一切调查手段核实后归属于执行不能的最终结果。这种“执行不能”的案件属于民事行为中的正常风险，在世界各国司法实践中普遍存在，法院即便再努力也无法完成没有财产的执行工作，而应当通过引导市场主体加强风险交易管控，完善破产制度本身来解决这类问题。而要完成基本解决“执行难”的目标，主要精力和措施应该是投入被执行人隐藏躲避或有财产可供执行但隐匿财产逃避执行这两个主要矛盾中去，同时加强规范法院执行工作程序，才能真正解决“执行难”问题。目前执行实务中的“执行难”难点主要为：

(1) 被执行人联络难。根据《最高人民法院关于适用〈中华人民共和国民事诉讼法〉的解释》(以下简称《民事诉讼法解释》) 第482条第1款[3]，立案执行后被执行人应当经法院依法传唤后到场接受调查询问。实践中“执行难”案件中却常出现被执行人经过法院多次传唤均不出现，后又变更电话号码或关机，拒绝与法院继续保持沟通联系的情况。而相关执行文书送达也常遭遇被执行人拒收或送达地址无此人的尴尬局面，使得执行工作初启动便遭遇各种不能。这些案件中“执行难”被执行人往往无视法律尊严，刻意隐匿

[1] 参见2018年10月24日发布的《最高人民法院关于人民法院解决“执行难”工作情况的报告》。

[2] 参见胡志光、尚彦卿：《解决执行难问题的实施标准——以深圳中院基本解决执行难为样本》，载《人民司法》2016年第19期。

[3] 《民事诉讼法解释》第482条第1款：“对必须接受调查询问的被执行人、被执行人的法定代表人、负责人或者实际控制人，经依法传唤无正当理由拒不到场的，人民法院可以拘传其到场”。

躲藏逃避执行，拒不执行本应履行的法律义务。因此被执行人难找是执行难中的首要问题。

（2）被执行财产查找难。法律规定将生效法律文书付诸执行，不仅是法律赋予人民法院的一项重要职权，也是公民、法人和其他组织的合法权益得以实现的重要途径，亦是维护国家法律统一和尊严的重要保障，更是社会主义法治公平正义的重要体现。根据《中华人民共和国民事诉讼法》（以下简称《民事诉讼法》）第252条规定，被执行人未按执行通知履行法律文书确定的义务则应当报告当前及前一年的财产状况。但由于我国历史上长期的法律虚拟主义的盛行和影响，债务人明显有支付履行能力却藐视法律的权威而故意采取推脱、转移、藏匿财产的现象比较常见和普遍，使执行工作遇到各种困难。而在执行实务中被执行人往往以其几无可供执行财产瞒报、谎报、乱报其自身财产状况，以便逃脱履行相应付款责任。金钱债权的执行效率、到位率取决于能否有效地发现债务人及其责任财产。债务人通过人身躲藏、财产隐匿或处分逃避执行是超越国界的普遍现象。〔1〕因此，通过创新数据化执行的方式改变目前这种执行乏力的局面，显得愈加迫切和明显。所以，解决被执行人财产查找难成了整个“执行难”问题中的重中之重。

（3）被执行人规避执行难。被执行人在实际执行中往往存在较强的抵触情绪，常刻意通过财产代持、房产代持、存款代持、股权代持来规避执行。有的被执行人甚至通过变更法定代表人、注销原公司、设立新公司，并变更主体规避执行。《刑法修正案（九）》对拒不执行判决、裁定罪〔2〕做了相应修正，但在实践中对是否有相应经济能力履行执行义务较难判断。某些被执行人作为当地纳税大户常借助当地机构的配合规避执行，当地法院对其执行效果欠佳，地方保护主义色彩强烈。要彻底解决“执行难”问题，必须从改革体制上下功夫，解决司法权地方化和“地缘”“人缘”关系问题，切断法院、执行人员与当地政府、周围环境之间非必要的联系，在他们之间建立一定的“屏障”，形成必要的距离。〔3〕因此被执行人规避执行难成为“执行难”

〔1〕参见陈杭平：《比较法视野下的执行权配置模式研究——以解决“执行难”问题为中心》，载《法学家》2018年第2期。

〔2〕《刑法》第313条：“对人民法院的判决、裁定有能力执行而拒不执行，情节严重的，处三年以下有期徒刑、拘役或者罚金；情节特别严重的，处三年以上七年以下有期徒刑，并处罚金……”。

〔3〕参见景汉朝、卢子娟：《“执行难”及其对策》，载《法学研究》2000年第5期。

问题中的实践之难。

（4）被执行财产变现难。法院被执行财产流拍率高，增值率低，变现难一直是困扰各级法院的难题，“内幕交易”和垄断拍卖在被执行人财产变现过程中一直屡禁不止，部分不良拍卖机构利用掌握的信息，联合竞买人在拍卖现场及场外非法操纵和垄断拍卖。现在各法院通过借助淘宝网、京东等司法拍卖平台和第三方拍卖机构，以“法院+社会机构+网络平台”的三方合作模式全面推行网络司法拍卖后，大大提高了拍卖成交率和溢价率，在解决执行财产变现难问题上取得重大进步。但由于有些被执行人财产具有行业特殊性，其潜在买受人局限为特定行业客户，而这部分买受人又很难关注到被执行财产的拍卖处理，流动性较差的被执行人财产依然面临变现困难和偿付价值低的问题，变现难是“执行难”问题中的财产转让流动性难题。

二、大数据对破解执行难的价值与要求

所谓大数据（big data）是指无法在一定时间范围内用常规软件工具进行捕捉、管理和处理的多样化的数据集合，是需要新处理模式才能成为具有更强的决策力、洞察发现力和流程优化能力的海量、高增长率和多样化的信息资产。根据维克托·迈尔-舍恩伯格及肯尼斯·库克耶编写的《大数据时代》中的描述大数据具有 6V 特点：Volume（大量）、Variety（多样）、Velocity（高速）、Variability（可变性）、Value（价值）、Veracity（真实）。在互联网时代中个人数据的本质是通过观察、实验或计算得出的关于个人行为意识的二进制代码的记录，它所反映的不仅仅是个人行为意识的规律，也是挖掘潜在精准的和有效信息的宝藏之关键所在。大数据对于法院执行工作的意义在于，通过云处理作为基础对海量数据进行云收集和云计算，利用物联网和移动互联网等新兴计算形态，结合人工智能的高级算法，精准锁定、在寻找财产线索、智能推送等有利于法院执行工作的模块中发挥重要价值，通过全面掌握大数据思维和技术，进一步提升执行数据处理效率，通过分析数据、挖掘数据、共享数据、利用数据，进而服务于执行工作，并深入配套辅助应用于立审执的全过程。数据化执行时代的到来已是必然趋势，在“公正、为民”的司法主线下，重视数据、尊重数据、运用数据、保护数据是法院执行工作中提升效率与解决难题的重要路径。具体说来，有如下几个方面需要重点关注：

（一）数据化执行观念与思维的转变

时任最高人民法院院长周强在政法领导干部学习贯彻习近平新时代中国特色社会主义思想专题研讨班上的辅导报告中提到：当前，大数据、云计算、人工智能、区块链、工业 4.0 等新兴技术飞速发展，新一轮科技革命正在引发超越历史、创造未来的颠覆性变革。科学技术的迅猛发展，也为人民法院工作带来了难得的机遇，为维护社会公平正义提供了新动力。近年来，我们建设高度信息化的诉讼服务中心、“基本解决执行难”、推进智慧法院建设等工作，如果不是以信息化的迅猛发展为依托，可能很难取得目前的效果。为深化司法大数据应用，最高人民法院还专门成立司法大数据研究院，出具 300 余份大数据研究报告，揭示了案件背后蕴含的矛盾纠纷发展规律，既为党委政府和法院自身决策提供了科学参考，也有利于人民法院更好把握矛盾焦点、定分止争。同时对每一名公民也具有启发意义。重视大数据，首要的重点和难点是推动大数据执行思维和理念的转变，树立互联网思维，强化大数据意识，完善执行大数据的分析、整合、利用和共享，让数据“说话”，让数据找寻真相，依靠理性数据来分析执行工作中存在的规律，善于利用数据分析的逻辑思维来解决执行难题，通过数学建模与数据分析来科学预测执行工作的核心问题，客观提出针对性解决措施。

所谓数据化思维指的是对目标清晰、高度概括和精确筛选的数据信息，根据不同的分析结果按照一定的规则将数据流划分为若干单元和模块，通过其数据结论进一步逻辑推理出合理结果的一种具体思维模式。情报工作中要充分借鉴大数据思维，广拓情报信息数据源、积极推进情报数据资源共享。〔1〕数据关系的分配、数据库的设计、数据软件的开发、数据硬件的排序都需要在严密的数据逻辑结构的布局下开展，数据化思维可以被运用在数据化执行的各个方面，例如应用在资金流向的推演和财产转移的路径判断等执行问题中核心难点的智能算法中，以便繁杂的海量数据按照既定的存储和处理规则建立并实现自我排序和管理。不同类别的财产线索可以通过与数据化思维建立的执行模型进行比对、分析和研判，并在网络交换中实现流通、互换和自我验证。执行人员最终可以根据人工智能推演自主完成的数据报告，自主判

〔1〕 参见刘坤：《互联网思维下的经济犯罪侦查建构》，载《贵州警官职业学院院报》2016 年第 3 期。

断可能存在的被执行人的活动轨迹、资金流向、财产隐匿等问题并做出实时性、科学性、数据性、精确性的研判结果和执行方案，最终确保执行难问题的解决。

大数据执行需要从顶层设计着手，建议在法院信息化建设基础上，具体研究制定法院执行工作大数据发展规划，执行要以核心难点问题为导向，以执行需求为目标，紧密联系法院执行实际困难，充分实现大数据共享制度化。大数据执行需要打破法院地域和级别的限制，实现所有法院执行数据的共享互通，这对于整个法院执行系统具有举足轻重的意义，也将构建起覆盖面更广的数据联通平台，实现执行工作的数据与经验共享。

（二）传统执行与数据化执行的融合变革

智能手机的普遍应用使得相关的网络企业能够主动收集诸如定位、短信、通讯录、相册、浏览记录等海量的用户数据并利用掌握的数据进行分析，从而获得更有价值的商业信息。例如淘宝地址、打车行程、导航轨迹、移动定位数据构成的反映常用地点与移动轨迹形成的出行模拟图可以帮助顺利找到被执行人的出行规律、驾驶车辆的活动轨迹、常用车辆的停放点。支付宝、微信钱包、京东金融、百度钱包等和绑定的银行卡用户数据，与海量的移动支付转账交易信息构成的数据金融画像，可以协助找到被执行人控制的财产的来龙去脉。甚至可以利用大数据实名认证下的网络活动形成的虚拟人格，进行场景再现和模拟还原，在数据足够多的前提下虚拟人格可以模拟与本人相似或相同的行为或问答。这些被执行人主动上传的信息正在构筑一片大数据的蓝海。

这些分散的信息对于司法执行的价值不言而喻，对于正面临“执行难”课题的人民法院而言，如何借助网络中蕴藏的巨量大数据分析比对找到有价值的信息为司法的公平正义高效服务，利用新的技术坚持公正司法、司法为民，努力让人民群众在每一个司法案件中感受到公平正义，是我们当前所面临的一个全新课题。利用大数据提升执行分析、共享能力，以此实现提升执行能力的终极目标。利用大数据的关键在于通过对海量数据的整理与加工，实现有效数据的可视化，为每一步执行预案提供数据基础和判断依据。所谓数据化执行，是通过数据化思维模式分析研判掌握的数据信息，对其中可能隐藏的有效财产线索予以分析、判断、核实，并最终通过数据追踪执行到相关财产的执行新模式。

而数据化执行的切入点主要有三个方面：

1. 对被执行人真实财产状况的数据化挖掘和分析。传统的被执行人财产报告制度[1]往往流于形式，被执行人空白报告、虚假报告甚至隐瞒报告的例子屡见不鲜。此时大数据查询就能发挥其独一无二的价值和作用。对被执行人真实财产和经济能力的数据化分析是数据化执行工作中最为重要的一个部分，所有被执行人现金流的分布构成和流向的分析挖掘是整个涉案财产信息中不可或缺的一环。执行部门既可从网络执行查控系统[2]查询，也可以利用消费数据、转账信息、交易对象等数据分析构建财产流转的最终走向。同时依托各大互联网公司、银联司法协助系统、反洗钱中心等网上网下平台对大额交易和可疑资金等资金进行查控和数据收集[3]，从海量数据中勾勒出资金转移关系，再借助专业的图形化线索分析工具对涉案的往来资金转账、财产转移路径等数据整合后进行综合研判，推导出完整清晰的转移财产结构分布图，确定被转移财产去向，了解被执行人真实财产状况。

2. 拓展数据化执行的财产信息查控来源。一是深入整合现有网络执行查控系统渠道数据资源，应用专业技术手段进行交叉比对，勾勒执行线索信息，为执行财产信息画像。积极运用商业软件和手机 APP 软件查询、补充、完善财产线索来源。构建数据化信息查询思维，提高执行法官使用信息化手段查询财产的信息能力。二是深入推动与数据化财产登记部门的执行合作，优化执行资源信息库，建立执行信息快速查询通道。三是针对经济发展、金融体制变革带来的变化，重点收集互联网金融领域的执行信息，筛选挖掘执行线索。只有深刻领会互联网革命、人工智能、大数据、云计算、区块链等技术

---

[1] 《最高人民法院关于民事执行中财产调查若干问题的规定》第 3 条："人民法院依申请执行人的申请或依职权责令被执行人报告财产情况的，应当向其发出报告财产令。金钱债权执行中，报告财产令应当与执行通知同时发出。人民法院根据案件需要再次责令被执行人报告财产情况的，应当重新向其发出报告财产令"。

[2] 《最高人民法院关于民事执行中财产调查若干问题的规定》第 1 条："执行过程中，申请执行人应当提供被执行人的财产线索；被执行人应当如实报告财产；人民法院应当通过网络执行查控系统进行调查，根据案件需要应当通过其他方式进行调查的，同时采取其他调查方式"。

[3] 《民事诉讼法解释》第 485 条："人民法院有权查询被执行人的身份信息与财产信息，掌握相关信息的单位和个人必须按照协助执行通知书办理。"《最高人民法院关于民事执行中财产调查若干问题的规定》第 12 条第 1 款："被执行人未按执行通知履行生效法律文书确定的义务，人民法院有权通过网络执行查控系统、现场调查等方式向被执行人、有关单位或个人调查被执行人的身份信息和财产信息，有关单位和个人应当依法协助办理"。

发展带来的科技革命和对执行工作产生的技术价值和意义，才能彻底运用新技术手段帮助破解“执行难”困局。

3. 实施现金流数据化查控分析。依托案情研判、数据分析、财产查实等专业执行技战法，整合财产数据信息资源，提升人民法院执行和多部门联合作战的整体能力。从传统的查财产转变到查现金流，因财产的产生、转移、变更、消灭都是由被执行人的行为发起的，只专注于数据化财产的变化往往造成碎片化、局部化的审查结果，而忽略了对被执行人整个财产资金流向的控制行为的关注变化，从查财产转向查现金流，通过现金流的变化再反向找到执行财产。依托网络执行查控系统、税务登记系统、工商登记系统、保险信息统一平台、公共事业信息平台等查询被执行人资金账户，进行数据研判，对于重点怀疑的资金账户应前往开户银行通过历史对账单进行现金流分析，对可疑的资金流向账户进行重点关注调查，对确有存在帮助被执行人转移财产、隐匿收入的第三方账户，予以查封冻结，等待进一步的执行调查核实后再行处置。

（三）数据化执行助推自主履行

以往的执行多依靠申请执行人提供或法院主动查询财产线索这两种方式进行被执行人财产的调查，通过调查对掌握的可执行财产予以查封冻结，最后对被执行财产变现直到最终完成案件的财产执行工作。在执行工作中，难点中的难点，是找到被执行人隐匿或转移的财产，基于对裁判结果的不服或懈怠，大部分案件的被执行人往往不愿主动履行生效裁判文书项下的自身付款义务。因此需要通过申请执行人提供或法院查找的方式强制执行，但这两种方式往往效率低下很容易陷入一无所获的境地。被执行人虽不愿主动履行，但在现代互联网生活中却在源源不断地向各网络公司提供各种实时有效的个人信息，既包括定位、地址、轨迹等出行信息，也包括爱好、兴趣、关注等个人特点信息，甚至是最重要的保险、社保、房产、车辆、银行卡等个人财产信息，这些信息都会被以数据的方式接收存储在某个网络公司的大数据库中，形成了被执行人上传的、分散的、有价值的财产数据信息云端。而法院有能力、有职权、有义务找到这些四散各处的数据云端，整合成一个完整的被执行人的立体数据全息像，从中找到可供执行的数据化财产。

（四）数据化执行的主要步骤

1. 整理汇总。结合执行目的与执行重点，对收集到的财产线索信息进行高强度整合、深加工运用。按照综合信息、案件信息、主体信息、地址信息、经济状况信息、财产信息、转账信息等不同模块对收集到的财产线索信息进行划分便于汇总分析。

2. 解析评判。按照不同的要求和标准，从财产线索信息的三维维度（关联化、轨迹化、数量化）和时间维度（即时化、实时化）以及形式维度（形式化、可实现化）等方面对财产线索信息的价值进行分类评级，或者按照人员要素、财物要素、程序要素、机构要素、空间要素和时间要素等方面对构成线索信息的要素予以分解，再根据不同执行阶段对线索信息的需求和应用层次将线索信息予以流转、分配和重新组合，使得原来看似没有价值的数据能够在某一分类下形成共同的特点，反映财产转移的根本轨迹和最终路径。一是利用银行、电信、保险、民航、社保、邮政等数据财产登记部门掌握的信息资源，掌握被执行人最新动态和变化状况。如通过金融机构查询个人和公司账户的基础信息及资金量、资金流方面的信息，通过工商部门、证券交易所掌握企业经营状况、财务审计报告、已发行股票债券等方面信息。二是发挥社会中介组织的信息收集作用。通过行业协会、律师事务所、会计师事务所、税务师事务所、房产中介公司、资产评估机构等中介组织的服务信息获取与执行工作相关的人、财、物等方面数据信息。

3. 服务实战。依托执行信息技术手段，针对执行领域内的大案要案，采用数据追踪、分析比对等方式，从涉案财产的流向分析排查财产线索，扩展串并数据化财产可能的隐藏渠道，动态取证涉案财产的非法转移隐藏途径，为执行案件提供可靠的财产线索服务。

（五）数据化执行的信息共享

依托政府主管部门、邀请其他部门参与共同整合城市大数据枢纽库，实现数据汇集互联和共享应用。以最高人民法院网络执行查控系统为基础，以跨部门、跨层级应用为重点，统筹构建“云储存”的数据共享交换平台，共建、共用基础数据资源，加快推动包括党政机关、法院执行部门、群团组织、互联网公司等在内的各类服务数据汇集互联和共享应用，让分散、孤立的管理数据成为汇集综合的应用数据。健全以应用为导向的数据按需共享机制，打破“数据孤岛”，向法院执行部门尽可能开放更多的信息查询权限，建设一体化执行信息共享平台、实现相关部门之间信息的互联互通，为加强协作配合、提高工作效率提供线索信息支撑和保障。利用大数据实现多类数据的相互融合，是将大数据思维运用于“执行难”的关键。[1]深化与数据化财产登记部门之间的信息合作，通过联席会议、定期会商和交流合作等形式深入推进和银行、工商、银保监、证监、房产、税务、财政、审计、海关等行政部门的协作，以财产登记机关掌握的基础数据丰富执行信息资源和利用上述财产登记机关掌握的违规违法记录扩大执行信息资料库。同时借鉴银联资金查控平台、人民银行征信查询系统等平台的成功经验，建设更为广泛的执行信息共享平台，进一步规范执行案件线索的相互通报、双向移送、立案协助、调查取证、证据互认、协助执行、应急联动等工作机制。

三、数据化执行的构想与措施

数据的意义在于交互产生的价值，而大数据对于法院执行的实用价值在于它在数字交互的同时本身也在进行大量信息的交换，其中既包括网络公司主动利用爬虫软件等抓取的用户数据，也包括被执行人根据要求主动提交的自身信息，这种无意识地搜罗聚集巨量信息的方式正在逐渐构成一个比公安人口信息库更为强大的“网络数据信息库”，成为一个大数据终端，且通过数十年的网络数据的积累正逐渐发展成一个高频使用的“大数据综合信息系统”。而这些数据的利用率却非常低，因为搜集数据的是网络公司，而能否正确使用这些数据破解执行难问题则是法院转变执行思维和执行方式的重要突破口。

（一）被执行人活动轨迹分析

法院查找被执行人的方式主要是自主查找和公安协助查找[2]两种方式，

---

〔1〕 参见游大宇：《试论大数据思维下的执行难问题破解》，载《齐齐哈尔大学学报（哲学社会科学版）》2018年第5期。

〔2〕《最高人民法院、公安部关于建立快速查询信息共享及网络执行查控协作工作机制的意见》第3条：“网络执行查控协作工作内容……（三）协助查找被执行人 最高人民法院向公安部提供被决定司法拘留的当事人（自然人）信息，并推送对应的加盖电子签章的拘留决定书及协助执行通知书，提供执行法院信息、案件承办人姓名及联系电话；公安机关及派出机构在日常执法过程中发现上述人员时，应及时通知人民法院”。

最高人民法院《关于依法制裁规避执行行为的若干意见》第24条：“加强与公安机关的协作查找被执行人。对于因逃避执行而长期下落不明或者变更经营场所的被执行人，各地法院应当积极与公安机关协调，加大查找被执行人的力度”。

目前来看查找效果并不理想。一是通过被执行人的日常出行数据研判被执行人位置、可能去向及出行习惯，通过包含有定位信息、送货地址信息、公共交通信息、车辆导航轨迹等在内的数据进行综合研判推断出被执行人的经常居住地和经常出入地，研判其可能持有的不动产信息以及日常行为轨迹。例如利用滴滴打车软件上的常用地址、通信地址、位置信息、行程信息、IP 地址结合淘宝、京东、饿了么等送货地址，以及导航软件信息，就能直接找到被执行人的具体行踪，向其送达相关执行法律文书〔1〕。二是利用金融交易数据，分析包含有被执行人银行开户信息、现金存取、资金流向、消费数据、网点录像等分析被执行人的金融交易分布热点轨迹，判断被执行人生活半径和确切位置。三是利用互联网信息，通过被执行人身份证号和绑定手机号码查找被执行人社交网络、搜索检索、网络注册、登录记录、使用记录结合定位信息查询比对被执行人行踪。四是利用纳税票据社保信息，通过被执行人定期纳税、开票、使用医保、缴纳社保等被执行人经济活动轨迹查询被执行人确切位置。五是执行人就医信息、保险信息、通信信息等也可相应应用于执行实践以辅助执行工作。

2009 年 1 月，小镇网作为全国第一家网站开始执行 IA 实名机制标准。IA 实名机制标准是一种绝对实名机制，其特点在于将真实姓名、身份证号、手机、地址一次性检核，这种绝对网络实名制后来被各大对于身份信息要求十分严格的金融机构吸收采纳。现今对于各网络金融用户来说，将上述 4 种信息绑定银行卡或者网络虚拟金融账户后的网络消费和理财已经十分普遍和流行，而利用这些基础数据信息查找那些进行过实名认证身份信息的被执行人则显得更为从容便捷。所有的基础数据都储存在互联网数据库中，只需搜索身份证号、手机号、用户名、地址、银行卡号中的任一号码就可以了解其他关联数据信息，就像网络摄像机对于摄录范围内的所有活动进行完整映像，任意个体在互联网金融领域内的行为活动信息都无时无刻不被记录下来。实名认证后的个人、手机号码、银行卡号、互联网账户、互联网金融等五位一体关联模式将个人的行为地点、行为数据、行为模式等相关信息逐渐汇集融

〔1〕《最高人民法院、公安部关于建立快速查询信息共享及网络执行查控协作工作机制的意见》第 2 条："快速查询信息共享协作工作内容……（二）公安部提供信息　1、被告、被执行人身份信息。包括：姓名、曾用名、出生日期、户籍地、住址、公民身份号码、照片……"

合，使之成为可以被分析、被判断、被解读的个人活动地点、个人行为模式、个人财务状况，实质上已经形成了一张由相关个人信息组成的数据“天网”。关联账户的所有个人信息都将一览无余，个人网上行为的次数越多，数据也就越丰富，相关判断分析的结论也就越精确详实。例如分析送货地址的数据可以用来详实定位被执行人的实际经营地和居所地，而通过分析购买的商品服务等数据可以分析判断被执行人近期真实的经济状况，验证被执行人的偿债能力。而对于互联网金融以及绑定的银行卡内的资金流向，则有助于帮助查找被执行人隐匿转移的财产，协助及时冻结执行相关银行账户，看似凌乱纷繁的数据背后蕴藏着所罗门宝藏似的个人信息，这些数据对于公众和个人均属于隐私权的范畴，但对于以捍卫法律公平正义为目标的法院执行部门来说，其价值等同于拥有了正义女神的智慧之眼，使得困扰法院执行难的迷雾得以逐渐消散，使得被执行人为了逃避履行而遁匿的身形变得清晰可见，对于破解“执行难”的首要难题即执行人难找是一种有效方案。纵然“执行难”案件有相当数量实际都是被告缺席公告案件，本身就因无法找到被告而只能以公告送达方式送达法律文书，庭后也多以公告方式告知其审判结果及上诉权利，因此在执行案件中也就根本无法向被执行人实际送达执行文书，审判程序尚可以采取公告方式送达，而执行若采取公告送达方式也只是弥补程序合法，对于找到被执行人实际经营场所或居住地仍然毫无益处，因此通过大数据互联网查找被执行人的手段不失为一种现有送达告知方式的一种重要补充和变革。

（二）利用大数据电子化送达执行法律文书

传统送达需要根据被执行人法定注册地址或户籍地址、申请执行人提供的有效地址进行邮件送达，在执行法律文书送达无果或拒收时甚至需要执行人员现场送达。深圳市中级法院已经探索了鹰眼综合执行应用平台系统，实行执行程序性文书自动生成和一键（EMS）集约后现场送达的有效机制。[1] 杭州互联网法院电子送达平台则根据立案时当事人姓名和身份证号等信息自动检索当事人名下的所有手机号码、绑定的宽带地址、电商平台账号、电子邮箱等常用电子地址作为电子送达的逻辑起点，根据活跃度过滤筛选和现有

〔1〕参见《智慧执行，鹰眼三百六十度》，载 https://static.nfapp.southcn.com/content/201807/31/c1354497/html，最后访问日期：2022 年 7 月 5 日。

户籍地或经常居住地进行比对后找到其实际居住地，并采用无法被拦截的弹屏短信以对话框的形式出现在手机页面，且必须点击“关闭”才能继续使用手机以确保被执行人已经阅读相关电子送达法律文书。[1]我们认为，这两种电子化送达方式都是对传统送达方式的有效更新和补充，对于提升法院送达效率和节约送达资源有着无可比拟的效率优势和成本优势，对于加强法院执行送达工作具有借鉴意义。集约后现场送达是提升传统送达效率的有效方式，却依然面临成本高昂（EMS邮件费用）和无法送达的情形，送达的核心本质在于送达告知“人”（包括法人）而非“地址”，但因“地址”是固定的，“人”是移动的，因此传统送达以“地址”来确定“人”的位置而实现有效送达。利用大数据电子化送达则摒弃了按“地址”送达，转由向“人”送达的方式。杭州互联网短信弹屏的电子化方式优点在于可以节约相关送达成本，但其可能争议点在于被执行人依然可以抗辩其家人或子女在借用其手机时误读并关闭了相关短信送达文书后并没告知其相应情况，后短信变为已读模式并再无提示。为了完善这一弹屏短信模式，可以在手机使用人阅看相关电子法律文书后点击关闭一栏时，设置自动人脸识别并自拍回传照片的功能（若未成功可再次推送），以此作为送达回执证据之一确认被执行人已阅读相关执行文书。运用此种大数据电子化送达不仅能够节约相关送达成本，提升执行效率，还能确认被执行人本人已收到并阅读相关执行内容，完善相关执行送达程序，为后续开展数据化执行打下必要的程序和效率基础。

（三）网络执行查控系统的完善

目前法院获取被执行人财产线索的方式主要有两种：

1. 要求申请执行人提供被执行人财产线索[2]，即以银行账号、机动车登记信息、房屋所有权信息等为代表的可供执行财产相关信息。在得到执行线索后，除银行存款，执行法官需前往财产登记机构或财产所在地查询、冻

---

[1] 参见《全国首个！杭州互联网法院电子送达平台全功能上线》，载https://zjnews.zjol.com.cn/zjnews/hznews/201804/t20180411_6998485_ext.shtml，最后访问日期：2022年7月5日。

[2] 原《最高人民法院关于人民法院执行工作若干问题的规定（试行）（2008调整）》第28条第1款：“申请执行人应当向人民法院提供其所了解的被执行人的财产状况或线索。被执行人必须如实向人民法院报告其财产状况。”

结、扣押、划拨并执行相关财产[1]，执行过程耗费时力，且执行成本高昂。德国执行实践中，债权人及其律师根据自行收集的财产信息，选择向执达官或者执行法院申请相应对的执行方式。如果一种执行方法未能实现全部债权，债权人可以选择申请另外一种。尽管从理论上说执达官是最重要的执行人员，但在实践中债务人存款、工资收入、股权等财产的价值远远高于其拥有的动产，因此司法辅助官才是执行程序的真正主角。[2]若申请执行人暂时无法提供有效财产信息，则只能同时通过法院查询财产信息的方式继续执行措施[3]。

2. 法院主动查询被执行人财产线索，即主要通过网络执行查控系统查询银行账号、机动车登记信息、房屋所有权信息等为代表的可供执行财产相关信息。

根据2014年10月24日发布的《最高人民法院、中国银行业监督管理委员会关于人民法院与银行业金融机构开展网络执行查控和联合信用惩戒工作的意见》，中国银行业监督管理委员会鼓励和支持银行业金融机构与人民法院以全国法院执行案件信息系统为基础，建立全国网络执行查控机制。其建设主要采取两种模式：一是“总对总”联网，即最高人民法院通过中国银监会金融专网通道与各银行业金融机构总行网络对接。而各级人民法院则通过最高人民法院网络执行查控系统实施查控。二是“点对点”联网，即高级人民法院通过当地银监局金融专网通道与各银行业金融机构省级分行网络对接。本地人民法院则通过高级人民法院执行查控系统实施本地查控，外地法院通过最高人民法院网络中转接入当地高级人民法院执行查控系统实施查控。各级人民法院与银行业金融机构及其分支机构已协议通过专线或其他网络建立

[1] 《最高人民法院关于人民法院办理执行案件若干期限的规定》第6条第1款：“申请执行人提供了明确、具体的财产状况或财产线索的，承办人应当在申请执行人提供财产状况或财产线索后5日内进行查证、核实。情况紧急的，应当立即予以核查。”

[2] See Burkhard Hess and Marcus Mack, “Civil Enforcement in Germany”, *European Business Law Review*, Vol. 17, 2006, pp. 656-658.

[3] 《最高人民法院关于人民法院办理执行案件若干期限的规定》第6条第2款：“申请执行人无法提供被执行人财产状况或财产线索，或者提供财产状况或财产线索确有困难，需人民法院进行调查的，承办人应当在申请执行人提出调查申请后10日内启动调查程序。”

网络查控机制的，可继续按原有模式建设和运行。[1]目前网络执行查控系统除了银行模块外，还包含有房产、车辆、船舶、互联网金融等查询模块。若被执行人是法人和其他组织，则可以通过统一社会信用代码进行查询；若被执行人是个人，则可以通过身份证号进行查询。执行实践中可根据查询获得的不同财产线索可以采取查封、冻结、扣押、划拨等执行操作手段。

网络查控系统目前存在的问题：(1) 部分支行尚未与人民法院建立网络执行查控机制，实践中经常遇到某被执行人查询账户反馈结果为账户余额为0，但赴现场查询后得知账户内仍有标的余额的情况出现，我们判断可能有些银行分支机构并未与最高人民法院网络查控系统有效对接，系统局部存在瑕疵，造成网络查控反馈结果与实际查控结果并不一致。(2) 部分房产、土地、互联网金融机构等网上协助查控机构均未与法院查控网络对接，部分网络金融机构对部分查询未给予反馈结果，取得查询结果后也需亲赴查询部门进行查封、冻结、扣押、划拨等操作，实践中费时费力，对原本执行资源就较为紧张的执行部门来说耗费了大量人力财力，这类查冻扣划工作本身无需较高法律专业知识，但实践中出差工作占据了执行法院大部分有效工作时间，影响了执行工作效率的充分提升，若能像银行系统一样进行网络查冻扣工作，法院将有限的人力资源投入更为需要的执行难案件中去，将大大提升执行效率，为破解执行难工作打下重要的基础。(3) 缺少其他财产登记机关的接入端口，缺少保险、社保、证券、股权、信托、债权等财产形式的查询渠道。

---

[1] 《最高人民法院、中国银行业监督管理委员会关于人民法院与银行业金融机构开展网络执行查控和联合信用惩戒工作的意见》第5条："中国银行业监督管理委员会鼓励和支持银行业金融机构与人民法院以全国法院执行案件信息系统为基础，建立全国网络执行查控机制。全国网络执行查控机制建设主要采取两种模式。一是"总对总"联网，即最高人民法院通过中国银行业监督管理委员会金融专网通道与各银行业金融机构总行网络对接。各级人民法院通过最高人民法院网络执行查控系统实施查控。二是"点对点"联网，即高级人民法院通过当地银监局金融专网通道与各银行业金融机构省级分行网络对接。本地人民法院通过高级人民法院执行查控系统实施本地查控，外地法院通过最高人民法院网络中转接入当地高级人民法院执行查控系统实施查控。各级人民法院与银行业金融机构及其分支机构已协议通过专线或其他网络建立网络查控机制的，可继续按原有模式建设和运行。本意见下发后，采用第二款以外模式建设的，应当经最高人民法院和中国银行业监督管理委员会同意。"第8条："最高人民法院、中国银行业监督管理委员会鼓励和支持银行业金融机构与人民法院建立联合信用惩戒机制。银行业金融机构与人民法院通过网络传输等方式，共享失信被执行人名单及其他执行案件信息；银行业金融机构依照法律、法规规定，在融资信贷等金融服务领域，对失信被执行人等采取限制贷款、限制办理信用卡等措施。"

（四）数据化财产的分类与查控

财产是指所有的金钱、物资、房屋、土地等物质财富，具有金钱价值并受到法律保护的权利的总称。在此，我们将被执行人财产划分为两类：

1. 实物化财产：现金、不记名票据、物资、房屋、土地、汽车、船舶、飞机等物质财产，其对应的登记机关为不动产登记机构、土地登记机构、车辆管理所、各海事局、民航总局等。

2. 数据化财产：存款、理财产品、基金、债券、有价证券、股权、信托、期权、社会保险金、商业保险款、PTOP 资产、区块链货币、知识产权、债权（抵押权）等，对应的登记部门为银行、银行间市场清算所股份有限公司、中央国债登记结算有限责任公司、中国证券登记结算有限公司、工商局、上海信托登记中心抵押登记机构、社保中心、中国保险信息技术管理有限责任公司、PTOP 公司、区块链交易网站、知识产权局、公证处、抵押登记部门等。

数据化财产是指所有者拥有或控制下的以电子数据为表现形式存在的非实物性资产，通常以登记数据作为财产记录形式并辅以书面权利证明，当书面权利凭证存在伪造或瑕疵可能时，则以登记机构的数据登记为准。数据化财产方便经济活动相关联的任何形式的财产的登记与变更。这些长时间参与大量经济活动所形成的关联数据发展形成的数据财产往往采用宽泛的、开放的、代码式的财产定义方式，从而能够在最大程度上为数据财产的所有者提供便利和保护。其核心理念则为将实物财产形式转化为登记机构服务器内的数据虚拟记录，以便快速便捷保存、查询、统计。通过对登记数据的输入、保存和修改，为物权进行创设和变更，其本身会使具体财产数据化、虚拟化、固定化，使得具体财产从创设到消灭都处于静态的记录和动态的监控中，通过数据化记录既有助于全面保护财产所有权人权利和财产，也能够使得财产所有权始终处于透明化、公开化、合法化的状态之下，有助于预防违法犯罪行为，根据《民事诉讼法》第 253 条第 1 款之规定，人民法院有权对数据化财产进行查询[1]并根据不同情形扣押、冻结、划拨、变价，这也有助于破解法院执行难中隐

〔1〕《民事诉讼法》第 253 条第 1 款："被执行人未按执行通知履行法律文书确定的义务，人民法院有权向有关单位查询被执行人的存款、债券、股票、基金份额等财产情况。人民法院有权根据不同情形扣押、冻结、划拨、变价被执行人的财产。人民法院查询、扣押、冻结、划拨、变价的财产不得超出被执行人应当履行义务的范围"。

匿财产线索无法查知的问题。

对财产执行的数据化分析需要综合科学研判，各类基础数据汇集分析后，以数据可视化动态描述被执行人社会关系、资金往来、流转、消费、财产信息等综合状况，确定被执行人是否存在违法或虚假申报财产、违法高消费、有能力而拒不履行法定义务等行为。对查控到的被执行人财产进行自动对比分析，明确财产价值，结合被执行人的债务情况分析，建立动态模型，确定被执行人真实履行能力。通过对被执行人进行账户明细、财产隐匿、隐性财产分析，判断被执行人是否存在转移资产、隐匿财产等规避执行行为。最终，通过对获取信息的汇总、归类与综合研判，形成被执行人履行能力和履行情况综合报告，供当事人查阅，供执行法官决策。

实践案例中我们曾通过系统资金流分析发现被执行人相关公司债权款项汇入了法定代表人子女设立的公司账户中，后被执行人承认错误后履行了判决义务。大笔的资金汇入汇出在整个资金流的审查当中尤为重要，如果数据条件允许可将转账记录数额导入 EXCEL 等数据表格中方便搜索、删查和分析。利用金融交易数据，分析包含有被执行人银行账户信息、资金流向、消费数据等分析被执行人的财产状况、关联交易、消费能力判断被执行人真实的财产状况。

（五）利用人工智能限制高消费的大数据算法

根据《最高人民法院关于限制被执行人高消费及有关消费的若干规定》第 3 条第 1 款的规定，被执行人被采取限制消费措施后，不得选择乘坐飞机、高铁、动车一等以上座位、列车软卧、轮船二等以上舱位等出行；不得在星级宾馆、酒店、夜总会、高尔夫球场高消费；不得购买不动产或新建、扩建及高档装修房屋；不得租赁高档写字楼、宾馆、公寓等办公；不得购买非经营必需车辆；不得旅游、度假；子女不得就读高收费私立学校；不得购买高额保险理财产品；不得有其他非生活和工作必需的消费行为。[1]

以上 9 类限制被执行人高消费的规定有些已经在实践中贯彻执行并且取

---

〔1〕《最高人民法院关于限制被执行人高消费及有关消费的若干规定》第 3 条第 1 款："被执行人为自然人的，被采取限制消费措施后，不得有以下高消费及非生活和工作必需的消费行为：（一）乘坐交通工具时，选择飞机、列车软卧、轮船二等以上舱位；（二）在星级以上宾馆、酒店、夜总会、高尔夫球场等场所进行高消费；（三）购买不动产或者新建、扩建、高档装修房屋；（四）租赁高档写字

得比较良好的实际效果，比如在交通出行领域，被执行人无法乘坐飞机、高铁、动车一等座以上、软卧等交通方式出行，对被执行人享受便捷舒适的高等级出行方式产生了较大影响。但由于技术手段的限制目前实际未能根本限制被执行人的高消费生活，因其往往能采取规避高消费限制的方式继续享受，如驾驶第三人名下的机动车辆及乘坐动车二等座出行等，未能从根本上全面限制被执行人采用高消费享受的目的，对此，本书提出如下建议：

1. 完善《最高人民法院关于限制被执行人高消费及有关消费的若干规定》。建议在高消费项目中增加不得在高级会所、演唱会、健身会所、高端医疗等新型享受型场所高消费。建议由传统的项目类高消费认定转而向项目+金额的高消费相结合的认定方式予以限制，因为在普通消费项目中如果超过一定消费金额也应当被认为是高消费，例如金额较大的吃喝宴请。因而高消费并非只在高消费项目中出现，在普通消费中也有高消费行为，理应予以限制。因此要设置被执行人单笔最高消费金额和一定时期内的消费总金额，例如单笔消费金额为 500 元以下且累计月消费金额不得超过省月最低工资额。而要对被执行人进行单笔消费金额限制，则需要更为强大的失信人员数据和更为先进的技术控制手段相结合，有效抑制失信被执行人的规避高消费监管行为，真正做到一朝失信，处处受制、寸步难行。通过网络爬虫软件在网上收集相关被执行人消费数据，对潜在或已经发生的高消费行为予以纠正，对高消费商品予以变卖、扣押或停止相关高消费行为，例如通过教育系统数据与失信人名单数据进行自动比对，对相关失信被执行人子女已经就读私立高收费学校予以劝退并重新选择公立学校就读。对准备就读私立高收费学校的予以失信公示并限制招录，督促被执行人履行相关法律义务。

2. 失信人员数据库与工商、税务机构联网。建议将提供高消费项目的企业工商或税务联网系统终端接入互联网征信数据系统，通过联网终端限制税务开票行为从而限制被执行人高消费。正常高消费行为都要求服务企业开具相应金额税务发票，增值税发票在开具过程中必须提供法人的社会信用统一代

（接上页）楼、宾馆、公寓等场所办公；（五）购买非经营必需车辆；（六）旅游、度假；（七）子女就读高收费私立学校；（八）支付高额保费购买保险理财产品；（九）乘坐 G 字头动车组列车全部座位、其他动车组列车一等以上座位等其他非生活和工作必需的消费行为。”

码，通过此种技术手段对法人类被执行人进行高消费予以税务限制和开票限制，对于个人类高消费则通过人脸识别的技术方式予以报警音提醒并限制。以上限制手段的实施需要将失信人名录数据导入互联网征信数据系统，再将所有企业联网税务终端接入互联网征信数据系统，由所有消费企业联合对被执行人高消费行为予以监督限制，提升执法效果，让失信被执行人在高消费生活中寸步难行，处处受限。

3. 利用人工智能人脸识别限制失信人高消费。建议设立以人脸识别为基础，人工智能自主查找比对被执行人身份的限制高消费方式。这种限高消费方式以身份证照片为数据库基础，配合高清摄像头进行身份识别，对于进入高消费场所和普通消费场所达到高消费金额的失信人予以系统报警音提醒和人工消费限制，利用人脸识别技术识别失信人和以往利用身份证号识别的优势在于，限高措施从以往的书面化、单一化、扁平化特点，转变为更为智能化、精确化、实时化的全方位、立体性限高控制措施。基于海康威视等品牌高清摄像头全面进入社会监控领域，可以不再需要传统身份证号结合互联网失信人名单查询的方式，直接、迅速、有效地以人脸识别的智能方式及时锁定出现在高消费场所和普通场所试图高消费的失信人。执行工作中也可以全面借助人脸识别系统，在进入场所、娱乐消费、消费结账过程中进行精准识别并以报警提示音的方式，通过后台终端自动推送被执行人失信情况、限制措施情况和电子版协助执行通知书〔1〕，协助商家识别锁定限制失信人。通过商家人工自主提示被执行人不能进行高消费的方式严格禁止被执行人进行高消费。对人脸识别出的失信被执行人高消费的可以采取匿名小额有奖举报，可通过高清照片证据上传最高人民法院 APP 的方式完成相应举报，有奖费用可由申请执行人垫付，被执行人承担。〔2〕对违反消费令的被执行人可依法拘留、罚款或追究刑事责任，对人脸识别锁定失信被执行人并发送电子协助执

---

〔1〕《最高人民法院关于限制被执行人高消费及有关消费的若干规定》第 6 条："人民法院决定采取限制消费措施的，可以根据案件需要和被执行人的情况向有义务协助调查、执行的单位送达协助执行通知书，也可以在相关媒体上进行公告。"

〔2〕《最高人民法院关于限制被执行人高消费及有关消费的若干规定》第 10 条："人民法院应当设置举报电话或者邮箱，接受申请执行人和社会公众对被限制消费的被执行人违反本规定第三条的举报，并进行审查认定。"

行通知书后却仍允许其告消费的单位追究其法律责任。[1]

通过人脸识别方式限制被执行人高消费还可以完善被限人高铁、飞机乘坐限制。实践中我们获悉曾有被限人购买短途动车票查验身份车票进站后，又利用他人身份证网络购取票后顺利刷他人高铁票过闸机并最终达到目的地的案例，也有部分被限人通过护照购买机票出行未被限制的案例发生。可见通过身份证信息限制的方式存在瑕疵，其实质痛点在于系统无法识别身份证件的真实持有人。而通过人脸识别将取代以往的身份信息识别，其实时、快速、有效、精确的特点可以通过现有视频探头技术全方位对被限人实施身份锁定而彻底限制其高消费的可能性，真正使得限制高消费变成被限人的痛点，有效督促被限人自主履行相关执行义务。

（六）利用天眼查等查询法人个人企业股权

各级人民法院目前已与一些工商行政管理机关建立业务信息系统对接，并通过网络执行查控系统实现了部分网络化查询、执行和协助执行功能[2]。类似天眼查、企查查均是商业安全工具软件，其中包含有企业信息、企业发展、司法风险、经营风险、经营状况、知识产权等40种数据维度查询（其中包含企业工商信息、法律诉讼、法院公告、商标专利、向外投资、分支机构、变更信息、债券、网站备案、著作权、招投标、失信、经营异常、企业年报、招聘及新闻动态等）。其特点是通过数据搜集进行商业关系的深度梳理，并通过专业报告的方式呈现给查询人。网络执行查控系统属于官方查控系统，而天眼查、企查查等则属于商业查询软件，两者在价值和功能中各有不同作用。执行部门可以通过天眼查软件梳理出被执行人初步的股东信息、出资信息、股权结构、法人变更、企业背景、风险信息等有价值的信息，全面了解被执

---

〔1〕《最高人民法院关于限制被执行人高消费及有关消费的若干规定》第11条："被执行人违反限制消费令进行消费的行为属于拒不履行人民法院已经发生法律效力的判决、裁定的行为，经查证属实的，依照《中华人民共和国民事诉讼法》第一百一十一条的规定，予以拘留、罚款；情节严重，构成犯罪的，追究其刑事责任。有关单位在收到人民法院协助执行通知书后，仍允许被执行人进行高消费及非生活或者经营必需的有关消费的，人民法院可以依照《中华人民共和国民事诉讼法》第一百一十四条的规定，追究其法律责任。"

〔2〕《最高人民法院、国家工商总局关于加强信息合作规范执行与协助执行的通知》第1条："进一步加强信息合作　1. 各级人民法院与工商行政管理机关通过网络专线、电子政务平台等媒介，将双方业务信息系统对接，建立网络执行查控系统，实现网络化执行与协助执行……"

行人的经营情况、对外投资、股权变更、财产转移等。对于目前没有财产的被执行人的股东和实际控制人，可以调查其是否存在抽逃出资和转移公司财产的情况存在，便于追缴原本属于被执行人的财产。通过该类型软件利用数据抓取和挖掘的功能实现海量工商数据、商标数据、公开诉讼数据的分析融合，反映对企业关系和股东关系以及投资关系的缩略图，以此终端的数据分析查找被执行人的历史演变和资金流向，通过对抽逃出资的股东和实际控制人进行时间轴演示，更客观地了解被执行人历史演变情况。实践中我们曾利用该软件查询到的股东变更情况，配合查询的公司账户银行对账单，最终迫使被执行人前法定代表人和实际控制人承认为逃避履行裁判付款义务，先后变更公司法定代表人及抽逃公司资金进入个人账户的事实，其迫于法院压力最终完成全部履行义务。

（七）利用社交媒体创新劝执措施

社交媒体是现今个人网络沟通的主要渠道，大量的行为数据在社交媒体网站生成。2018 年 3 月 16 日，Facebook 宣布暂时封杀两家裙带机构：SCL（Strategic Communication Laboratories）和剑桥分析公司（Cambridge Analytica）。理由是他们违反了公司在数据收集和保存上的政策。2018 年 3 月 18 日，Facebook 爆出其服务公司剑桥分析公司（Cambridge Analytica）利用 Facebook 的个人用户数据进行“不道德的实验”，即在未经用户同意的情况下，利用在 Facebook 上获得的 5000 万用户的个人用户资料数据，来创建数据档案。其根据每个用户的日常喜好、性格特点、教育水平，预测他们的政治倾向，在 2016 年美国总统大选期间针对这些人进行定向宣传，例如进行新闻和信息的精准推送，以达到洗脑的目的，间接促成了特朗普的当选。

社交媒体在互联网上高速发展，爆发出令人炫目的能量，其传播的信息已经无形中作为自媒体自带流量成为人们浏览互联网的重要内容。社交媒体的影响力在此已经无需赘述，其价值对于执行工作至少可以提供两方面的思考。一是通过被执行人在社交媒体的喜好、行为、性格，预测他目前的经济状况以及可能的隐匿财产处，对其在社交网站、微博、微信、博客、论坛、播客、短视频网站、直播平台上的自身行为、分享意见、个体见解、金融经验、财富观点等数据进行删选截取，对核心数据精心分析判断，让各种数据汇聚还原成一个丰富的被执行人画像，再通过画像去查找他高频出入的银行、房产信息，高频驾驶的车辆、船舶、飞机，高频使用的银行金融 APP 等相关信息，最后找到隐匿财产的所在。二是在社交媒体内导入失信人名单数据，通过新闻和信息不断向失信人精准推送法院执行信息、失信人后果以及劝执信息。被执行人主动履行是所有执行案件中执行比例最高、执行速度最快、执行效果最佳的结案方式。因此如何通过推送劝执信息，使得失信人了解执行工作进展，清楚纳入失信后果，明确限高限消影响后主动配合执行，履行执行义务是一个非常值得深入研究的课题。截至 2017 年 12 月 5 日，“百名红通人员”半数落网，其中通过劝返方式追回的共有 34 人，占所有 50 名（截至 2018 年 8 月 1 日为 54 人）归案人员的 68%。[1]其劝返的工作方式方法值得法院执行工作借鉴，同样是劝导当事人主动履行法律责任，追逃工作人员往往采取联系其家人劝返、宣传相关法律政策、进行思想政治动员等打消红通人员顾虑，帮助其克服心理障碍回国自首。在执行工作中，同样可以利用今日头条、澎湃新闻、微信朋友圈、小视频、直播平台等社交媒体全天候实时推送的特点，向使用特定手机号码的失信人定向推送执行法律法规、限高限消限出入境政策、失信人案例，帮助其了解逃避履行的法律后果，起到执行警示作用督促其主动履行相关执行义务。

（八）利用互联网生态丰富执行手段

以“姓名—身份证—手机号—银行账号—互联网金融账号”作为五位一体的互联网金融身份信息为坐标，锚定被执行人金融数据信息。以互联网和传统消费模式互相融合的大消费数据成为重要载体查询被执行人的诚信状况与经济能力。例如淘宝网创立 15 年间的交易记录为作为原始数据积累，结合互联网移动支付和传统银行卡支付融合后，形成大金融大消费数据，已经默默形成一个功能强大且数据真实的互联网网民档案。通过“姓名—身份证—手机号—银行账号—支付宝账号—送货地址”的互相绑定，每个对应真实身份的网民都在向阿里巴巴的数据平台源源不断地提交个人的消费金融记录，个人的兴趣爱好、生活习惯、消费信息、信用状况等意识形态范畴的信息则通过其网络行为本身转化为数据，这些数据都可以在后端平台一览无余。若数据量足够巨大则最终可以通过“现实个人＝行为数据化＝意识数据化＝金融

〔1〕 参见《追追追！“百名红通”今过半》，载 http://news.cctv.com/2017/12/05/ARTld22CZlwEctcJDVhbrZe2171205.shtml，最后访问日期：2023 年 6 月 2 日。

数据化=数据化人格”的模式映射出一个虚拟化人格，其内在表现和外在反映均是最接近本人行为意识的，通过这些数据形成的具化人格更容易理解和判断被执行人的思想动态，更便于查找可能隐匿的财产。

这些平台数据本身对于执行工作有着无与比拟的价值和作用，它是对被执行人真实经济状况的一种客观反映。包括机票酒店预订、奢侈品的消费，餐饮娱乐支出等在内的数据都可以被用来分析确认被执行人是否真正丧失履行能力；而出行数据和定位热点的高频地址则可以追踪到被执行人甚至是其所有的房产；若有绑定的银行账户就可以查询现金流和资产转移的途径归宿。这些都是有利于执行法官制定合理和有针对性的执行方案，使得那些声称没有履行能力却大肆进行高消费的失信人在铁证面前失守心理防线，受到法律的严惩。目前阿里巴巴、腾讯部分数据已经接入最高人民法院网络查控系统，但仅有开户账户、类别、余额等几类较为有限的查询反馈信息，并不能完全覆盖有价值的信息，建议完善互联网金融信息反馈项目和详细内容，助力法院数据化执行。

以支付宝、余额宝、微信理财通、财付通、P2P 小额贷为代表的互联网金融正演变为现金流的快速移动，银行账户与互联网金融账户之间的转移简单快速，传统银行账户之间转账也因互联网而更便捷高效，资金流的追踪使得原本难以查找的财产隐匿出现了流动规律和痕迹，这些数据通过分析是可以被认知、追踪、查找和锁定的。实名信息的认证又使得互联网金融账户等同于普通银行账户，所有关联、常用、活跃传统银行账户信息一览无余是其最大特点，相对于传统的“申请执行人提供财产信息，法官到处跑银行”的执行模式，简单查询互联网“超级银行”账户便可轻松对基于这一平台内的转账汇款关联人、银行卡数量账号、资金流动情况一览无余，且这些金融信息是常用的、真实的、关联的，而且本人主动提交的，作为追踪被执行人隐匿转移的财产线索，能够辅助查找到资金所在银行，对于传统执行方式具有革命性意义，因其既节约了执行成本，又同时加强了被执行人对生效判决的重视程度和诚信度，起到相关示范效应，助力提高民众的诚信度。数据化执行尤其对于常年积累的难以执行的陈案、旧案有特别价值，我们在使用最高人民法院网络查控系统对数百个老案进行重新查询后，在其中 39 个案件中重新查询到了 1 万元以上金额的未冻结存款，且往往新增的款项较多的是失信人在终止本执行后在后续工作生活中重新开具的新账户内转移进的新资金，这也为执行案件的后续重新启动开辟了一条新途径。

（九）结合数据化的社区化查控

从查人到查房、再从查房到查人，构成了一整条完整的数据查询流程。公安系统的人口信息数据包含了所有房产内的居住人口，而若能找到被执行人经常居住地，是打开执行难缺口的关键一步。被执行人居住的往往是其所有或实际控制而转移他人名下的房产，现实中往往通过离婚、虚假买卖等形式转移其所有房产。新的房产所有人是其较为信任的家人或朋友，若执行人在其房产转移所有权后仍然居住在其原有房屋内的，则有较大可能是逃避债务而转移财产。现在各小区物业管理系统已经逐渐智能化，通过类似“特斯联”这样的物业管理智能系统 APP 可以对车辆管理、进出人员物业维修等进行社区管控，又可以通过“分众传媒”公司社区广告终端推送社区事务的通知通告，这一系列社区管控过程同时也进行着社区大数据的采集和储存工作。可以对社区内的实有车辆、房屋地址、业主身份、手机号码等信息进行识别分析，通过失信人名单数据比对，对于处于失信人状态中的被执行人的相关车辆、房产等信息进行核实确认后通过后台系统及时自动提醒与发送相关涉案法院执行部门，利用社区智能管理 APP 和智能楼宇管理系统配合好做好相关执行案件财产线索查找工作。同时对于居住在本社区或本小区内的失信人，通过楼宇广告媒体终端发布本社区失信人名单的公益广告，利用社区广告媒体的高分布率和高频播放特点，反复播放推送执行法律法规、限高限消限出入境政策、失信人案例等公益广告内容，帮助其了解逃避履行的法律后果，起到执行警示作用督促其主动履行相关执行义务。充分利用熟人社区网络激发失信人羞耻心，主动履行被执行义务。

（十）社保、公积金、税务、电信等公用事业账户的数据化查控

在德国法实践中，执达官有权查询债务人的地址、家庭关系等信息，在出示执行名义后可以获得债务人的全国社保号并以此查询其社会保障档案。[1]我们认为对社保内的医疗金、生育金、养老金、公积金、企业年金、失业保险等应该区别对待，社保中的公积金属于个人权益型基金，可以执行。

〔1〕 参见陈杭平：《比较法视野下的执行权配置模式研究——以解决“执行难”问题为中心》，载《法学家》2018 年第 2 期。

而失业金、医疗金属于社会统筹部分财产，并不能直接划扣。养老金、生育金如果是已经退休和已经生育并发放到个人账户内的则亦可予以执行。对于税务账户，可以利用税务机关掌握的被执行人纳税情况了解其真实收入水平，有助于进一步判断其法人真实经营状况及法定代表人收入水平，进一步了解其财产经济状况。同时利用房产税、证券印花税、个人所得税、企业增值税等分析其财产状况，向辖区内各商家推送失信人名单和身份证照片，并将相关数据导入税务发票开票软件内，配合人脸识别系统禁止失信人在商户内高消费以及开具任何商业消费发票。一旦被执行人缴纳高税收即系统提醒可能存在高收入或隐匿财产情况。电信系统是可以通过固定电话查询到被执行人的经常居住地，从而进一步查询被执行人实际可能拥有的房产和关系密切的同住人。通过手机号码可以查询到被执行人的通话记录以及来往密切的联系人。

（十一）利用大数据加大失信被执行人名单公示效果

解决执行难最重要也是最困难的问题是完善社会诚信体系建设。对于不报告或无理由逾期报告财产情况的被执行人应当被纳入失信被执行人名单。[1]执行工作要加大技巧加大失信惩戒力度，加大“拒执”入刑力度，让失信被执行人“一案失信，处处难行”。对符合条件的失信被执行人要与善于利用大数据进行人工智能推算的新媒体进行信用惩戒[2]合作，如将失信被执行人名单向其所在的单位同事、生意伙伴、亲戚朋友等熟悉群体进行公益推送，告知其被执行人失信行为，除此之外应当在被执行人居住小区、工作单位内的电梯楼宇广告媒体内广泛公告滚动播放其拒不履行法院判决、裁定之行为，促使被执行人自觉履行义务。将失信被执行人名单数据与央行征信评价体系和商业信用评价数据结合运用，禁止失信人进行融资、贷款、创业甚

---

〔1〕《最高人民法院关于民事执行中财产调查若干问题的规定》第10条：“被执行人拒绝报告、虚假报告或者无正当理由逾期报告财产情况的，人民法院应当依照相关规定将其纳入失信被执行人名单。”《民事诉讼法解释》第516条：“被执行人不履行法律文书确定的义务的，人民法院除对被执行人予以处罚外，还可以根据情节将其纳入失信被执行人名单，将被执行人不履行或者不完全履行义务的信息向其所在单位、征信机构以及其他相关机构通报。”

〔2〕《最高人民法院关于公布失信被执行人名单信息的若干规定》第7条：“各级人民法院应当将失信被执行人名单信息录入最高人民法院失信被执行人名单库，并通过该名单库统一向社会公布。各级人民法院可以根据各地实际情况，将失信被执行人名单通过报纸、广播、电视、网络、法院公告栏等其他方式予以公布，并可以采取新闻发布会或者其他方式对本院及辖区法院实施失信被执行人名单制度的情况定期向社会公布。”

至禁止其开设淘宝店铺、微商营销等网络商业活动[1]，切断其主要生产经营收入来源，督促其主动向法院履行判决、裁定。最高人民法院、中国银行保险监督管理委员会鼓励和支持银行业金融机构与人民法院建立联合信用惩戒机制。银行业金融机构与人民法院通过网络传输等方式，共享失信被执行人名单及其他执行案件信息；银行业金融机构依照法律、法规规定，在融资信贷等金融服务领域，对失信被执行人等采取限制贷款、限制办理信用卡等措施。对有履行能力并且能够履行的情况下，拒不履行，情节严重的被执行人根据《刑法》第313条的规定追究其刑事责任。[2]被执行人失信名单的公告不能由法院单独完成，要借助社会力量开展失信惩戒宣传，对“老赖”的行为进行曝光，利用整个社会网络对其公示，要让失去诚信的人寸步难行。同时加强社会诚信体系建设，集合全社会资源，逐步形成以自动履行法院生效法律文书为荣、以拒不履行生效法律文书为耻的良好法治氛围，这样法律文书的自动履行率才将会大幅提高。要探索研究被执行人强制破产清算制度，对符合特定情形的被执行人予以强制破产清算，促使其强制履行，通过以上措施的实施“执行难”问题才会进一步缓解。

（十二）精准公告推送悬赏执行破解执行难

为督促被执行人履行生效法律文书确定的义务，同时鼓励公民、法人和其他组织积极协助法院执行，及时有效地履行生效法律文书，根据《民事诉讼法》第255条，《最高人民法院关于民事执行中财产调查若干问题的规定》第22条[3]，

---

〔1〕《最高人民法院关于公布失信被执行人名单信息的若干规定》第8条第1款：“人民法院应当将失信被执行人名单信息，向政府相关部门、金融监管机构、金融机构、承担行政职能的事业单位及行业协会等通报，供相关单位依照法律、法规和有关规定，在政府采购、招标投标、行政审批、政府扶持、融资信贷、市场准入、资质认定等方面，对失信被执行人予以信用惩戒。”

〔2〕《中华人民共和国刑法》第313条第1款：“对人民法院的判决、裁定有能力执行而拒不执行，情节严重的，处三年以下有期徒刑、拘役或者罚金；情节特别严重的，处三年以上七年以下有期徒刑，并处罚金。”

〔3〕《最高人民法院关于民事执行中财产调查若干问题的规定》第22条：“人民法院决定悬赏查找财产的，应当制作悬赏公告。悬赏公告应当载明悬赏金的数额或计算方法、领取条件等内容。悬赏公告应当在全国法院执行悬赏公告平台、法院微博或微信等媒体平台发布，也可以在执行法院公告栏或被执行人住所地、经常居住地等处张贴。申请执行人申请在其他媒体平台发布，并自愿承担发布费用的，人民法院应当准许。”

《关于依法制裁规避执行行为的若干意见》第5条[1]的规定，法院依照申请执行人提交的悬赏执行申请书，可以依法发布悬赏执行公告。凡向涉案法院举报被执人下落并找到被执行人或被执行人藏匿、转移的财产线索使案件得以执行的，申请执行人自愿按照公告的内容给予一定金额的奖励。但目前存在的问题在于信息不对称，即知情人并不了解有此悬赏公告，而看到公告的人却并不知道被执行人的财产线索。借助社会力量来寻找财产线索是非常有效的查找被执行人财产途径，法院可以依靠大数据和人工智能，向失信人所居住的社区居民和可能认识失信人的亲朋好友（该类人群为潜在财产线索知情人），通过今日头条、澎湃新闻、微信朋友圈智能推送执行悬赏公告[2]，进行失信人财产有奖举报，相关的费用由申请执行人垫付，由被执行人承担[3]。可以比照交通违章行为抓拍奖励实行失信人财产线索奖励，利用社会力量寻找汽车、房产等社区财产线索，充分调动群众力量共同解决执行难。熟人关系对失信人的真实财产情况最为了解，利用被执行人通信录名单向其亲朋好友推送悬赏广告，并实施匿名举报失信人财产线索，执行到位后由申请人予以奖励。同时法院应当对提供财产线索的人员身份及提供线索的有关情况予以保密。

（十三）大数据破解海外财产执行难

对于海外财产执行难问题，可以利用朋友圈照片、视频等产生的图像数据通过视图软件结合定位信息、海淘地址来分析确认周围社区景观从而锁定海外房产所在地。还可以利用本地银行转账记录对其子女就读海外私立大学、

[1] 最高人民法院《关于依法制裁规避执行行为的若干意见》第5条："建立财产举报机制。执行法院可以依据申请执行人的悬赏执行申请，向社会发布举报被执行人财产线索的悬赏公告。举报人提供的财产线索经查证属实并实际执行到位的，可按申请执行人承诺的标准或者比例奖励举报人。奖励资金由申请执行人承担。"

[2] 《最高人民法院关于民事执行中财产调查若干问题的规定》第22条："人民法院决定悬赏查找财产的，应当制作悬赏公告。悬赏公告应当载明悬赏金的数额或计算方法、领取条件等内容。悬赏公告应当在全国法院执行悬赏公告平台、法院微博或微信等媒体平台发布，也可以在执行法院公告栏或被执行人住所地、经常居住地等处张贴。申请执行人申请在其他媒体平台发布，并自愿承担发布费用的，人民法院应当准许。"

[3] 《广东省高级人民法院关于印发〈关于民事执行中调查、控制财产的规定〉（试行）的通知》第10条第3款："悬赏举报的奖金由申请执行人负担，人民法院从应当发还申请执行人的执行案款中优先支付，或者由申请执行人另行缴纳。发布悬赏举报公告的费用，由申请执行人先行垫付，由被执行人承担。"

家人海外奢侈消费进行取证，据此对被执行人进行警示甚至采取进一步的强制措施。对于潜逃国外的被执行人一旦入境即可由出入境机关及时告知法院执行部门，利用天网高清摄像系统了解其国内行踪，保证法院及时上门调查询问案件情况，出示识图软件逆向查找到的被执行人豪车、房产、金银首饰、旅游等照片，警示被执行人拒绝履行相关执行义务将可能遭到包括拒执罪在内的惩罚，驱使失信人主动履行相关债务。

（十四）利用大数据变现被执行财产

执行实践中对于存款、基金、证券、债权等因其货币化财产特征，变现价值和时间较短较易；而对于房产、汽车等不动产、动产又因其高流通性和市场化特点，对其价值的评估和变现虽不及货币化财产容易，也属于执行财产中变现价值和方式并不存在较大难度的财产。但对于股权、实物、知识产权、债权等财产，因其价值较难评估，潜在买受人较局限，流通性较差等限制因素影响而无法快速、高价值地进行变现受偿，往往要经历几次拍卖和流拍，甚至以变价方式抵给申请执行人的方式来完成相关执行。究其原因还是信息不对称，此类财产虽因流通性较差而难以变现，但并非价值低廉，有些财产甚至还极具价值，但因财产拍卖信息仅在淘宝网、京东、司法拍卖网等少数网络主体进行公示，大部分潜在买家并不知道这一拍卖信息而错失相关拍卖，造成拍卖财产溢价率不高甚至以折价、低价、变价的方式进行处理。而大数据对于普通网络用户浏览的商品种类、信息十分了解，对于同种类商品具有购买意向的用户即潜在执行财产的买受人，可以利用淘宝、京东等网站向其推送相关执行拍卖财产，增加该类型财产与潜在买受人之间的精确匹配度，以此提高该类财产变现的价值和缩短变现的时间，提高司法拍卖的效率，提升申请执行人债务受偿的比例，解决执行难中部分财产变现困难、变现时间长的难题。

四、对利用大数据查询执行中涉及隐私权的法律保护

应当对大数据查询执行中涉及隐私权的问题进行相关立法保护。2018 年 3 月 18 日有新闻报道 Facebook 的服务公司“剑桥分析”被指在未经用户同意的情况下，运用剑桥大学心理学教授 Aleksandr Kogan 开发的性格测试应用软件“this is my digital life”，利用其在 Facebook 上获得的 5000 万用户个人数据

来创建档案。作为特朗普团队的竞选合作伙伴，其执行了在 2016 年总统大选期间针对这些人进行定向宣传的任务，并完成了对选民的分析、购买电视广告等大量特朗普的竞选活动任务，最终帮助特朗普竞选成功。

当前，数据的数量时刻都在飞速增长。信息分享在全世界范围内越广泛，确保数据安全和保护人们隐私的任务就越难完成。隐私权不是普遍的、永恒的。国际隐私权保障组织（International Association of Privacy Professionals）的山姆·史密斯（Sam Smith）认为，我们的手机会向多个组织报告地理位置和上下文数据，而这些组织拥有不同的隐私权政策。为此如何在创新执行方式的同时尽可能地保护被执行人隐私也是我们面临的重要课题。

2018 年 6 月 28 日，时任美国加州州长的杰瑞·布朗（Jerry Brown）签署了一项数据隐私法案，目的是让用户对公司收集和管理个人信息的方式有更多控制权。此前，谷歌和其他大公司抗议这项立法造成了过多的障碍。根据立法草案，从 2020 年开始，掌握超过 5 万人信息的公司必须允许用户查阅自己被收集的数据，要求删除数据，以及选择不将数据出售给第三方。公司必须依法为行使这种权利的用户提供平等的服务。

1. 建议由各法院设置相关查控权限审批部门，设立菜单式查询内容选项，由执行法官选择需要调查的执行大数据信息选项，各职能部门对执行法官提交的被执行人查询及执行措施信息进行审核，审查查询执行措施是否符合法律规定，是否违反法定程序，审核完毕同意后提交最高人民法院网络执行查控系统或各对口信息查询部门查询。最高人民法院和各省高级人民法院相关执行部门对移动大数据查控信息进行抽查，采取严格的审查核准制度，核查控制对被执行人隐私的查询度及必要性，不仅审查该查询执行申请本身是否符合相关信息查询规定，也审查具体查询权、执行权的运用是否合理合法。

2. 2009 年 2 月，《中华人民共和国刑法修正案（七）》[以下简称《刑法修正案（七）》] 增加出售、非法提供公民信息罪[1][该罪后被《刑法修正案（九）》修改为侵犯公民个人信息罪]，表明国家对于公民个人信息隐私权保护的重视程度。建议对互联网大数据的查询由各院定期将要查询的大数

---

〔1〕 在《中华人民共和国刑法》第 253 条后增加一条，作为第 253 条之一："国家机关或者金融、电信、交通、教育、医疗等单位的工作人员，违反国家规定，将本单位在履行职责或者提供服务过程中获得的公民个人信息，出售或者非法提供给他人，情节严重的，处三年以下有期徒刑或者拘役，并处或者单处罚金。窃取或者以其他方法非法获取上述信息，情节严重的，依照前款的规定处罚……"

据信息内容依法告知阿里巴巴、腾讯、滴滴等建立协作关系的互联网公司相关职能部门，根据制定的执行法律要求出具法院生效的裁定书和协助执行通知书，由相关互联网公司建立 2 人以上的互联网信息查询部门，根据执行法院提供的身份证号、手机号码、关联银行卡号、互联网金融账户等任一身份数字信息直接由软件自动执行查询要求并将查询内容转为数字密码格式文件，查询部门全程参与查询过程但不知晓查询结果，最后由系统将自动生成加密邮件或文件直接递送给执行法官邮箱，由系统自动将开启密码向执行法官手机单线发送，保证被执行人的隐私权得到合理保障和尊重。

3. 保护大数据，通过人防和技防相结合的方式防范对大数据的非法利用，通过制度管理和惩戒机制的双重保障规避大数据利用中的风险。人防之念在于“制防”和“技防”，“制防”是通过对法院执行干警加强相关保护教育和监督，使其警钟长鸣、无机可乘，同时通过制定相应的管理制度和问责机制来加强管理，强化执行公开和内外监督，做好抽查与补漏，及时问责，坚决处理一切违法乱纪查控行为，切实让制度带电，真正让标准落实。“技防”则着力在数据加密技术的合理运用防止泄密的可能，利用查控行为全程留痕的技术防范非法查控的违法行为，力争构建安全可靠的智能化查控数据系统。

现如今被执行人的财产可能正以传统查询方式无法触及的数据形式储存在虚拟的数据库或云端上，执行方式的创新已然刻不容缓，面对互联网金融创新蓬勃兴起、互联网技术发展层出不穷的背景，大数据信息的交互瞬息万变，大数据信息库的背后蕴藏着无尽的线索，如何运用好互联网大数据信息为司法执行服务已经刻不容缓。互联网大数据渗透到了我们每一个人的生活，研究其规律，趋利避害，将互联网金融运用到司法执行领域，创新司法执行，促进司法公正、高效、权威是每一个法律人共同追求的价值目标。

CHAPTER 4 第四章

人工智能在社会治理领域运用的探索与实践

第一节 人工智能在重大公共安全事件运用的探索与实践

2014年，习近平总书记首次提出总体国家安全观。党的十九大报告强调健全公共安全体系，党的十九届四中全会从建立公共安全隐患排查和安全预防控制体系、优化国家应急管理能力体系建设等方面，进一步对健全公共安全体制机制作出明确部署。党的二十大报告提出："提高公共安全治理水平。坚持安全第一、预防为主，建立大安全大应急框架，完善公共安全体系，推动公共安全治理模式向事前预防转型。"在此背景下，应充分运用大数据、区块链、人工智能等技术赋能，从而精准、高效防控重大公共安全事件。

一、公共安全防控面临的主要问题

（一）超大城市超常规发展的系统性风险累积可能爆发"蝴蝶效应"

一是超常规发展是系统性风险累积的诱因。目前，随着城市人口和建设规模的过度型赶超式发展、跨越式发展，更多资源、市场、信息等要素汇交聚集，为系统性风险累积提供了孕育滋生环境。二是缺乏制约制度是系统性风险累积的制度根源。城市在基层治理、公共服务、医疗卫生、环境资源、区域协同等更多领域，由于城市管理相对滞后、认知缺乏、预见性不足制度依旧存在间隙造成漏项而面临分散、多源和失衡性风险。三是缺乏风险释放机制是系统性风险累积的重要原因。在经济风险累积起来后，由于不愿意承认风险，而不去考虑建立风险释放机制；过于迷信长效机制能逐步化解风险，而错过了及时释放风险的时机；害怕风险释放中的风险，而迟迟不去释放风险。

基于以上原因，系统性风险可能悄然累积，一旦城市治理的多元工具储备不足，深化改革中的治理能力不能明显提升，累积的城市风险可能会以“蝴蝶效应”方式系统性爆发。尤其是其中的超大城市正在接近承载能力的临界点，若不能及时有效自我更新公共安全治理水平，就会出现区别于一般城市的高密集性、强流动性、多叠加性风险，包括风险不确定性在人为和环境因素的交互中极易导致危机突发、异化和固化；同时，相关部门重应急轻预防、应对主体单一、治理技术落后等，又会导致风险应对的供给能力不足。

（二）超大城市传统风险防控僵化思维和机制可能诱发“极点现象”

中长跑时，跑到一定距离时，会出现胸部发闷，难以再跑下去的感受。这种现象被称为“极点”，这是中长跑中的正常现象。这时候通过一定的调整调试，一切不适感觉将消失。目前，超大城市长期防控风险也存在出现“极点现象”的可能。

1. 在存量上，常态化、尚未引起足够重视的城市顽症与出人意料、罕见的安全苗头日益多发之间，呈现出明显的内在关联性。不少公共安全危机与其说是小概率、后果严重的“黑天鹅”事件，不如说是大概率、后果严重的“灰犀牛”问题的必然结果，因为它们多在爆发之前就有一些迹象，但易被忽视。比如，上海静安“11·15”高层住宅大火，源于无证电焊工违章操作，但装修工程违法多次分包、抢工和施工管理混乱、违规使用聚氨酯泡沫等易燃材料，实际上已埋下隐患。

2. 在增量上，金融、公卫、数据、粮食等领域的风险变大，而且任一领域的应对短板都会波及影响到安防全局。对此认知不到位或预见性不足，既会在安防间隙产生“漏项”的剩余风险，又会出现添加资源却难以奏效的“内卷化”效应。比如，P2P 平台一系列“暴雷”事件，源于旺旺贷、e 租宝等平台投资惨败后的资金断链，但主力银行在普惠金融中的长期缺位，民间金融平台准入门槛过低，客观上也促使金融合规的动态监管乏力。

（三）超大城市新生风险、交叉风险、复发风险可能造成安全防控无法走出“墨菲定律”桎梏

“墨菲定律”核心内容是：如果事情有变坏的可能，不管这种可能性有多小，它总会发生，盲目乐观就是隐患，侥幸终将带来不幸。新生风险、交叉风险、复发风险对超大城市公共安全体系和治理能力形成冲击的概率更高、破坏更大、影响范围更广。

1. 新生风险研判具有较大不确定性。新生风险是由于风险环境变化或已知风险变异等情况而产生的风险，新生风险的风险源隐蔽或未被识别，给风险识别机制带来了诸多困难。现有防控体制在覆盖广义社会风险全面形势研判不够健全，全面实时新生风险源识别尚不系统。比如，推动人民调解大而强、行政调解补缺位、行业性专业性调解职业化等改革没有破题等。

2. 交叉风险处置责任主体权责模糊。交叉风险是指覆盖多个风险领域、其所有权贯穿多个防控流程，或者需要多主体共同参与方能防控的风险。因风险所有权多样化或风险主体多元化，交叉风险在防控中易出现“所有权模糊”等问题，极大增加社会公共安全联动防控的难度。比如，现有“一网统管”的行政上下级、部门之间权责清单还不清晰，数千个系统之间互不连通，使得各部门齐抓共管工作机制不够完善，离从“部门政府”走向“整体政府”、从碎片化治理走向整体性治理目标尚存在一定差距。

3. 复发风险源头未除，治理陷入恶性循环。复发风险是指因相同的风险源或危机兑现机理，而频繁爆发危机的问题。若社会环境层面的根源未除，则复发风险频发，风险消除无法发挥功能。比如，现有“疏堵结合、以疏为主”的街道、社区和小区联动和应对管理的全周期管理尚未建成，使得社会公共安全风险消除机制、干预机制、规避机制在特定情况下的失灵使得复发风险根深蒂固，难以根除。

新形势下，新生风险、交叉风险、复发风险往往交汇成为系统风险，综合导致了防控机制陷入困境，无法走出“墨菲定律”桎梏。比如，上海外滩“12·31”踩踏事件，源于局部人流密度明显超越峰值，但在高敏感区域和时段的群体数据归集程度差，导致风险识别和预判能力滞后以及应急处理不当。这需要在补齐短板之后吸取教训，不断健全感知泛在、研判多维和处置高效的精细化管理模式。

（四）超大城市风险防控治理体制机制滞后性可能造成安全防控陷入“内卷化困境”

内卷化，是指一种社会或政治、经济、文化模式发展到某个阶段形成一定的形式后停滞不前，只是在内部变得越来越复杂而无法向新的、更高级的形式变迁的状态。“无发展的增长”是内卷化的突出特征。目前上海市风险防控治理体制在某种程度上也陷入“内卷化困境”，结构上表现为风险防控系统内部各构成要素之间的关系日益复杂混沌；功能上表现为风险防控系统发展难以上升到更高层级且不能有效适应精准、高效防控重大公共安全事件的功能性障碍；绩效上呈现为风险防控系统运行效率降低、绩效不彰状况。

1. 以政府单一主体为主导，社会公众参与面较窄、参与度较浅的治理体制碎片性与突变陌生的新兴风险相比滞后性明显。治理对象多元化裂变，由熟人社会进入陌生人社会，复杂多元的社会阶层结构，使得即使面对传统风险都存在治理对象多元分散的困境；利益诉求交织多元碰撞，不同人群对公共安全服务的个性化需求呈现出多样化、多层次、差异性特征，民众参与度和权利意识正在发生深刻变化，在公共安全资源有限的情况下很难有效应对新兴风险；社会矛盾交汇叠加共振凸显，不同群体各自利益摩擦为核心的矛盾交汇叠加，磨合难度大且易引发新的安全风险。

2. 治理主体通过各自的渠道和途径开展相关的公共安全治理资源的分散性与新兴风险的关联性不相适应。治理主体涉及应急、市场监管、综治、城管、住建、公安、信访等多个部门，“政出多门”“多头管理”的现象较为普遍，“属事”与“属地”两个方面相互交织，常常导致治理过程中相关部门和相关人员相互推诿、各自为政，严重影响对新兴风险的及时识别与精准研判，导致一些矛盾纠纷和安全问题得不到及时有效解决；“一案三制”为核心的城市应急管理架构缺少整体性思考和创新性思维，难以推进城市公共安全主动、积极和高效的整体性治理迈上新台阶。

3. 以政府为主导设计的治理资源配置、治理组织安排、治理方式架构、治理运行机制的稳定性与新兴风险的动态变化性不相适应。从治理主体来看，主要形成政府主导、市场为主、社区自治、专家参与等稳定性治理模式；从治理过程来看，治理要素、治理路径、治理策略等比较明确，在实际治理中被相对固定地持续加以运用。在上述相对稳定的治理结构下，构成目前超大城市公共安全治理的总体格局。但风险具有高度动态变化性特征，以运行机制的稳定性来应对新兴风险的动态变化性，防控不全面、不到位、不闭环导致安全隐患依然存在，很难对新兴风险精准识别，难以形成整体合力采取有效措施对风险予以防范和化解。

二、"十四五"期间安全防控的风险识别

构建"韧性城市"，已被列为联合国《2030年可持续发展议程》的重要目标。它意味着把城市的抵御性措施与其他要素有机结合，建立具有多元适应、快速反应和生态良好的新型公共安全防控格局。

（一）"韧性城市"的安全风险类型

"韧性城市"有三个指向：一是抗逆力，即容忍并克服极端事件带来的损失、生产力减退、生活质量降低等问题，突出表现为对外来压力的"抗逆力"；二是恢复力，即强调城市的社会系统与自然系统的共生性、互赖性，主张通过发掘城市的适应、学习和反馈能力，处理复杂的各级组织关系，从而使城市获得修复和发展；三是自治力，聚焦于市民的行动力而非不确定的外部因素上，强调可持续发展的市民参与以及城市自治。

对标"韧性城市"的特征指向，目前超大城市公共安全风险类型包括：

表4-1　目前我国公共安全风险类型梳理

风险类型	风险说明	具体风险类型	近年来具体表现
全球化风险	城市的局部风险随着全球化迅速蔓延世界各地，给安全防控带来巨大的外部挑战，加剧城市公共安全危机	国家之间由于病毒传播、制度差别和分歧、西方霸权和单边主义等产生风险	新冠肺炎疫情、H1N1甲流等
社会转型风险	城市转型是"压缩饼干"，政治、经济和文化的转型速度不同步，导致不适应、不匹配，衍生许多安全问题	金融投资、拆迁安置、信访处置不到位等引发群访、个人极端事件等	P2P网贷；贵州瓮安、湖北石首事件；上海杨佳袭警案件；多地幼小伤人事件

续表

风险类型	风险说明	具体风险类型	近年来具体表现
城市化风险	智慧城市、新基建、工民建、轨交建设等合规与风控的瑕疵引发城市公共安全重大事件	数据和网络信息安全、有限空间及地下营业场所空间安全、城市轨道交通安全、超高层建筑火灾事故、城市路桥事故等	“棱镜”计划与关键基础设施国产化替代；深圳舞王俱乐部事件；重庆綦江彩虹桥垮塌案；上海莲花路倒楼、胶州路大火事件
自然灾害风险	城市极端天气、地质灾害的频次渐多，伴随城市人口和建筑物密度增大引起的次生后果更加严重	如暴雨、冰雪、雾霾、大风、地震、地质灾害、森林火灾等	包括上海在内的长江下游城市易出现的太平洋热带气旋袭击、暴雨洪涝、风暴潮、龙卷风、赤潮、浓雾、高温、雷击、地面沉降和地下浅水含水层污染

（二）“十四五”期间的重大安全风险点

比照以上“韧性城市”的风险类型，“十四五”期间的超大城市公共安全领域需要应对防范的风险点，需格外关注在突发情况应急管理不健全、智慧建设和数据管理不当、金融领域资金链断裂等引发的重大公共安全事件。

1. 在应急管理方面。自然灾害、突发事件、安全事故风险预警和防控能力不足，风险排查、动态监测、综合研判、应急救援工作机制存在薄弱环节，各部门、各条线、各领域统筹协调和配合参与力度尚不到位。安全责任体系仍需完善，政策法规标准体系、应急宣教训练体系尚在不断完善中，特别是结构性、系统性需要提升；超大城市应急预案体系化建设依然任重道远，轨交大客流紧急疏散、化工区应急处置、国际邮轮大规模人员转移、防火等需要加强演练，应急队伍强化专业化要求。

2. 在智慧建设方面。“一网统管”剪裁不必要的中间环节和审批事项遭遇合法合规性瓶颈；政府数据开放共享的协同整合模式滞后性明显；以用户为中心的权利单边保护框架已无法适应智慧安防对数据运用及创新的需求；受限于法律法规桎梏的“‘一网通办’基础数据库和服务平台”改革难度日渐显现；智慧政务从物理空间的业务集成到政府公共安全防控职能优化的有机整合仍有相当差距；距离“城市大脑”的差距很大，城市公共安全防控的技术工具和手段难以保障及时感知、响应和处置。

3. 在金融风险方面。私募基金风险持续上升，伴随经济下行压力增大，如叠加产品集中到期、新产品审核备案收紧而失去“造血能力”，可能引发私募集中爆雷风险，造成维稳压力不断加大。

三、对超大城市重大公共安全防控的建议

超大城市公共安全风险治理体系是一个复杂的社会系统工程，有效运用人工智能应该成为城市公共安全治理机制创新的着力点。

1. 坚持“大写意”，加快城市公共安全重点领域立法步伐

我国特大城市必须实现公共安全常态管理法治化，发挥特大城市的独特优势，留足超大城市公共安全防控制度的“立改废释”空间。加大城市治理法律制度供给，破解公共安全法治化障碍，尤其在社会治安（防恐）、金融、网络、防汛、公卫、饮水、电网等可能会严重危及城市安全运行和管理的领域，加强全周期管理、全链条监控和全方位保障。包括重点和敏感数据的分级监管细则、自贸区及扩片区立法授权、门急诊发热等公共卫生信息归集及使用办法、长三角等协同示范区法律定位、公共安全服务体系评估标准、多元争议解决方式衔接机制等。

2. 注重“工笔画”，加快形成城市公共安全防控高效精准实施体系

在防控安全涉及的体制机制、权力责任、决策信息、社会参与等要素的配置上，要有很强的操作性、很高的实用性和很严的约束力；加强执法标准建设，创新安全执法检查内容和方式，开展以预防预警机制建设、应急预案管理、应急培训演练、队伍建设、应急资源保障等为重点的联合执法检查工作，及时发现、排除公共安全隐患；将询问权、监督权、调查权和质询权具体化和实践化，建立健全严格管用的重特大突发公共事件处置的监督机制。

3. 以“监管沙盒”方式监测防控城市安全风险外溢

近年来，金融科技迅猛发展，深刻影响着金融业的业务模式和生态，同时也引发了城市公共安全等诸多风险，挑战了原有的监管模式。在此背景下，各国（地区）监管当局积极探索加强科技监管的新模式。英国政府于 2015 年 11 月率先推出“监管沙盒”（Regulatory Sandbox）机制，取得了一定成效。

“监管沙盒”是一个“安全空间”，在这个安全空间内，科技企业可以测试其创新的产品、服务、商业模式和营销方式，而不用担心所进行的创新与监管规则发生矛盾时可能遭遇的监管约束，及早发现潜在风险，保护市场创新主体、帮助创新企业缩短创新周期，营造守正、安全、开放的创新发展环境。换言之，监管者在保护消费者/投资者权益、严防风险外溢的前提下，通过主动合理地放宽监管规定，减少科技创新的规则障碍，鼓励更多的创新方案积极主动地由想法变成现实，从而实现科技创新与有效管控风险的双赢。“监管沙盒”理念至少可以运用在城市安全治理“一图一码一指数”三种具体场景。

（1）“一图”：构建区域公共安全状况图

以落实区、街镇政府公共安全责任为导向，根据各区、街镇政府公共安全目标和实时状况，制定超大城市公共安全状况评价标准，形成一张动态公共安全状况地图，以三色的形式评价区、街镇政府公共安全工作，引导区、街镇政府勇攀公共安全工作“高线”。评价指标应该对标国家、本市公共安全治理的整体目标和具体内容来进行整合，挑选综合性强、可动态量化、拉得开差距的指标定权重并赋分。为克服多头监管、碎片式监管、职责错位、缺少创新等弊端，建议参考超大城市全面依法治市委的构架，设立统筹全市城市治理的城市治理委员会，由该委员会负责编制区域公共安全状况评价指标体系，设计相关权重，并在本市相关地区开展前期试点。

（2）“一码”：制定企业公共安全服务码

加快本市公共安全领域“守信激励、失信惩戒”机制，促进企业持续改进公共安全行为，以落实企业公共安全责任为导向，根据企业安全行为信息，按照规定的指标、方法和程序，对企业安全行为进行信用评价，建立企业全生命周期的安全管理档案，制定超大城市企业安全健康码规则，确定企业信用等级，形成动态企业安全二维码，以三色的形式，对企业安全治理状况进行综合评价。同时，企业端通过企业安全服务码，对企业安全治理设施自行监管，并进行公共安全业务咨询和办理。企业公共安全服务码的评价规则可在参考相关地域经验基础上制定更为具有特色性评价管理规则集群，建议出台：“超大城市公共安全信用评定管理办法”“超大城市企业公共安全信用评定管理办法”“超大城市企业公共安全信用行为正负面清单”“超大城市公共安全信用恢复管理暂行办法”“超大城市企业公共安全违法‘黑名单’管理办法”等。企业公共安全服务码编制应在本市相关地区开展前期试点。

（3）“一指数”：编制区域公共安全风险指数

以防范化解公共安全风险为导向，制定超大城市区域公共安全风险指数计算方法，通过“一网通办”“一网统管”自动、主动、被动发现的公共安全风险问题信息，建立公共安全突出问题库，形成动态三色区域公共安全风险指数地图，督促各区、街镇牢牢守住公共安全风险“底线”。指数评价要素不仅考虑平台系统，同时也考虑相关手动录入的相关数据，考虑维度包括但不限于安全质量、信访投入、执法力度、问题发现能力、公共安全、风险监测、问题整改、媒体曝光、安全应急处置能力建设情况、存在重大公共风险隐患且未完成整改的。区域公共安全风险指数编制的目标在于建立具有多元适应、快速反应和生态良好的新型公共安全防控格局，着重考虑城市公共安全抗逆力、恢复力和自治力，可考虑围绕自然灾害类、城市消防类、社会治安类、卫生防疫类、基础设施类等维度展开，重点聚焦于社会治安（防恐）、金融、网络、防汛、公卫、饮水、电网等可能会严重危及城市安全运行和管理的领域。区域公共安全风险指数编制应在本市相关地区开展前期试点。

4. 强化信用评级，优化城市信用体系建设

公共安全风险防范是“五个人人”城市建设的重要方面，更需要打造“人人重视、人人参与、人人有责、人人尽责、人人享有”的命运共同体，编织全方位、立体化的公共安全风险防范网。对此，应由行业监管主体部门或行业自律组织建立统一的评级机制，信息等都综合纳入个人征信系统，按照“选择性激励”基本逻辑来创建合理的奖惩机制。对于那些为公共安全风险防范付出努力或成本的个人，要充分给予额外或特殊的奖励，包括奖金等物质奖励和荣誉等精神奖励，确保有效参与行为能够获得充分收益；同时对于那些违背集体意志甚至危害公共安全的个体，给予某种程度的精神或物质上乃至法律上的惩罚，确保消极围观行为引发相应的损失。

5. 增强“一网统管”治理效能，更大发挥安防效能

以人联、物联、数联、智联为目标，以场景化应用需求，驱动城市安全治理的创新性整合，加速推进“一网统管”从探索设想转型到全面建设，紧扣“一屏观天下、一网管全城”目标，加强各类城市运行系统的互联互通，全网统一管理模式、系统标准，形成完备的城市安全防控运行视图。即以智慧网格化城市运行平台为基础，承担数据汇集和研判职责，更大程度发挥超

大城市公共安全运行等核心模块功能，加快形成跨部门、跨层级、跨区域的协同运行体系，推动硬件设施共建共用，在城市安防中发挥“观、管、防、处”的综合功能。

6. 建立若干领域公共安全开源数据共享平台。以公共卫生领域为例，针对公共卫生数据尤其是病毒、药研、诊疗、疾控等数据的采集难、成本高、共享差等难题，需要进一步以沙箱式、清单式、场景式、端口式等多源获取，及时实现“分对总”的系统化汇聚，以及“分对分”的分式数据存储和共享。重点在于建立数据、制度、信用交错的“开源”公共卫生共享平台，尤其是建立重大公共卫生事件防控的元数据标准技术规范、专题数据库或数据集，以实现公共卫生等重点领域的城市安防体系。

第二节 人工智能在数字出版行业的应用研究

人工智能（Artificial Intelligence，简称 AI）是由 McCarthy 等人于 1956 年正式提出的一门研究运用计算机模拟和延伸人脑功能的综合性科学，即假设电脑系统具有人类的知识和行为，并具有学习、推理判断来解决问题、记忆知识和了解人类自然语言的能力。[1] 近年来，发展和应用人工智能成为各行业积极探索的方向。2017 年 7 月 8 日，国务院在《新一代人工智能发展规划》中明确提出要把人工智能发展放在国家战略层面系统布局，牢牢把握战略主动的要求。

在数字出版领域，人工智能也带来一系列创新应用，为数字出版业的生产、编辑、服务模式带来了全方位变革。数字出版领域不仅包括网络新闻、各网站的网络服务信息等，还包括传统出版物，如书籍、杂志、报纸等，是互联网信息服务商将经其选择、编辑、加工的自己创作或他人创作的作品，登载在网络中或通过互联网推送至用户端，供公众阅读、使用或下载的在线传播行为。在现代网络技术高速发展和普遍使用的时代背景下，每个人在社会生活中的点滴都会被互联网记录，成为大数据的基础信息。互联网信息服务商从这些基础信息中分析提取出对其有价值的信息，将之应用于不同场景

---

〔1〕 参见喻国明：《人工智能驱动下的智能传媒运作范式的考察——兼介美联社的智媒实践》，载《江淮论坛》2017 年第 3 期。

下，获取由此产生的包括经济效益在内的众多收益。但不可否认的是，人工智能的应用又涉及著作权保护、个人隐私等诸多问题，这使得本来就因互联网信息技术的普及而引发的传统媒体与新兴媒体间的利益失衡进一步加剧。未来，人工智能的应用将更为广泛，因此，尽快了解这些新技术、顺应其发展趋势，创新思维模式、变革传统应用方式，将为再创未来出版行业辉煌奠定基础。本书从“采、写、编、评”四个环节来探讨人工智能在数字出版行业的具体应用。

一、人工智能对于数字出版的影响

（一）人工智能对于数字出版的积极作用

人工智能时代是在网络时代、信息时代的基础上发展而来。在人工智能时代，信息高度个性化是一种最明显的特征，人工智能运用其运算模式，针对个体对信息的特殊要求，经过一系列的数据采集、存储、传输、分析过程，向个体推送个性化的数据信息。例如，在网络时代，借助搜索引擎对某一作者的作品进行搜索，但搜索结果包含所有与该作者有关的信息，即包含该作者的作品、相关评论、销售页面等，需要我们人为筛选、排除后方能进行阅读利用。但在人工智能时代，搜索的结果即我们所想的某一作者的作品，只需在他的作品列表中选择喜欢的作品进行阅读即可。可见，人工智能大幅提高了作品获得的效率，且具有针对性强及传播速度快的优势，从某种意义上说，对于数字出版产品的传播更能产生积极的作用。

（二）人工智能对于数字出版的潜在挑战

有关统计显示，2022 年我国大数据产业规模达 1.57 万亿元，同比增长 18%，成为推动数字经济发展的重要力量。[1]然而，在市场茁壮成长的同时，人工智能相关纠纷也层出不穷。问题的根源在于，在互联网时代，几乎每家网站都积累了海量的大数据信息，而这些包括用户的个人数据以及一些可以与大众分享的个人资料等在内的数据，主要来源于各互联网平台在提供服务的过程中，但同时，这些信息又很容易被其他网站获取。北京搜狐互联网信

〔1〕 参见《去年我国大数据产业规模达 1.57 万亿元》，载《人民日报（海外版）》2023 年 2 月 21 日，第 1 版。

息服务有限公司法务经理马晓明对此曾无奈地表示，其 APP 上，娱乐新闻的内容被第三方网站未经授权转载，转载的同时，客户端底下的用户评论也一并被抓取了。这些评论被实时抓取，并且是一个不断扩充的过程。[1]根据 2017 年北京市海淀区人民法院中关村法庭和中国互联网协会调解中心联合发布的《大数据与知识产权司法保护的现状及展望调研报告》显示，涉及著作权的案件占与大数据相关的案件的比例高达 23%。可见，无论是日常生活还是司法实践，人工智能涉及的侵犯著作权的问题异常凸显，这无疑是对数字出版行业的潜在挑战。

二、人工智能在数字出版行业的具体应用

（一）采集环节：数据化挖掘内容

传统的新闻出版内容生产，需要从业者深入现场实地调查寻找内容。在这个过程中，从业者需要发挥主观能动性自主甄别信息的传播价值及真伪，这就导致出版内容的生产耗费时间长，并且内容的真实客观性很难保证。在大数据时代，人工智能在获得实时的信息后，抽取计算内容中的特征词，快速提取发现其中的新闻线索，再通过多渠道验证和排重等方式来排除无效内容和判断消息的真伪性，进而快速准确地对数字出版内容进行加工和制作，减少了出版从业者前往现场获取线索需要消耗的时间，提升了出版内容生产的时效性，[2]从而越来越站在数字出版行业的前台。

在国外，机器人编辑已经可以进行数据化信息挖掘。《卫报》《纽约时报》、路透社等已在采集编辑新闻过程中进行了一系列程度不同的尝试。例如，《纽约时报》数字部门的科学团队研发的机器人 Blossomblot 在对社交平台上推送的海量文章进行大数据分析后，挑选和编辑适合推荐到社交媒体网站的内容和文章，而后进行自定标题、编写摘要、制作文案及配图。根据《纽约时报》内部统计数据显示，经过 Blossomblot 筛选后自动推荐的文章的点击

---

[1] 参加《"互联网+"时代下，大数据需要著作权保护》，载 www. xinhuanet. com//zgix/2017-07/21/c_136461222. htm，最后访问日期：2023 年 6 月 15 日。

[2] 参见匡文波：《传媒业变革之道：拥抱人工智能》，载《新闻与写作》2018 年第 1 期。

量是普通文章的38倍，[1]推广效果显著。在国内，2015年年底科大讯飞股份有限公司研发出能通过计算机技术即时快捷地将语音转化为文字的语音识别技术。因该技术具有领先的准确率、方便快捷的信息沟通、人性化的语音服务、个性的语音识别四个方面优势，大大地提高了采访资料整理的效率。2017年3月21日，历史上第一个以人工智能为主线，并以人工智能命名的新闻直播节目《小冰摇摇吧》首次上档东方卫视。微软小冰利用大数据技术，筛查分析网络热点新闻话题数十万条，梳理热点话题，收集网友评论。截至2017年5月，该栏目已经播出50余期，微软小冰也以“互联网大数据播报员”的身份获得与人类专业主持人同等的出镜时长。

事实上，采集环节的数据挖掘涉及出版商的数据服务的定性问题。出版商的数据服务是指利用大数据技术追踪、分析用户的行为，在得出用户偏好的基础之上，根据客户需求，向其主动提供其心目中“产品”的内容链接。无需用户提供关键词进行主动检索，是出版商数据服务与传统搜索引擎的根本不同之处。如何定性该种行为，将导致不同的后果。因为如果将其定位为网络内容提供商，其想要对具有版权的数字出版内容进行再加工后的利用，则需经版权内容提供商的许可，否则将构成版权侵权行为；反之，若仅定位为搜索引擎，则其因具有互联网的搜索引擎属性而应被鼓励。对此，可引进默示许可制度以应对网络海量授权。版权默示许可制度是指作品使用人虽然没有得到版权人的明示授权，但是通过版权人的行为可以推定版权人不排斥他人对其作品进行利用，作为一种补偿，使用人应当向版权人支付报酬的一种版权许可使用方式。[2]在当今的大数据时代，类似于搜索引擎性质的网络聚合应用，迫切需要将上述默示许可制度在网络传播中进行普及。因为如果要转载网络聚合所涉的各类媒体的文章，但都需经过被转载者的授权许可，将大大消减作为互联网优势之一的传播效力。鉴于此，建议在《中华人民共和国著作权法》（以下简称《著作权法》）中作相关规定：搜索引擎服务提供者在对网页内容进行抓取、复制链接时，除网页权利人已采取特定技术措施排除网站内容被检索外，可以进行合理使用。同时，应赋予权利人要求搜

---

〔1〕 参见万可：《美英新闻媒体人工智能应用实践及启示》，载《中国传媒科技》2017年第7期。

〔2〕 参见冯晓青、邓永泽：《数字网络环境下著作权默示许可制度研究》，载《南都学坛（人文社会科学学报）》2014年第5期。

索引擎服务提供者按其要求删除链接、提供报酬等权利。

（二）写作环节：可视化呈现内容

传统的作品创作方式是纯粹依靠创作人员以人工的方式去进行稿件创作，需要自己去寻找素材、数据、相关资料等，再行写稿。以这种方式进行稿件创作存在效率低、出错率高等问题。而随着人工智能在语言文字写作方面的技术日益成熟，其在数据处理能力和写作速度上的优势是传统算法技术所无法比拟的。运用人工智能算法对相关数据库的特定数据的自动采集、分析和处理，即在对资料数据进行基本的词法和语义理解分析后，选择合适的数字出版角度，快速提取核心观点、预测事件发展趋势、分析舆论情感导向，编排后即时输出准确、客观的信息产品，从而让受众第一时间了解整个事件的来龙去脉。需要强调的是，“机器人写稿”并不能完全取代作家、记者和编辑，其作用在于让写作者的精力集中于人文价值的思考、对情感诉求的挖掘，避免简单地重复劳动，因为这种深层次的思考和挖掘才是人相较于人工智能的核心竞争力。

根据《中华人民共和国著作权法实施条例》（以下简称《著作权法实施条例》）的规定，作品是指文学、艺术和科学领域内具有独创性并能以某种有形形式复制的智力成果。人工智能作品要受到法律保护必须构成著作权法上的“作品”。根据上述定义，作品须具备：一是范围要件，即作品必须属于文学、艺术和科学领域。人工智能作品所包含的传统文字、图片、视频以及音频等内容皆属于作品范围之内。二是形式要件，即作品必须能够以有形形式复制。著作权法对于复制权的行为类型，主要包括不同载体之间的转换，包括从有形载体到数字载体的复制，即通过数字扫描等方式将原本记载于有形载体的作品转化为数字格式。因此，人工智能作品内容中的文字、图片音频或视频因具有可复制性，符合上述形式要件的要求。三是实质要件，即作品必须具有独创性。通说认为，独创性是指独立性和创造性两个方面，但我国《著作权法》等相关规定并没有明确交代独创性标准，只是强调作品必须是由作者以自己的智力劳动独立创作完成的智力成果。在司法实践中将标准默认为达到“最低限度”的创造性的作品才有著作权。但对于“最低限度”的标准是什么、能否量化、如何评价、谁来评价、评价依据为何这些问题，理论界尚未达成一致观点。

尽管如此，我们认为：人工智能作品必须符合上述要件，才能受到《著作权法》的保护。需要强调的，一是人工智能作品长度与作品独创性并无显著相关性，有的文字尽管不多，但体现了作者创造性的思想或者思想的实质部分就应该被认定具有独创性，如“横跨冬夏、直抵春秋”古桥空调所作的广告词尽管只有8个字，却被法院认定属于受著作权法保护的作品。有的文字尽管较多，但记录的几乎是日常生活流水账或是单纯地将事实景象呈现，如果这种文字被认定具有独创性则违背了鼓励创新这一著作权保护制度设立的初衷。二是人工智能作品创作时间长短与作品独创性并无显著相关性。在著作权法领域，美国大法官霍姆斯提出“美学不歧视原则”，[1]即难以让一个法律人士来判断作品是否具有艺术性，只要作品反映作者一定的创作层次与表达了一定的思想感情，这种表达方式就应被认为具有独创性，而与作品创作时间长短关系不大。事实上，历史上著名的《市政厅前的吻》这张照片就是在公共场合抓拍的，但没有人会因为完成该照片的时间的短暂而否认其独创性。

目前，“机器人写稿”可视为“人工智能+传媒”的初步应用。在财经报道、体育评论、灾难报道等领域，一些知名传媒，如美联社、路透社等早已开始尝试应用“机器人写稿”方式。例如，美联社早在2016年，对一些篇幅短、语句偏简洁的条目，就已使用其开发出的一款能把文字新闻自动转换成广播的程序。因此，人工智能在新闻产业的发展趋势之一就是文字新闻与广播新闻间的自动无缝双向转换。2016年，《华盛顿邮报》在里约奥运上也使用了机器人团队进行赛事报道。这款名为Heliograf的写稿机器人从体育数据公司和美联社处获得奥运会的最新信息后，对于奥运会的积分榜、奖牌榜以及其他以数字为核心的信息，会自动组织短消息，作为即时新闻发布进行报道。在国内，同样有不少传媒机构开始尝试“机器人写稿”。在财经领域，腾讯等互联网公司开发、运用Dreamwriter软件批量撰写财经类新闻报道，[2]因该软件能根据受众不同而调整语言风格和版本，因而引发了人工智能将代替记者的讨论。在新闻媒体领域，2017年8月8日晚，四川阿坝州九寨沟县发生7.0级地震，“中国地震台网”公众号随即发布了4张配图、共540字介绍

[1] 参见梁志文：《版权法上的审美判断》，载《法学家》2017年第6期。

[2] 参见蒋枝宏：《传媒颠覆者：机器新闻写作》，载《新闻研究导刊》2016年第3期。

的消息，消息包含了速报参数、震中地形、人口热力、周边村镇、历史地震等大众普遍关注的内容，更让人意想不到的是，这则消息就是由机器人用时25秒自动编写而成。人工智能也已能在艺术、游戏领域介入自然人的创作行为，谷歌的一款名为Deep Dream的人工智能设备，能在人的指导下，绘制出作品[1]，还能在网络游戏领域，根据不同玩家，协助游戏软件自行生成全新游戏界面。

（三）编辑环节：定制化推送内容

在传统的出版行业的营销活动中，出版商往往会依据经验选定重点产品，给予优势营销资源，运用广告发布、评论人评论、签售会等宣传手段，对该重点产品进行一系列的营销活动。这是因为近年来文化产品产量过剩而营销资源有限，必须将有限的资源投入到具有最大可能成功的产品上。但这也极易造成对凭借经验选定的产品进行重点营销，却因不符合市场需要而营销失败，从而间接导致其他产品错失成功的可能性。与上述人为的主观判断占主导的传统营销模式不同，现代信息技术的发展和人工智能的普遍使用，使得出版行业可以基于大数据分析，进行产品广告和试用体验的精准投放，从而使精准营销成为可能，[2]增加用户黏性。对于用户而言，每个人在大数据时代中的一言一行、一举一动都会被记录在网络中，形成基础信息，通过人工智能分析这些基础信息，网络技术与数字出版商可以获取对他们有用信息，如消费者购物习惯、喜好等，对其进行定制化推送。对于出版商而言，一方面通过计算分析其所掌握的线下版权作品的入库、销售、发货、库存等业务流程中的核心数据，估算各作品的市场规模以及生产周期；另一方面结合线上数据，如图书门户网站、社交平台、运营平台上用户消费行为数据（浏览足迹、订单信息、点赞意愿、评论偏好等），进一步分析出不同用户群体的需求和偏好。简言之，人工智能能够实现知识的提炼，内容的关联，资料的链接，能够综合文字、图片、音视频、数值模拟等多种形式的多媒体产品，为

---

〔1〕 See Margaret A, Boden, Ernest A. Edmonds, "What is Generative Art?", *Digital Creativity*, Vol. 20, No. 1-2. , 2009, pp. 21-46.

〔2〕 参见徐曼：《出版行业对大数据的应用思路探析》，载《出版广角》2017年第17期。

用户提供多介质、立体化、动态化的资源服务。[1]

“今日头条”是一款通过数据挖掘，为用户推荐信息，提供连接人与信息的服务的引擎产品。它不是传统意义上的新闻客户端，而是由用户使用该产品自身账号或用第三方账号（微信、QQ 等）登录“今日头条”，通过分析用户的年龄、职业、地理位置、阅读习惯、社交行为等，运用代码搭建的算法，在 5 秒内计算用户兴趣，有针对性地推送相关信息；同时，基于用户的每次动作，在 10 秒内实时更新用户模型。“今日头条”目前拥有推荐引擎、搜索引擎、关注订阅和内容运营等多种分发方式，包括图文、视频、问答、微头条、专栏、小说、直播、音频和小程序等多种内容载体。在微头条，用户每天产生的互动数量超过 2000 万，发布量近 1000 万，活跃的大咖超过 1 万位。该种通过社交数据挖掘加个性化推荐，从而带给用户一种“更懂我”的使用体验的新闻生产模式，正是“今日头条”成功之所在。同样地，盛大文学也运用大数据和人工智能，对其销售的每一个版权作品进行数据分析，提炼包括读者的年龄层次、消费习惯等在内的信息，出版商利用上述信息，进一步为玩家打造游戏、制作影视作品，进而带动、提高其他版权作品的商业价值。正因为如此，盛大文学在其举办的国内首届网络文学游戏版权拍卖会上 6 部作品累计拍卖价格达到 2800 万元，取得了巨大的成功。

值得注意的是，定制化推送服务还涉及相关法律问题。为避免用户因操作系统不同而出现用手机打开为 PC 端用户设计的网页时的乱码现象，克服手机屏幕小等问题，APP 服务商需要将其转码成适合手机阅读的网页存储在自己的服务器中，用户点击 APP 客户端中的新闻标题后，直接从该 APP 提供商的服务器中获取内容。该行为系未经许可的复制，同时，通过信息网络向公众提供作品也未经许可，因而应承担侵权责任。实践中，腾讯公司旗下的新闻平台“天天快报”与“今日头条”涉侵权纠纷案件共计 287 起，全部以曾自称新闻的搬运工的“今日头条”败诉而告终，总计需赔偿腾讯方面 27 万余元。[2]

深度链接行为是大数据信息技术发展的结果，对于用户快速获取信息来

---

[1] 参见郭亚军：《大数据时代数字出版服务模式变革研究》，载《经济研究导刊》2014 年第 4 期。

[2] 参见《腾讯告赢今日头条　287 起案件全部胜诉》，载 http://www.sohu.com/a/154636908_249333，最后访问日期：2022 年 6 月 7 日。

说至关重要[1]，但对此种仅保留纯文本内容的深度链接行为，需要进行适当的法律规制。与之相对的另一种网络链接推送行为称为浅层链接，是指不删改地完整呈现原页面的所有内容（含广告、目录等）的链接行为。通说认为，浅层链接属于合法行为，深层链接有可能构成不正当竞争行为。伴随着大数据时代的来临，深度链接的形式越来越多，给法律工作者带来了巨大的挑战，立法、司法和理论界等对于深度链接行为的性质认定及其法律规制意见不一，尚无定论。但就我国目前现有的著作权法律体系来看，信息网络传播权的核心在于必须存在将作品存储到网络存储介质当中，且为公众获得的状态，对此可以灵活适用《著作权法》《反不正当竞争法》来规制深度链接侵权行为。

（四）评论环节：精准化效果评估

近几年，我国出版行业经历低谷期后，在各级政府的扶持下，进入了恢复发展期，并呈现迅猛发展之势，但不容忽视的是，出版市场上供需不平衡问题日益凸显，主要表现为以下3个方面：一是数字出版内容精品供给有待加强。虽然我国数字出版内容产品规模庞大，但真正体现中华优秀传统文化生命力、反映新时代人民精神文化需求的精品力作尚显不足。二是技术应用和协同创新能力需要提升。出版单位运用科技创新成果的能力普遍不足，存在投入高、产值低、传统出版数字化产品科技附加值不高、科技组织机构运作机制不畅等问题。三是欠缺国际竞争力。包括网络文学、网络游戏、网络动漫、电子书、听书、数字音乐等在内的新兴出版业态中，大多数企业均为中小企业，只有少数几家企业具有全球影响力和国际竞争力。我国出版产业面临着从增量到提质的严峻考验。对此，出版行业亟待进行供给侧改革，而人工智能无疑是推进这场改革的助推器。传统的通过媒体推广和广告发布等常规化出版营销活动，观众都是被动接受出版方提供的版权作品，对于作品故事走向和结局没有决定权，缺乏互动，难以吸引终端读者，这种方式不足以帮助出版商准确把握受众的需要和诉求，且营销所涉及的评论人公关费用及广告费用占据成本的较大比例，相应地降低了投资回报率，而通过人工智能的深度学习技术，能够在量化分析的基础上，间接识别甚至预测目标用户

[1] 参见孙玉荣、王永斌：《深度链接行为的法律规制探析——兼评“腾讯公司与易联伟达信息网络传播权纠纷案”》，载《科技与法律》2017年第1期。

对数字出版产品的角色设置、情节转换、场景布置、结局走向等的基本态度和原则立场，从而提前做出相应的预案，以达到的良好辨识效果。

在国外，美国电视剧《纸牌屋》制作的就是人工智能在文化产业应用的典范。出版方奈飞公司（Netflix）对其数据库中几千万用户的信息，从诸如观看视频的类别、内容、时长等播放行为角度进行数据提取和分析，挖掘、总结用户的消费习惯、偏好及需求，以此作为其制作电视剧时创作内容、挑选角色及制定营销策略的参考依据。在国内，浙江卫视电视剧《步步惊情》在拍摄时准备了三个结局，根据收视率和观众的呼声来决定播出其中一个版本。湖南卫视电视剧《爱的妇产科》也采用了观众投票决定最终结局的方式。这种基于大数据的人工智能分析能让剧情更贴近观众口味，进一步增强国产剧的竞争力。从实践效果来看，观众的热情很高，很多观众创作的结局，在想象力和趣味性上让专业人士都惊叹。这种新模式既能激发观众的兴趣，又能给制作方带来灵感，帮助他们摸准观众喜好，让作品最终符合多数人的口味，从而实现数字出版的利益最大化。

同时，在出版产业传播竞争日益激烈的今天，也要警惕一些媒体滥用舆论监督功能，通过微信公众号这个载体，运用偷换概念、嫁接、捏造、抹黑等方式以所谓“合理想象”，完全罔顾事实对版权内容进行大肆诋毁。微信公众平台是腾讯旗下的一款应用，由腾讯公司负责对其数据、服务、用户等进行技术与资金支持，从某种意义上来说，最接近著作权人。尽管腾讯一再强调微信只是一个“连接器”，它们仅仅提供平台和服务，不参与具体的信息交流，但这并不意味着法律完全豁免了平台服务提供商的侵权行为。由于微信公众号的推送服务，仅是向那些关注并愿意接受信息的公众进行推送，故其社会传播和影响力要小于大众传媒，但也不能因此否认其行为依旧具有侵犯信息网络传播权的属性。《著作权法》规定，信息网络传播权是以有线或者无线方式向公众提供作品，使公众可以在其个人选定的时间和地点获得作品的权利。对照上述定义可知，若微信公众号未经他人许可而上传他人作品，则涉嫌侵犯信息网络传播权。但应明确的是，传播不同的目的和类型对于责任的承担存在很大的差异。对于学校、政府机构、公益性图书馆等设置的微信公众号，因为不具有营利目的可以承担较轻责任，对于服务于营利性的商业推广或由经营性公司设置的微信公众号，因其具有营利目的，则应承担较重的责任。如果著作权人获悉侵权事实后要求腾讯公司将侵权内容删除，腾讯公司在事先并不知情的情况下，收到著作权人的通知后即时移除了侵权内容，则符合避风港原则，不需要承担侵权责任。[1]但这一规则一方面可以降低互联网企业的经营成本，促进企业发展，另一方面也不可避免地造成企业在行为方式上形成“先侵权，等通知；不通知，不负责；你通知，我删除，我免责”的惯性。腾讯公司对此应加强著作权保护技术的研发，在微信平台上推出微信原创性/抄袭检测系统，该系统有利于解决当前原创者、抄袭者、腾讯微信之间关于是否抄袭的争议，能够更为有效地发现、制止、限定侵犯著作权信息的传播和复制，也便于消费者和权利人进行投诉。在发生侵权使用时，更能有效进行“通知—删除”，确保纠纷解决在萌芽状态。

三、未来与展望

随着科学技术的发展和社会的进步，我国正迈向 5G 移动网络时代，在这个充满无限可能的大数据时代，人工智能广泛应用于数字出版领域已经成为文化产业未来发展的必然趋势。当然，我们必须清晰地认识到，人工智能对数字出版商而言是一把双刃剑。一方面我们关注到人工智能所产生的积极影响，即对其合理应用将实现数字出版行业的市场需求的准确定位，推动营销策略的创新实践，促进行业从低层次传播到高层次服务的价值功能转型升级。但与此同时，也要注意到人工智能带来的负面影响，正如微软研究院首席研究员 Danah Boyd、新南威尔士州大学副教授 Kate Crawford 所说“对大数据的使用，仍然是主观的，量化得出的结果，有时并不代表客观事实。这一点，在社交网络的信息方面表现得尤为明显”。[2]譬如，过度依赖大数据挖掘下的用户需求，可能会导致数字出版商被用户需求“胁迫”丧失主动权，忽视对于产品质量的关注和把控。

人工智能对数字出版行业的价值不仅体现在大数据技术本身，而且也体现在其对数字出版行业带来的新的思维方式和思考模式。[3]未来，数字出版

[1] 参见曾莉、张菊：《微信订阅号著作权侵权问题研究》，载《重庆理工大学学报（社会科学）》2017 年第 4 期。

[2] 参见《被“过度解读”的大数据》，载 http://news.rfidworld.com.cn/2014_06/bdf5a73e241ff27b.html，最后访问日期：2023 年 5 月 10 日。

[3] 参见莫远明、黄江华：《AI+IP+TT 视野下的数字出版融合发展研究》，载《出版广角》2018 年第 1 期。

企业应以出版内容及营销策略为重要关注点，思考如何利用人工智能不断分析提取出与日俱增的海量用户数据中有用信息，并将此作为决策依据，这将是推动数字出版行业可持续发展的持久动力，也是破解新环境下数字出版商面临的困境的重要抓手。利用人工智能生成的内容具有智力创作的痕迹，但对于这些内容如何界定其性质，能否作为著作权法意义上的作品受到保护及人工智能背景下如何保护和管理用户个人隐私等问题，还需要社会各界足够的关注和深入的思考，以指导和规范人工智能在数字出版行业的进一步应用。

第三节　大数据时代网络新闻聚合平台的版权保护研究

一、问题的提出

2012年以来，有关“大数据”的讨论逐渐成为整个社会普遍关注的热点话题，特别是随着智能产品的全面普及和新媒体产业的迅猛发展，“数据为王”的趋势不断显现，宣告了“大数据”时代的正式来临。“大数据”虽然未有统一公认的概念，但是其海量性（Volume）、多样性（Variety）、高速性（Velocity）、真实性（Veracity）等特点是显而易见的。[1]基于上述特点使得大数据对各行各业的影响日益凸显，尤其是在新闻出版领域，以数据技术和网络技术为主要支撑的网络新闻聚合平台与“大数据”应用之间存在着天然的密切联系。

从运作模式来看，网络新闻聚合平台是建立在互联网平台基础上的作品传播行为，社会公众可以通过各种形式的网络媒介来阅读、使用或者下载由数字出版者采集的他人作品或自己创作的作品。可见，网络新闻聚合平台的核心要素可以概括为“作品的在线传播”。这些作品既包括以网络版形式呈现的报刊、杂志等传统出版物，也包括网络新闻、网络基础信息等新型作品。从这个角度而言，大数据运用在网络新闻聚合平台等领域已经呈现出日益重要的作用。当然，由于大数据本身存在内容杂、变化快、管理难等特性，随之而来的版权纠纷和争议也时有发生。当前，随着新兴媒体的地位在现代传

〔1〕参见卢海君、张雨潇：《试论大数据时代的版权保护——以〈今日头条〉版权纠纷案为例》，载《中国出版》2015年第3期。

媒产业中不断壮大，新媒体在运营过程中积累了大量用户数据，包括网络作品的浏览量、网络平台的满意度等。但是，在数据使用过程中，往往会出现作品的创作者、数字出版商以及消费者之间的利益失衡，有关智能“推送”行为、智能“写作”行为、智能“社交”行为所引发的版权困境与瓶颈仍有待进一步解决。

二、网络新闻聚合平台运作逻辑

我们认为，在网络新闻聚合平台的数字出版传播过程中，各阶段版权的核心内容分别围绕着阶段Ⅰ（信息筛选），阶段Ⅱ（数据分类），阶段Ⅲ（运用分析）及阶段Ⅳ（数据传播）展开。通过“网络爬虫”的智能算法机器人，在浩如烟海的新闻资讯网站中提取超链接，并储存在自身客户端中，形成信息仓库，按照不同特征打上标签，并形成最终的信息分类，最终实现个性化产品推送。从版权角度来看，这是“版权灵感→版权创造→版权开发→版权管理→版权消费”的过程，也是版权价值不断得以实现和增值的过程。版权保护在整个网络新闻聚合平台价值传播链中担当引领、保障、聚合角色，并且根据平台在各个阶段运作机理特点，采取版权保护的侧重点和落脚点也各有千秋，独具特色。

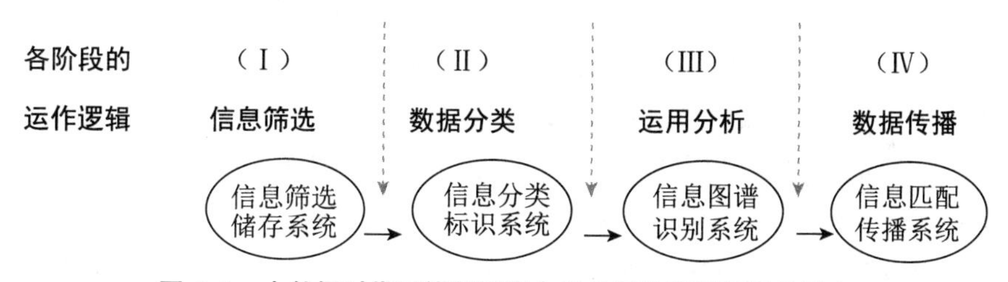

图 4-1　大数据时代网络新闻聚合平台各阶段版权保护重点

由于网络新闻聚合平台以大数据形式存在的各种网络基础信息包含了每一个网络使用者浏览、使用互联网的全部记录，包括阅读的时长、转发、收藏频率，以及用户在微信、微博等社交账号上的各类资料（年龄、地理位置、性别、关注人群、好友评论等），甚至是手机型号，均可作为网络新闻聚合平台用户兴趣标签的依据。通过进一步分析用户的阅读习惯，可以达到丰富用户兴趣图谱、建立用户画像的目的，从而获得市场最新热点、产品受欢迎度、消费者偏好等各类极具商业价值的重要信息，帮助经营者准确了解阅读者的最新需求，充分挖掘作品的市场价值（参见图 4-2）。

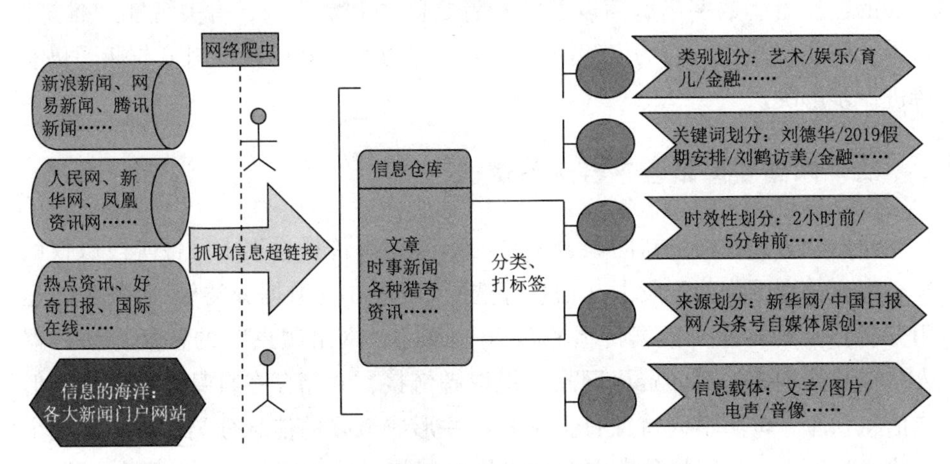

图 4-2　网络新闻聚合平台运作机理

三、网络新闻聚合平台版权瓶颈及其化解

1. 智能“推送”行为版权困境及应对

大数据时代网络内容提供商的信息采集、数据管理、运用分析的最终目的是进行数据传播从而实现版权收益。网络新闻聚合平台会利用大数据分析的手段对用户的行为进行追踪与分析，在用户偏好的基础之上向其提供其心目中的“产品”。之所以称其为“产品”，主要是由于数字出版商所提供的此类数据服务已经明显区别于传统搜索引擎的检索功能，具备了一定的独创价值，有可能被纳入可版权性作品的范畴。具体来说，与传统搜索引擎相比，大数据时代的数据服务提供者不再局限于被动接受用户指令，而是在抓取大量用户行为数据的基础上主动通过“链接推送”等方式满足用户的个性化需求，传播的方式也逐渐从过去全面铺开的“广撒网式”向突出个性的“点对点式”转变，从而达到“量身定制”的效果。一般而言，传统搜索引擎的运作模式只是一种媒介服务，往往不涉及版权问题。但“链接推送”则有所不同，如果将个性化的推送行为认定为类似“作品创造”的加工行为，就需要对所推送的内容和对象进行版权甄别。当推送行为所使用的内容仅仅涉及时

事新闻报道、评论等公众应当普遍知悉的社会信息时，或者事先经过授权，并不会涉及版权侵权问题。但是，当推送行为所使用的内容涉及未经授权的原创性作品时，就有可能涉嫌版权侵权或不正当竞争。以手机新闻客户端的内容为例，除网络新闻聚合平台独家报道或自行编辑的新闻以外，往往需要转载其他网站的新闻。由于手机转载网页新闻时需要经过“转码”，“转码”后的新闻内容如果直接存储在客户端平台自己的服务器中，用户点击链接后就不需要再访问新闻来源的网页。此种行为就可能被认定为未经许可的非法传播行为，需要承担侵权责任。[1]

我们认为，版权制度的基准在于鼓励新闻内容的生产者创造更多有价值、高质量的原创作品。否则，如果新闻成果经常被数字出版商随意抓取和推送，势必会打击创作者的热情，到时便会出现空有大数据手段却无有价值内容的窘境。基于此，应对之策可从两个维度展开，一是短期之策，与传统媒体达成版权合作，支付转让费用，实现内容授权使用。在全网维权、维权赔付、版权登记、侵权投诉、CID（Content Identification）等方面强化版权保护措施，以平衡双方利益，促进作品的传播，以达到繁荣文化的最终目的。例如，“今日头条”已与1万家媒体达成版权合作。二是长期之策，引进默示许可制度以应对网络海量授权。版权默示许可制度是指作品使用人虽然没有得到版权人的明示授权，但是通过版权人行为可以推定版权人不排斥他人对其作品进行利用，作为一种补偿，使用人应当向版权人支付报酬的一种版权许可使用方式。[2]在大数据时代，类似于搜索引擎性质的网络聚合应用，更急切地呼唤默示许可制度在网络传播中的普及。网络聚合要涉及对各类媒体的文章的转载，如果都要经过被转载者的授权许可，那互联网的传播效力就会大打折扣。因此，应当在未来修订《著作权法》时引入默示许可制度。

2. 智能“写作”行为版权困境及应对

网络新闻聚合平台不仅智能“推送”版权产品，而且还利用“写作机器

〔1〕在司法实践中，网络新闻聚合平台几乎都在败诉边缘徘徊。例如，2018年10月8日，江苏省高级人民法院就“江苏现代快报传媒有限公司诉北京字节跳动科技有限公司侵害著作权纠纷案”作出终审判决，“今日头条”侵权事实成立，4篇稿件赔偿现代快报10万元，另承担1.01万元合理诉讼成本。2019年1月，中国报协建议最高法将本案作为指导性案例。

〔2〕参见冯晓青、邓永泽：《数字网络环境下著作权默示许可制度研究》，载《南都学坛（人文社会科学学报）》2014年第5期。

人”创作版权作品。传统的新闻出版内容生产，需要从业者深入现场实地调查寻找内容。在这个过程中，从业者需要发挥主观能动性自主甄别信息的传播价值及真伪，这就导致出版内容的生产耗费时间长，并且内容的真实客观性很难保证。在大数据时代，平台通过 Python 网络爬虫，全自动全天候采集信息的程序或者脚本，通过不同维度自动抽取新闻线索内容特征的计算规则，再通过事件发展曲线图进行多渠道验证，过滤掉无效内容和判断消息的真伪性，进而快速准确地对数字出版内容进行加工和制作，减少了出版从业者前往现场获取线索需要消耗的时间，提升了出版内容生产的时效性，从而越来越站在数字出版行业的前台。目前，国内外网络新闻聚合平台纷纷推出各自“写作机器人”，根据检索，制表如下：

表 4-2　国内外主要新闻写作机器人一览

国内					国外				
名称	所属机构	上线时间	领域	功能	名称	所属机构	上线时间	领域	功能
Dream writer	腾讯	2015. 9	财经	写稿	Quake bot	洛杉矶时报	2014. 3	地震预报	写稿
快笔小新	新华社	2015. 11	财经/体育	写稿	Wordsmith	雅点美联社	2014. 7	财经/体育	写稿
DT 稿王	第一财经	2016. 5	财经	写稿	Blossombot	纽约时报	2015. 5	新媒体	编辑
张小明	今日头条	2016. 8	体育	写稿	Heliograf	华盛顿邮报	2016. 8	体育	写稿

人工智能技术给网络新闻聚合平台带来生产传播便利的同时，也对现有版权制度体系形成挑战，现行版权制度中的作品保护规范体系无法容纳人工智能出版物这一新兴作品形态，人工智能出版物的版权性质、归属以及保护措施等问题尚未被厘清，由此产生一系列的质疑。例如，人工智能出版物是否属于作品？产权和责任主体如何划分和厘清？版权法如何对其实施有效规制和保护？等等。对此，学术界形成了截然相反的观点，大致可以分为“不属于作品不予保护论”和“未来立法保护论”两大派。持前者观点的代表学者王迁教授认为，人工智能出版物是应用算法、规则和模板的结果，不符合

独创性要求，不能成为作品。[1]持后者观点的代表学者有熊琦教授，他认为在没有明确标明来源的前提下，人类创作的作品与人工智能出版物的区分度难以准确分辨。既然无法从表面上区分两者之间的差异，这就意味着人工智能出版物可以被认定为作品。[2]

我们认为，目前人工智能出版物不能认定为作品，不能享受版权保护。理由有二：一是人工智能出版物不属于人的智力成果。目前人工智能出版物是根据特定格式，或者写作模板来传递信息，表达意思，如作为跨平台的人工智能机器人微软六代小冰，撰写诗歌也是按照“意象抽取→灵感激发→文学风格模型构思→试写第一句→第一句迭代一百次→完成全篇→文字质量自评→尝试不同篇幅→完成”的固定程式展开，尽管所作诗歌已经达到了与人类创作难以区分的水平，但其本质上还是通过算法机械式拼凑、组合而成，不能反映创作者的情感和思想，不属于思想或者情感的表达。二是人工智能出版物缺乏独创性。符合版权作品的前提条件是独创性，要求具有鲜明的个性和思想高度，人工智能出版物，即使按照“深度神经网络”规则生成的内容新颖性明显，但依旧是依据特定预设算法、规则和模板进行编排处理的结果，其差异性并不显著。例如，体育赛事写作机器人“张小明”拟人化程度更高，但其最大的瓶颈问题在于缺乏对事实和数据的高度概括提炼能力，整篇文稿的用词造句甚至结构都几乎相当，雷同性高，缺乏个性化色彩，使得读者无法获得高质量阅读体验与“沉浸式”阅读感受。

尽管目前人工智能出版物不能享受版权保护，但由于人工智能技术处于不断迭代优化探索过程中，为了促进该产业健康持续发展，可在一定前提下，将人工智能出版物纳入版权法保护范畴之内。这里的前提条件就是当写作机器人能够自行判断、收集和学习新的数据，摆脱既定的算法规则设定，脱离设计者在数据和算法规则上的参与，从而能够解决新问题产出新的内容，当且仅当满足上述条件时可将人工智能出版物视为作品。由于法律责任主体只能由人或单位来承担，最初设计此算法的编程者应被视为共同作者，在权责

〔1〕参见王迁：《论人工智能生成的内容在著作权法中的定性》，载《法律科学（西北政法大学学报）》2017 年第 5 期。

〔2〕参见熊琦：《人工智能生成内容的著作权认定》，载《知识产权》2017 年第 3 期。

义方面承担共同责任。

2. 智能“社交”行为版权困境及应对

现阶段，人口红利逐渐消失，在日渐激烈的数字出版竞争中，网络新闻聚合平台仅依靠纯算法推荐信息流已遭遇瓶颈限制，面临着用户增长放缓等问题，进一步而言，如果不能做到对用户的深度运营，流量流失也在所难免。路在何方？微信就是凭借社交衍生出一个生态价值链，微信小游戏的再次火爆更加证明了社交的潜力和价值，网络新闻聚合平台往社交方向发展能带来更多想象空间。然而建立社交关系链门槛更高，面对挑战，破解瓶颈的重要策略是网络新闻聚合平台更多层面更宽领域赋能创作者，体现了一个平台的价值倾向和价值选择，其核心意义在于帮助内容创作者获得行业交流、创业起步甚至是专业孵化包装的机会，让内容创作者不仅仅在平台上写字，更是要通过平台扩大影响力，帮助内容创作者成为业内知名的“大咖”，培育出一批具有全国影响力的内容独角兽，源源不断地生产出有品质、有温度、年轻态的网络信息价值流，促进传统媒体、网络新闻聚合平台、自媒体三方关系的裂变与聚合，从而实现资源优化配置。[1]

网络新闻聚合平台赋能创作者的一个关键因素是强化版权保护，在网络技术极其发达的大数据时代，数字版权保护主要面临“四难”：一是打击盗版难。数字内容传播具有复制成本低、盗版传播快等特点，同时侵权行为还具有天然的隐蔽性和难追查性，使得数字内容侵权越来越容易发生，加大了惩治难度。二是版权确权难。传统版权登记因其中心化管理、信息透明度较差、历史不可追溯的体制机制，造成版权登记成本高、耗时长，这显然无法匹配网络新闻聚合平台作品“产量多、传播快”诉求，给确权、维权、交易都带来了不同程度的掣肘。三是版权交易难。传统的版权交易一般遵循“买方阅读作品→寻找作品出品方或版权所有方→提出购买意向→双方细致磋商→签订版权交易协议”的线下交易流程运作，整个交易程序复杂、耗时耗力，且整个过程无标准、透明度低，导致版权交易市场乱象。四是版权维权难。在网络上获得非法复制的数字化版权作品并投入使用的侵权者，往往都是分散的个人用户，版权人在维权时遭遇的首要问题是侵权者无法准确锁定抑或侵

〔1〕 相关的实践已然展开，如2018年11月2日，“钱江晚报·今日头条创作与交流实践基地”在杭州正式启用。这也是双方联手打造、浙江唯一的自媒体内容孵化器。

权者数量庞大，维权成本与收益差距过于悬殊。

我们认为，化解上述问题的关键在于建立健全基于区块链的数字版权治理体系。区块链具有的去中心化、难以篡改、扩展性大、可追溯、灵活性强等技术特征非常适应数字内容版权保护的核心诉求〔1〕，这些特性使得版权保护与版权交易成为区块链技术最具吸引力的应用场景之一。对于版权确权而言，通过区块链技术写入具有唯一性的作品摘要信息，从而无法伪造和篡改数字作品内容，通过与官方机构的对接，达到数字登记和确权要求；对于创作者利益维护而言，基于区块链技术以及智能合约的约束机制，数字版权的交易与流转得以在安全可靠的环境中顺利完成，能够促进版权交易流通，保护文化创新原创权益；对于版权执法而言，区块链技术为打击侵权盗版、保护知识版权提供绝佳手段，执法机构可直接采信这一具有公信力的证据支撑，简化了维权手续，缩减了取证时间，降低了维权成本，有利于版权执法部门高效执法。

在国内外，越来越多的公司意识到区块链对于版权保护与交易裨益良多，纷纷吹响了进军该领域的号角，将较为成熟的区块链技术植入版权保护与交易业务领域的相关实践风起云涌、方兴未艾，相关信息见表4-3。

表4-3　国内外在数字版权领域运用区块链技术的代表性企业〔2〕

企业	领域	国家	企业	领域	国家
blockai（Binded）	版权确权、保护	美国	Ritfory	数字版权管理	俄罗斯
Revelator	音乐版权交易、推广、版税结算	以色列	Custos	版权保护、交易	南非
Colu	数字资产管理	以色列	Decent	数字版权管理	瑞士
Mine Labs	版权保护	美国	Ascribe	版权确权、保护	德国
PledgeMusic	音乐版权确权、交易	英国	Proof of Existence	文件时间戳、证明所有权	阿根廷

〔1〕 See Kiyomoto S, et al.,“On Blockchain-Based Anonymized Dataset Distribution Platform”, *IEEE 15 th International Conference on Software Engineering Research*, *Management and Applications*（*SERA*）. *IEEE*, 2017, pp. 85-92.

〔2〕 参见马治国、刘慧：《区块链技术视角下的数字版权治理体系构建》，载《科技与法律》2018年第2期。

续表

企业	领域	国家	企业	领域	国家
Muse（peer Tracks and CCEDK）	版权交易、版权费用管理	丹麦	BitProof	知识产权、学历证书公证等	美国
BitTumes	音乐版权共享及分销	澳大利亚	TinEye	图片管理、图片版权保护	加拿大
Spotify	正版流媒体音乐服务平台	瑞典	趣链科技	版权保护	中国
到达科技	数字出版、众筹问题	中国	纸贵科技	数字版权确权、交易问题	中国

基于区块链技术下的版权保护体系可以为原创者和权利人提供多元化的保障服务，其具体框架主要包括提供以下三个维度：（1）版权证明服务。使用区块链进行版权确权可以节省大量的人力物力及系统的运营成本，并且整个过程几乎是瞬时的，传统意义上版权确权所必备的繁琐流程和详尽材料准备工作被彻底淘汰了。（2）“智能合约式”版权交易。一是版权服务商可以在作品创作的最初灵感到最终作品出炉的过程中的任一阶段随时参与进来，提升交易效率；二是集中处理传统版权交易的碎片化信息，原创者与版权服务商可以有更多选项的交易方式和成交策略；三是版权的交易双方在买卖版权的过程中，也可生成真实的交易原始数据，从而方便版权准确定价，并在实现版权交易的同时，也完成版税结算服务流程。（3）侵权检测服务。目前原本、版权家、麦片网等版权登记平台，都承诺构建可探测到全网络每一个角落的监测系统，让每一篇认证作品实时反馈它的全网传播路径，提供侵权行为预警、侵权存证服务、场景化维权服务、版权诉讼信息及案例查询参考等服务，从而使得维权趋于标准化、工具化、大幅降低维权门槛，激发原创者和权利人的维权热情，从而持续净化和优化版权生态，促进国家创新型经济发展转型。

新时代下网络新闻聚合平台的版权运营需要从法律维度完善规则，使技术更有效地服务于版权产业发展。令人欣喜的是，最高人民法院在 2018 年 9 月 6 日正式公布了《最高人民法院关于互联网法院审理案件若干问题的规定》，第 11 条第 2 款明确指出：“当事人提交的电子数据，通过电子签名、可信时间戳、哈希值校验、区块链等证据收集、固定和防篡改的技术手段或者通过电子取证存证平台认证，能够证明其真实性的，互联网法院应当确认。”

这是最高人民法院首次以法律解释对以区块链技术进行存证的电子数据真实性作出认可，据此，现实社会真正承认区块链存证法律效力取得了实质性进展和突破。

四、结语与展望

在网络技术的强势冲击下，社会公众获取信息空前便利，但也给传统版权领域商业模式和版权保护制度提出巨大挑战，囿于传统版权法律制度的滞后性与大数据时代海量性、多样性、高速性、真实性等诸多超前性特性之间的冲突，使得传统印刷时代版权人、出版商及社会公众之间形成的相对稳定的利益格局被打破。基于版权制度的效率和公正的价值目标，一方面信息技术、网络新闻聚合平台与版权保护在大数据时代维持适度均衡，另一方面原创者、网络出版商、社会公众三者主体利益之间也应当保持动态平衡。网络新闻聚合平台是我国出版业在大数据时代的主要发展方向，当下，平台市场活跃度逐渐显现，侵权行为频繁发生。数字版权治理体系构建的基准在于快速版权确权、安全有效交易、实现作品价值、原创者权益保障、维护版权市场秩序、创新型版权经济转型等，这将是大数据时代网络新闻聚合平台的版权保护研究进一步展开的逻辑起点。

第四节　人工智能在市域社会治理领域运用研究

在市域社会治理现代化的改革实践中，各级政府从理念、目标、布局、方式等层面进行体制机制创新，不断开发和应用各种数字化技术和平台软件，有效实现了数据赋能、全链条治理以及两者的协同增效，将制度优势转化为治理效能，为市域社会治理数字化转型提供了有益的经验启示。

一、市域社会治理数字化转型工作的现状与基础

1. 体制机制创新与数据赋能增强党委总揽全局能力

注重强化各级党组织在市域社会治理各项工作中的统领作用，充分发挥“红色引擎”优势，彰显党委“总揽全局，协调各方”的作用，通过体制机制创新和党建信息平台的应用聚焦市域社会治理的目标，增强总揽全局的能

力，从标准化、规范化、体系化入手，汇集各方资源去实现市域社会治理的发展目标，持续激发市域社会治理行为主体的积极性，使各部门各单位行为聚焦到市域社会治理现代化的目标之中，提高市域社会治理的政策认同感，并使之转化为各职能部门的行动自觉能力。

（1）凸显体制架构整体性。以进一步提升治理效能为目标，以做实城市治理基本单元（片区）为核心，以推动力量整合和运用为基础，以“一网统管”为依托，建立“统筹指挥在街道、力量整合在片区、人员落地在网格”的工作机制，形成职责明晰、协同联动、实战管用的基层执法（管理）模式。

（2）强调治理目标多重性。针对社区管理中专业化程度较低、问题种类繁杂，涉及利益主体多元化等问题，为提高社会治理的专业化、信息化、精细化水平，结合网格化治理优势，发挥多元主体在社会治理中的作用。

（3）推进治理主体多元性。经过精细培育打造和全过程指导，坚持在党建引领下将“四治”有效融合，以自治激发活力，以法治规范保障，以德治凝聚人心，共同推进“共治”汇聚合力，通过构建党建联建共治共享格局，推动智慧社区工作由弱到强、形成梯队，以点带面实现长足发展。

（4）聚焦治理方式协同性。推行基层纠纷多元化解机制，全力打造新时代“枫桥经验”升级版，建设“家门口”全业务、全时空的公共法律服务网络，推进“家校社”融合、“幼中小”贯通一体化法治教育体系，切实提高社区群众对智慧治理工作的获得感和满意度，为建设“融乐家园 · 和谐社区”提供坚实保障。

2. 全链条治理与数据赋能提升各方资源整合能力

区政法委通过数字技术和全域数字平台有效破除制度壁垒、规则冲突、资源垄断、机制障碍、保障束缚、各自为政、部门利益至上等影响和制约资源整合的难题，推动治理组织体系向扁平化、集成化演变，全方位、多面向地实现市域社会治理的要素资源整合和组织保障。

（1）实现“城市大脑”共享协同。强调横向联动，探索打破壁垒，通过指挥系统整合综治中心、网格中心、应急中心以及城管中队的各项工作要求，汇集和实现城市网格化管理、应急管理、社会治安综合治理等城市综合管理的相关职能，着重解决基层执法中的权责不对称、管理力量碎片化、多头交叉执法等问题。

（2）建立联勤联动机制。依托“指挥、响应、处置”集约化的一体化平台，整合公安、城管、综治、应急等多方资源，统筹执法、管养、社会三方力量，实现一定程度的社会治理自动化。机器设备的 AI 行为识别技术（算法）目前已经可以实现垃圾堆积、沿街晾挂、游商经营、出店经营、违规广告、机动车违停、非机动车违停、异常行为、人员异常聚集等行为事件的自动识别。在此基础上，系统会根据相关法律规则将信息自动推送给网格员、社区或者执法队员，由相关人员对上述行为进行处置，从而实现自动指挥；相关行为若在规定时间内没有被处置，系统亦会自动进行提醒，从而实现自动监督。

（3）实现运作机制集成化。通过流程标准化，明确“指挥长负责，平战融合，联席指挥，联勤联动”等机制，落实“首问责任制、指定责任制、兜底责任制”，推动“明责，履责，负责，追责”四责合一，实行高效指挥、实施联动共管、实现快速处置、体现综合治理。

3. 重构式创新与数据驱动强化技术应用能力

在海量的数据赋能中打通制度优势向治理效能转化的通道，通过增量式赋权和重构式创新，优化高效的云服务、公共数字平台、开放的深度学习框架和人工智能算法等数据基础设施，实现具体问题与治理主体、解决方案的智能匹配，达到精准精细高效治理的目的，将市域社会治理制度优势转化为治理效能。

（1）变人工搜索为智能采集。探索利用智能技术，特别是基于人体分析、车辆分析、行为分析和图像分析的感知技术，对社会治理信息——包括人、事、物、地、组织等进行数据采集，从而实现大量基础数据的采集。

（2）变事后处理为实时追踪。基本上实现对市政、河道、环卫、亮灯、停车等城市管理行业的覆盖，能拍摄监控点位 200 米范围内的人脸、车牌等信息，不仅能实时掌握车辆违停、渣土车违规运输、工地违规作业、景观灯缺亮、高架设施破损等情况，还能随时视频监控、影像摄录、录像存储、数据共享。

（3）变模糊判断为精准预判。通过对高发时间、高发地点、高发违法形态的“三高数据”智能分析，确保各类执法资源准确投放，做到“看得见、听得着、叫得通、管得住”，克服传统治理手段的信息滞后及配合度低的困难，切实提高智慧治理的针对性、实效性。

（4）变单一视角为统领全局。突破区域执法的壁垒，整合城管、综治、应急三方资源，统筹执法、管养、社会三方力量，以数据共享融合为核心特征的部门协同治理新机制逐渐形成，逐步实现区基础数据库、相关委办局、各街镇及各类专题政务数据的汇聚应用，促进了相关委办局、各街镇的协同治理，为街面、居委、村委、楼宇四类网格治理提供数据保障。

(5) 变政府为主为多元参与。通过设置“网格服务”“一键报警”“办事大厅”“系统对接”等模块，与数字化综合指挥平台对接，让群众通过手机实时上报各类社区问题，解决了有用信息“漏失”问题，每一个体都可能成为社会治理中的问题发现者和数据采集员，成为依法治理“前哨兵”、社会隐患“啄木鸟”，把人民参与基层治理的“最后一公里”推向“最后一米”。

二、市域社会治理数字化转型工作的困境与短板

社会治理数字化转型是一项正在摸索中前进的事业。从实践情况来看，智能技术与社会治理的深度融合、体制机制以及保障措施是社会治理数字化建设面临的三大难题。受限于智能技术的发展水平、社会治理的特征、传统体制机制、社会治理队伍素质等主客观因素，目前仍然存在一些需要破解的困境。

（一）智能技术与社会治理融合不充分

“社会治理数字化”不是简单的“数字+社会治理”，而是要实现两者的深度融合。智能技术与社会治理的融合程度决定了社会治理数字化的水平，而从不同层面来观察，二者的融合仍然不够充分，显示社会治理数字化仍处于相对较低的水平。

1. “理念”的融合不充分，没有形成社会治理数字化思维

数字化建设将给社会治理带来一场深刻的革命，需要社会治理主体转变观念，以数字化思维推动数字化建设与创新社会治理的深度融合。然而，数字化思维在社会治理实践中尚未得到完全体现，社会治理思维与数字化思维并没有达到深度融合的程度，社会治理与数字化建设“两张皮”现象仍然比较突出。

(1) 较普遍地存在信息化与数字化相混淆的现象。数字化思维强调数据的互联互通与广泛流通，而信息化建设强调的则是线上办公与系统构建。社会治理数字化的实现，首先要求各级治理主体拥有数字化治理的思维和意识，

但许多部门整体上仍旧延续传统的信息化思路，并没有将数字化思维真正地融入社会治理当中。比较突出的问题是将信息化误解为数字化，或者将数字化视为传统信息化的简单升级，部分地区甚至以“数字化建设”的名义弥补以往电子政务建设滞后的旧账。

（2）在局部范围内存在社会治理与智能技术应用脱钩现象。社会治理中一些人为设置的障碍往往导致智能技术应用的“非智能化”。例如，一些基层工作人员或者网格员的电脑或者手机等移动设备中往往同时有几十套不同部门的应用系统，有的甚至需要带上数部手机或者移动设备。在这种情况下，智能技术的大量投入反而可能导致技术应用的“不智能”。

（3）智能技术发展存在商业化倾向。数字技术为社会治理提供了重要技术支撑，社会治理亦为数字技术应用提供了丰富的实践场景，两者相互促进。然而，作为推动数字技术发展的主力军，企业在开发数字技术时，主要以商业为导向，并没有过多地考虑社会治理的特征与需求。同时，参与系统开发的商业公司为保持自己的商业利润和市场份额，往往会排斥竞争者，从而强化了系统的封闭性。

2. “数据”的融合不充分，没有形成社会治理大数据基础

大数据是数字化转型的核心要素，大数据技术本身强调对全量数据的分析使用，而非简单追求数据量级上的大小。能否将各方面的社会治理数据聚集并形成社会治理的“大数据”，是判断社会治理数字化建设实践成功与否的关键标准。从整体来看，目前社会治理数据只实现了初步共享，离大数据的目标仍然较远。

（1）数据融合的体制约束仍未破除。大数据内在的开放、共享要求与不同层级及部门之间的条块分割体制存在矛盾冲突的问题依然存在，占有大量数据的党政部门之间尚未完全实现相关信息的联通和共享。受到传统架构先天性的制约，各业务系统的数据都分散存储在系统内部，再加上各条线业务系统相互隔离，使得数据交换存在天然瓶颈。由于不同部门对数据管理要求不统一、数据标准不统一、技术标准不统一等原因，数据融合比较困难，甚至出现数据越多、融合越困难的现象。

（2）平台整合、数据融合流于表面。打破利益固化的体制壁垒，推进跨区域、跨层级和跨部门的数据平台建设，已经成为一种基本共识。然而在一些领域，现有平台功能的融合仅仅停留在数据展示和实时派单，至于线下各

种业务环节、后台运行的业务系统，实质上还是条线部门起主导作用，系统和系统之间仍然是割裂的，数据壁垒依然存在，真正实现融合的数据仅占全部数据的一小部分。

3. “队伍”的融合不充分，没有形成社会治理数字化队伍

社会治理数字化建设是一项涉及众多部门、诸多层次的系统工程，需要汇聚各方面的人才方能完成这一工程。在人员队伍融合方面，目前还存在一些不足。

（1）技术人员与业务人员融合不充分，缺乏既懂技术又懂业务的人员。将前沿的大数据、云计算等技术运用于社会治理的决策、实施与监督等全过程，客观上需要一支专业化、多层次的，既掌握大数据技术又懂得政务的人才队伍作为保障。但目前仍然缺乏这方面的人才，且存在技术人员与业务人员工作相脱节的现象。例如，一些社会治理数字化建设工程主要被当作一项技术开发工作，开发人员虽然能够把握大数据技术的发展趋势，但对于社会治理的特点与运作规律缺乏基本的了解。一些地方在技术开发阶段，组织企业技术人员与社会治理业务人员进行协同开发，而技术开发结束后企业技术人员往往会撤出，社会治理业务人员往往只能重复性地使用同一项技术，技术升级缓慢。

（2）不同部门的社会治理主体之间的融合度不高。社会治理数字化转型不仅要求各有关部门紧密合作，也要求具体从事社会治理的人员能在个案中分工协助。然而，目前政府不同层级间的纵向联动以及部门之间、政社之间的横向协同机制仍不顺畅。例如，在流动人口数字化服务管理领域建立了一系列的联席会议和联动工作机制，但仍存在部门之间信息交流不畅、协作配合不顺、服务管理实效不甚理想等问题。

（3）网格员与执法人员的融合机制不完善。为配合社会治理数字化建设，基本上初步形成了“采办分离”工作机制，即网格员负责采集信息，执法人员负责办理案件。但这种机制的实践效果参差不齐，仍需要继续探索构建网格管理员积极主动发现上报问题与职能部门精准执法的格局，并在实践中不断提升优化。

（4）基层执法人员队伍的融合程度不高。数字化社会治理推动基层执法力量的整合，但受体制机制的限制，真正实现不同部门基层执法人员高效融合的实践并不常见，各部门更愿意利用数字化建设的成果提高本职工作的履

行水平，而非耗费更多的精力协助完成其他部门的工作。

（二）技术保障与法治改革不充分

推进社会治理数字化建设，在技术层面上需要开发适应社会治理实践需求的智能技术，在制度层面上需要发挥法治固根本、稳预期、利长远的保障作用。当前，在数字化发展的法治规范、保障和引领功能仍然比较薄弱，既需要有技术上的突破，也需要有法治上的改革。

1. 顶层设计不充分

从顶层设计的角度来看，尽管《新一代人工智能发展规划》突出强调要求"围绕行政管理、司法管理、城市管理、环境保护等社会治理的热点难点问题，促进人工智能技术应用，推动社会治理现代化"，但并没有详实的落实措施，相关的制度设计仍然比较抽象，不能完全满足基层实践的客观需要。

（1）不同社会治理部门之间缺乏数据共享、精准融合的制度保障。传统的电子政务建设模式导致"信息孤岛"和"数据烟囱"广泛存在，信息不愿共享、不敢共享和不会共享的"老大难"问题仍然是阻碍社会治理信息资源开放共享的主要瓶颈。一方面从数据资源共享主体和数据共享范围两个角度来看，政府主导、多方参与、协同合作的组织管理体系尚未形成，跨部门、跨区域的协同共治亟需强化。另一方面从数据资源共享主体的主观意愿来看，或是不愿共享，或是不敢共享。不愿共享的原因：一是数据资源的拥有主体不愿无偿共享，因为在数据采集过程中付出了较大的人力成本和管理成本。这种情况不但存在于不同政府部门之间，也存在于同一政府部门内部。二是有偿获得后不愿无偿共享。通过购买方式从数据资源拥有主体处获得数据资源后，因在数据获得过程中投入了经济成本，而不愿意共享。比如，目前商贸部门通过购买方式获取的海关相关数据资源，当其他部门提出共享这部分数据时，一般会明确予以拒绝。不敢共享的原因：一是在本市的属于垂直领导的行政管理部门，在上级主管部门明确要求不能共享的情况，对其所拥有的数据资源，不敢共享。比如，商贸部门业务上有内资、外商、外资的区分，且受国家商贸部门垂直管理，涉及外商外资部分领域，按照上级主管部门的要求，明确是不予共享。二是数据资源拥有主体担心数据共享后在数据传播或使用中出现问题追溯责任至本部门而不愿共享。三是因担心出现数据资源产权纠纷而不愿共享。主要是指通过购买方式从数据资源拥有主体处获得的数据资源。

（2）政府与企业的合作模式缺乏法律保障。为了弥补党政机关技术能力不足问题，基层普遍采取了政府与企业或者高校科研机构合作机制。虽然能有效解决现实问题，但是这种新机制仍然缺乏足够的法律基础，存在一些法律风险。例如，党政机关可以提供什么数据给企业用于技术开发，如果向企业开放涉密敏感数据，是否存在数据泄露风险？目前的合作机制能否充分有效控制风险？企业的准入条件是什么，政府企业合作是否要满足特定条件？党政机关对其参与开发的智能技术是否享有知识产权及其后续收益？因技术质量问题引发的矛盾纠纷，党政机关与企业的法律责任应当如何厘清？基层在数字化建设过程中，往往采取过于实用主义或盲目乐观的态度，对于诸如此类的问题常常缺乏解决方案。

（3）平衡个人隐私保护与网络信息安全的关系。调研中，相关主体对社会治理中数据安全问题，都表现出极大的不放心，主要原因还是数据安全责任承担方面的问题。一是现有的与数据安全相关的法律与政策性规范缺少对法律责任的明确规定。基本以鼓励性、推动性的规定为主，对数据安全，尤其是涉及数据共享中出现的数据安全问题缺乏实质性的规定。二是各行政职能部门对数据安全风险防范意识与能力缺乏互信。调研中，相关职能部门都认为，数据安全问题可能会出现在数据资源归集、共享及使用的各个阶段，包括非法泄露、非法交易、非法存储、非法访问等。因此，数据安全风险防范压力很大，因为一旦发生数据信息泄露，不但信息主体的个人隐私、商业秘密会受到侵害，而且社会公共安全也有可能遭受侵害。然而，一些职能部门认为，数据由本部门掌控是最安全的，倘若共享，在其他部门共享中极有可能出现问题。如以公安为代表的行政管理部门对于将本部门掌握的涉及公共安全方面的数据予以共享顾虑较大，担心涉及公共安全的数据共享后，出现公共安全信息数据问题，责任无法承担，后果将无法挽回。

2. 大数据创新社会治理路径不足

社会治理规则的数字化、社会治理机制的共治化等需要先进的人工智能技术作为技术基础。尽管大数据等新兴技术发展速度快，但在社会治理应用中还存在大数据存储能力有限、运用大数据分析及应用能力不够、大数据管理能力不够等多方面的制约因素。一是数据化治理易陷入地方性认知陷阱。一些经济发达地区乐于投入大量资源于社会治理数字化建设，积极性较高，争取创造出典型经验。但经济欠发达地区则难以投入如此巨大资源于社会治理，只能在某些环节或某些场景做一些局部的试点部署，使得条条、条块、块块之间的建设规划、技术标准、社会治理的重点问题等都有所不同，不同领域使用的系统、录入的数据无法相融，为未来的“全市性统一大数据”建设埋下隐患。二是难以摆脱既有治理经验的路径依赖。虽然“数据”的作用在社会治理实践中得到充分认可，但在运用大数据方面还存在许多短板，特别是在数据应用方面依然有很强的传统路径依赖，即根据以往的社会治理经验决定如何利用数据，而没有形成大数据的创新路径——通过大数据分析与应用创造新的社会治理经验。

3.“基础数据”难以支持社会治理数字化建设。近年来，本区社会管理、社会治理工作累积了许多社会治理的原始资料，但这些原始资料并不符合数字化建设的要求。一是社会治理要素数据化不足，缺乏足够的基础数据。对此，需要根据数字化的要求、新的技术标准予以数字化或者重新收集。这是一件艰巨的任务，一些单位虽然计划通过网格管理员对辖区范围内的人、屋、事、物、组织五大要素进行全面的信息采集管理，但耗费较大资源才实现对房屋建筑基础信息的基本覆盖，对于其他基础信息和社会信息的关联暂未实现。二是基础数据采集的工作机制不完善，重复采集、资源浪费现象严重。基础数据采集需要严格遵循相应的技术要求，才能满足数字化的需要。在实践中，由于工作机制的不完善或者不科学，容易使基础数据采集达不到预期效果。例如，一些单位在进行数字化建设的过程中，就明确要求基础数据“一家采集，多次复用”，但在实际操作中，部分业务部门事前制定数据采集标准不科学，提出的采集数据项目量远超网格管理员实际采集能力或远不足以满足实际使用需求，导致多次耗费大量人力、物力、时间重复采集基础数据，严重增加基层工作人员的日常工作量，同时也影响了其他治理工作的开展。

三、推进市域社会治理数字化转型工作的对此与建议

社会治理数字化的路径优化智能技术发展为实现社会治理现代化注入强大动能，对于社会治理数字化的未来，可以有无限的想象空间，但是在推进社会治理数字化建设时不能有一蹴而就的想法，应当以实践创新成果为基础，针对当前实践面临的困难，不断优化迈向社会治理数字化的路径。

1. 坚持从实际出发，尊重技术发展与应用的客观规律

社会治理数字化建设是一项长期的系统工程，人工智能技术也不可能一步登天。在进行规划以及开展工作的过程中，需要坚持从实际出发并遵循客观规律。

（1）不能超越阶段，要符合“智能辅助”的技术定位。在社会治理中，技术也有短板，技术只能作为人类的辅助工具，不能完全替代人的能动性。要克服技术至上的错误倾向，防止产生技术与治理本质脱节的问题。现阶段社会治理所运用的“智能技术”的智能程度仍然很低，技术手段处于弱人工智能水平，在具体工作中仅仅能起到辅助作用。从技术发展的客观规律而言，单点智能相对容易实现，但系统智能仍需要较长时间才能取得实质性突破，因此不能期待通过运动式投资建设就能取得社会治理数字化水平的飞跃性提升。

（2）不能一哄而上，要有的放矢、量力而为。社会治理的不同领域对于数字化技术的客观需求是不一样的，应当根据不同领域的不同需要区别对待。针对重大、紧急社会风险领域，可以根据需要加大数字化建设投入，提高预防预测预警重大风险的能力。对传统手段可以发挥有效作用的日常治理领域，可以适当引入技术应用予以辅助，提高社会治理的工作效率与工作实效。社会治理数字化建设所需资金庞大，需要处理好建设投入与实际产出的关系，防止提出不切实际的目标或者出现“半拉子工程”。数字化在社会治理领域的投入与产出是一个长期的过程，实际产出周期可能较长，既不能大水漫灌，也不能反反复复、朝令夕改。要合理配置前期投入与后期维护的资源。数字化建设的投入是一个循序渐进的过程，前期一次性设备投入只占全部投资建设的小部分，后期的运营维护、设备更新、技术挖掘、算法建模都需要持续的资金投入。

（3）不能脱离基层实践，要重视技术应用的基层体验。智能技术应用本质上是为了解放人力，只有基层干部运用智能技术时工作量减轻了、工作效率提高了，才称得上是智能技术与社会治理的融合。但这不代表说技术发展要屈从于基层干部的水平。相反，要积极培养数字化高端人才及干部队伍，培育一支既具备数字化理念，又善于掌握治理规律的新型人才。辩证地看待基层使用新技术时可能面对的困难。在新技术运用的初期阶段，基层干部的工作量往往是增加的，工作难度亦可能会加大，因此会有一定程度的

抵触情绪，但随着技术的“落地”，就能实现从“让你用”到“我要用”的转变。

（4）不能单纯以成败论英雄，要构建科学合理的容错机制。技术演进有其发展规律和生命周期，许多智能技术仍处于技术发展早期，技术特征不稳定、技术更新换代快。前沿技术的开发应用势必存在一定的试验风险，技术投入不一定能够实现有效产出，常常需要多轮开发与投入才能产出令人满意的技术产品，这可能使决策者产生畏难情绪或者担心被追究责任的心理负担。如同其他领域的改革一样，对数字化建设应当建立合理的容错机制，在政策上允许技术投入失败案例的发生，在制度规定免责事由，给改革创新者撑腰鼓劲，激发广大干部愿干事、敢干事、能干成事的热情。

2. 坚持问题导向原则，正确处理顶层设计与基层实施的关系

社会治理数字化是一项正在探索中的事业，超大城市各级在该领域中的关系也处于“磨合期”。对此，应在统一领导下，以问题难点为导向，充分发挥地方的自主性、积极性的原则。

（1）充分发挥地方积极性，同时兼顾地方实力。通过基层具体试点和实践经验自下而上地推动整体社会治理体制的转型，这是改革开放以来中国社会治理转型的成功经验之一。但对于基层而言，社会治理数字化属于新鲜事物，可供借鉴参考的成功经验很少，试点的难度比较大。因此，要鼓励地方大胆创新，形成典型的可复制的经验。数字化建设又是一项技术性很强、资源耗费很大的工程，不能盲目地鼓励所有地方都进行大建设。因此，在制订社会治理数字化建设方案时，要顾及地方社会治理的客观需要。不同地方社会治理中所面临的痛点、难点也大不相同，如出租屋管理、流动人口服务等事项，各地的需求就不一致，因此数字化建设需要坚持以问题为导向，根据地方特点作出适当调整，不能机械化地追求一致化。

（2）既要推广先进经验，又要指导协助解决地方难题。对于委办局和街镇的先进经验，区级要及时总结规律，以社会治理规则或者经验推广的形式作出顶层设计。但是全区并非成功经验的等待者或旁观者，而应当是积极的参与者。特别是对于条块实践中遇到难以解决的问题，区级要协助提供解决方案，不能单方面被动等待解决方案。

（3）要处理好一体化与多系统的关系。建设数字化的社会治理系统或者平台，是提高社会治理数字化水平的重要抓手。由于社会治理不同的业务部

门、基层政府纷纷搭建社会治理平台，因此形成了社会治理“多系统”的特征。然而，“多系统”往往造成社会治理效率低下，与“数字化”背道而驰，这个问题在民生服务领域尤其突出。不同层级、条线、地区之间的系统开发比较混乱，烟囱林立、兼容性差，跨部门、跨层级的系统融合面临着部门利益冲突、地方创新政策障碍、法律制度缺乏保障等观念体制机制的制约。近年来，超大城市推进“一网通办”“一网统管”平台，就是为了解决“多系统”的问题，并促进社会治理平台的“一体化”。但在改革过程中，需要妥善处理好各种“历史遗留问题”，充分发挥技术的力量，构建合理的规则，平衡好一体化与多系统之间的关系、业务条线系统与地方系统之间的关系。在街镇层面，“治理重心下移”要求向基层集中各种制度资源，数字化建设要侧重于“一体化”建设，重点是整合各类系统，统一系统间的数据标准，搭建“一片云”的系统架构。在区级层面，鉴于不同部门分类治理、分权治理、特殊治理等现实需要，仍有保留各业务、各地方自建系统的必要，但可以逐步统一不同系统间的数据标准，搭建“一片云”的系统架构，清除部门数据流动、区级与街镇数据流动的技术障碍，在保留“多系统”的同时为未来的“一体化”奠定基础。

3. 坚持运用法治思维和法治方式，确保社会治理数字化建设在法治框架下展开

随着智能技术运用于社会治理领域，一系列新的法律问题可能出现，如公权力的智能行使、数据利用、个人信息保护等。因此需要更好地发挥法治固根本、稳预期、利长远的保障作用，运用法治思维和法治方式分析解决社会治理智能数字化建设中可能遇到的法律问题。

（1）健全合规风控机制，打击违法犯罪行为。在经济领域，数据已经成为重要的新型生产要素；在社会治理领域，数据已成为基础的社会治理要素，因此完善数据法律体系也成为时代的新要求。针对数据共享开放、网格管理、信息安全防控等数字化建设中可能存在的滥用职权、违法扩权、泄露秘密、侵犯个人隐私等违法犯罪行为，既要健全合规风控机制，也要加大打击力度。在公权力行使过程中，要坚持“法定职责必须为，法无授权不可为”的原则，不能因为“数字化”而给权力大开绿灯。

（2）坚持比例原则，以问题为导向，实现“智能”与“法治”的统一。安全等治理目标是相对的而不是绝对的，社会治理数字化建设需要遵循比例

原则，尤其是当数字化设备以及相关社会治理措施有侵犯公民隐私风险时，更应坚持法治思维，严守法治底线。不能为了社会治理的方便而无节制地使用数字化技术；不能以先进技术为借口，无视法治的精神。例如，数字化建设特别是智能摄像头部署不能求全、求密，避免增加了安全感同时也增强了个人隐私与个人信息保护方面的焦虑感。要将智能摄像头等智能装备的部署限定在涉及重大安全的重点公共区域，或基于特定安全理由在特定时间范围内进行适当拓展。要摒弃传统“一刀切”的治理方式方法，针对不同公共区域、结合不同重要需求，针对智能装备设定不同设计要求、使用标准和调用权限，实行分类建设、分级管理与分权调用机制。

第五节　人工智能背景下社会治理的现实困境及对策研究

一、引言

党的十九大报告指出：“加强社会治理制度建设，完善党委领导、政府负责、社会协同、公众参与、法治保障的社会治理体制，提高社会治理社会化、法治化、智能化、专业化水平。”随着社会治理智能化在党的十九大报告中的正式提出，有关社会治理智能化的研究在学术界和实务界方兴未艾。党的二十大报告指出，“完善社会治理体系。健全共建共治共享的社会治理制度，提升社会治理效能”“建设人人有责、人人尽责、人人享有的社会治理共同体”。然而，对于什么是社会治理智能化，并无统一的定义。有的认为，社会治理智能化意味着社会治理要充分运用现代科技进步特别是大数据、移动互联网和人工智能等科技成果，破解社会治理中的难题，实现科技与社会治理的深度融合。〔1〕有的认为，社会治理智能化就是在网络化和网络空间基础上，通过大数据、云计算、物联网等信息技术，重构社会生产与社会组织彼此关联的形态，使社会治理层次和水平得到提升，使治理过程更加优化、更加科学、更加智慧。〔2〕有的认为，社会治理智能化，是指顺应现代网络社会崛起的大趋势，按照数字化生存、信息化生活和整个社会数字化运行的规律和特点，

〔1〕　参见刘霞：《新时代提高社会治理智能化水平的思考》，载《现代交际》2018 年第 20 期。
〔2〕　参见杨雅厦：《应用大数据提升社会治理智能化水平》，载《智库时代》2017 年第 1 期。

积极开发并充分利用移动互联网、大数据、云计算、人工智能和物联网等技术手段在解决社会问题中的应用程度、广度和深度，促使社会管理更加精细化、社会服务更加精准化、社会运行更加高效、社会关系更加公平包容的动态治理过程。[1]现有文献中关于社会治理智能化的表述还有不少，这些表述虽然不尽相同，但其实质含义并无太大区别，其核心是将科学技术融入社会治理之中，从而达到更好的治理效果。至于科学技术是涉及大数据、人工智能，还是互联网、云计算或者物联网，不必过于区分，只要是有利于社会治理智能化的，都可以纳入。可以说，现有文献对于社会治理智能化本身的含义是存在共识的，这使得本书进一步探讨社会治理智能化的现实困境与解决路径成为可能，而不必担心因对概念的认识不同而导致学术对话难以深入展开。

二、社会治理智能化的现实困境

在推进国家治理体系和治理能力现代化的背景下，社会治理智能化对于提高社会治理水平无疑具有显著的促进作用，对此无需赘述。需要思考的是，社会治理智能化是否会面临现实困境，以及有哪些现实困境。由于视角的不同，有的从技术层面关注社会治理智能化的技术支持、保障与发展问题，有的从法律层面关注与社会治理智能化相关的权利义务和法律关系调整问题。本书主要是从政府履行职能的角度，关注社会治理智能化的现实困境问题。这些问题主要体现在以下四方面：

（一）公众参与持续低迷

社会治理智能化为公众参与提供了更多的、更方便的参与途径，但公众参与程度并没有显著提升。以上海市政府规章草案网上征求意见为例，一般情况下，上海的政府规章草案都会在“中国上海”门户网站“政府规章草案民意征询”专栏向社会公开征求意见。然而，与规章起草部门主动征求意见的积极性相比，社会公众对此并不热衷。公众参与度不高的直接后果是政府部门未能获取真实的、完整的社会公众意见，决策时容易以偏概全。[2]另一

[1] 参加陶希东：《推动社会治理智能化的策略》，载《中国国情国力》2019年第1期。
[2] 参见 http://Zhuanti. shanghai. gov. cn.

方面，公众参与度不高也突出体现在农民、老年人和文化水平较低的人群身上。由于城乡差异、受教育程度差异以及对新事物接受程度差异等因素，这些人群本身公众参与意识不如其他人群强，客观上也可能不懂得通过互联网等信息技术途径去表达自己的意见。如果将公开征求意见也视作公共服务，那这个问题就更加严重了。部分弱势群体由于不懂得使用信息技术，而无法享受到本应享有的公共服务，这不仅可能侵犯个人基本权利，也与基本公共服务均等化的理念不一致。[1]

（二）“数据孤岛”更加凸显

“数据孤岛”也有人称为“信息孤岛”，它是电子政务发展到一定阶段出现的问题，通常表现为政府各部门之间的数据或信息不共享、不互通。“数据孤岛”的出现不仅无法展示电子政务的优势，而且使得信息整合成本反而增加。[2]比如，上海在推行“一网通办”工作之前，各个政府部门都将本部门掌握的数据视作“自留地”，不容许其他部门来获取，如市场监管部门掌握市场主体的登记情况，人力资源社会保障部门掌握社会保险费的缴纳情况，公安机关掌握各种特种行业的开业情况，不一而足。这些部门互相之间看不到对方的数据，数据并不共享。行政机关分工越精细，设立的部门越多，“数据孤岛”也就越多。在以往传统的社会管理模式下，由于大数据、人工智能等各类技术尚未应用到社会治理中，政府各部门掌握的信息相对较少，而在社会治理智能化的背景下，一些部门掌握了海量的数据，一个个“数据孤岛”就开始凸显。比如，公安机关通过遍布各个角落的监控探头，所采集的数据量就非常大，但这些数据并不向其他部门共享。虽然从消极意义上讲，“数据孤岛”处于封闭状态，对于保障数据安全是有利的，但是，从积极意义上讲，政府部门应该追求的目标是在保障数据安全的前提下，将数据进行共享，拆掉“数据孤岛”的藩篱。上海在“一网通办”工作推进中，正在努力解决“数据孤岛”问题，力促部门之间数据和信息互通。当然，由于部门利益的存在，还需要加大推进力度。

---

〔1〕 参见赵金旭、孟天广：《科技革新与治理转型：移动政务应用与智能化社会治理》，载《电子政务》2019年第5期。

〔2〕 参见陈晓春、谢瑶：《“三共”社会治理格局智能化的政策创新研究》，载《理论探讨》2019年第1期。

（三）信息不对称更加明显

与“数据孤岛”相关联的一个问题是政府部门与个人之间的信息不对称更加明显。应当承认，在现阶段，我们国家大量的数据掌握在政府部门手中，政府对数据资源的占有处于绝对优势地位。虽然金融机构、大型电子商务企业掌握了大量的客户数据，但其数据无论在绝对数量上，还是分布的广度上，都无法与政府部门相比。通常认为，数据可以分为三类，第一类是互联网用户或者消费者数据，目前集中在世界互联网公司巨头手中；第二类是行业数据，如医疗、金融等，集中在行业的龙头公司手中；第三类是社会数据，集中在政府手中。许多人工智能技术的应用由于和大数据不可分离，自然是给大公司或政府赋能。[1]实际上，政府热衷于社会治理智能化是有原因的，因为智能化有助于政府获取更多的数据。许多国家的政府对互联网一开始都持怀疑和谨慎态度，但它们对大数据和云计算从一开始就热烈拥抱。因为大数据和云计算不仅需要巨大的资源，而且集中在一起（在数据中心）易于控制，更重要的是大数据可以增加政府对社会的管理和控制能力。[2]而且，在人工智能时代下，“算法”以更加隐秘、牢固的方式赋予国家更为强大的控制能力，国家可以利用人工智能技术的价值理性和工具理性编织新型的国家权力网络，国家意志通过算法制定得以展现，以此加强国家监控能力和社会管理能力。[3]因此，也有人认为人工智能算法不仅是一项新技术，更是新的权力形态。[4]然而，我们需要清醒地意识到，政府拥有远甚于以往的海量的社会数据，而个人可获取的数据仍非常有限。个人往往处于被动地位，其大量信息被政府部门获取，无论是身份信息、就业信息、财产信息还是日常消费信息，政府有关部门都可以轻易获取；与此相应，个人所能获取的信息仍非常有限，除了通过申请政府信息公开这一途径，制度层面并无其他可以从政府

---

〔1〕参见［美］王维嘉：《暗知识：机器认知如何颠覆商业和社会》，中信出版集团股份有限公司2019年版，第287页。

〔2〕参见［美］王维嘉：《暗知识：机器认知如何颠覆商业和社会》，中信出版集团股份有限公司2019年版，第287页。

〔3〕参见王磊、陈林林：《人工智能驱动下智能化社会治理：技术逻辑与机制创新》，载《大连干部学刊》2019年第2期。

〔4〕参见汝绪华：《算法政治：风险、发生逻辑与治理》，载《厦门大学学报（哲学社会科学版）》2018年第6期。

部门获取信息的途径。

（四）个人隐私受到挑战

个人隐私受到挑战，是社会治理智能化进程中比较明显的一个问题。由于个人大量数据被政府部门掌握，可以说，在一些政府部门面前，个人几乎处于“裸奔”状态。通过大数据分析和技术手段，政府有关部门可以清楚地知道具体个人的相关信息。当然，政府掌握数据的本意是为了更好地实现社会治理，正常情况下，个人不用担心隐私被侵犯。然而，由于政府部门汇集了海量的数据，再加上还有进一步集中数据的趋势，例如，上海于2018年成立了上海市大数据中心，这一中心比单个政府部门所掌握的数据要多出几个数量级。如此巨量的数据汇集在一起，一旦数据库被攻击，不仅数据安全难以保证，大量的个人隐私数据也可能遭到泄露。更危险的是，大数据中心还可以通过数据交换，获取供水、供电、供气公用事业单位提供的账单数据，这些账单涵盖了每一个个人用户。如果没有对账单的个人信息进行技术处理，那就意味着所有的住址、姓名等信息都有可能泄露。这对个人隐私保护而言，是不容忽视的。

三、社会治理智能化现实困境的原因分析

社会治理智能化面临的公众参与持续低迷、“数据孤岛”更加凸显、信息不对称更加明显以及个人隐私受到挑战等各种现实困境，既有政府方面的原因，也有社会公众方面的原因，但政府方面的原因是主要原因。

（一）社会治理智能化过于依赖政策驱动

应当承认，现阶段的社会治理智能化，主要依赖于政策驱动。这也是我们国家的一个特点，即从上往下进行推动，社会公众自发的、主动的参与比较匮乏。比如，2015年，国务院印发《促进大数据发展行动纲要》，提出要建立“用数据说话、用数据决策、用数据管理、用数据创新”的管理机制，通过高效采集、有效整合、深化应用政府数据和社会数据，提高社会治理的精准性和有效性。2016年，《国家信息化发展战略纲要》提出建设“数字中国”战略，要求创新公共服务，保障和改善民生，提高社会治理能力，提高公共安全智能化水平。地方层面，以上海为例，上海市政府近年来连续制定

了2件与社会治理智能化密切相关的政府规章，即2018年9月30日公布的《上海市公共数据和“一网通办”管理办法》，2019年8月29日公布的《上海市公共数据开放暂行办法》。其中，“一网通办”不仅在上海市推行，在长三角区域一体化发展的国家战略下，进而在整个长三角区域实现“一网通办”。提出加强长三角地区政务服务业务协同和数据共享，推动更多政务服务事项网上办、掌上办、一次办，企业和群众经常办理的事项要基本实现“区域通办”“跨省通办”。客观地讲，政府积极作为，通过政策驱动促进社会治理智能化水平的提升，其意义不容置疑。不过，社会治理与传统的社会管理的区别在于要充分发挥社会公众的参与积极性，使其作为参与主体而非仅仅是管理对象参与社会治理。虽然在社会治理智能化的基础设施建设等需要政府主导的领域具有明显作用，但如果过于依赖政策驱动而未将公众参与的积极性调动起来，有可能出现社会公众拒绝社会治理智能化的现象。因为对理性的个人而言，如果社会治理智能化给其带来的便利和利益非常有限，而个人隐私受到侵犯的潜在危险却非常巨大，其必然会作出逆智能化的行为。比如，拒绝政府部门对采集个人数据的要求，对政府部门推行的网上办理事项消极应对。如何在政策驱动的同时，让更多的社会公众参与进来，值得深思。

（二）政府治理理念尚未完全转变

在我国，社会治理特指由政府组织和主导负责，吸纳社会组织和公民等多方面治理主体有序参与，对社会公共事务进行的治理活动。[1]社会治理与社会管理的显著区别是要突出社会协同和公众参与，即在传统的社会管理模式下，社会公众是以管理对象的身份出现，而在社会治理的模式下，社会公众可以参与到治理进程中。面对社会治理智能化的浪潮，一些政府部门的治理理念尚未完全转变，虽然在官方话语体系中“社会治理”已耳熟能详，但传统的社会管理甚至管制的思维在一定程度上还存在。例如，公安机关根据《企业事业单位内部治安保卫条例》，要求超市落实内部治安保卫制度，这本身没有问题。但基层公安机关在实际执行中，对于超市安装监控系统的要求，还是一刀切，与以往变化不大。在“智慧公安”的口号下，实际上体现的还是传统的管理理念。比如，在智能化时代，好多超市反映可以自行安装监控

---

〔1〕 参见王浦劬：《国家治理、政府治理和社会治理的含义及其相互关系》，载《国家行政学院学报》2014年第3期。

系统，通过手机就可以实时看到超市监控情况，为什么还一定要安装指定的监控系统。当然，这只是个案，但其中暴露的政府部门治理理念尚未完全转变却是共性问题。应当说，社会治理智能化不仅是为管理者提供便利，也应当为被管理者提供便利，更何况在社会治理的理念下，被管理者本身也应当是管理的参与者。正是因为不少政府部门尚未认识到这一点，不积极转变治理理念，所以不愿将本部门数据与其他部门共享，从而产生“数据孤岛”，不愿将本部门数据向社会开放，从而导致信息不对称。

（三）技术对社会治理的影响尚未得到正确认识

现代科学技术的发展对人类社会产生了重大影响，其积极作用非常明显。奇可指出，数字技术更容易鼓励和促进社区的创建，数字技术建立的联结往往是日常生活中所不具备的，能够给予社区成员温暖、归属甚至兴奋的感觉。[1]世界似乎在一夜之间演变成了一个人类和技术共存的联合体，它既拥有无与伦比的力量，也具有前所未有的弱点。[2]

技术对社会治理的影响尚未得到正确认识，至少体现在以下两方面。一方面，一些政府部门忽视了技术的巨大影响力，有的不重视技术，拒绝智能化，缺乏互联网思维，习惯以传统的方式方法处理问题。例如，有的政府部门对能够通过数据共享或网络核验的材料，还是像传统办理途径一样，要求申请人提供各种证明材料。有的问题可以通过大数据分析采取更为精准的措施，但一些政府部门还是习惯于拍脑袋、凭过去的经验来决策。这与一些政府部门工作人员没有认识到技术的积极作用有很大关系，当然存在工作惰性也是其中的重要因素。另一方面，又可能走向反面，走到另一个极端，即一些政府部门的行政管理过于依赖技术。正如尼尔·波斯曼所说，政府拥抱技术，这自然是意料之中的事情，因为技术制造的错觉是，决策似乎在政府的掌控之中。表面上看，计算机有智能，且不偏不倚，所以它几乎有一个充满魔力的倾向：把人的注意力从履行相应职能的人转移到它自己身上，仿佛它

---

〔1〕 See Chayko. Mary, “Techno-social life: The Internet, Digital Technology, and Social Connectedness”, *Sociology Compass*, Vol. 8, No. 7., 2014, pp. 976-991. 转引自唐有财等：《社会治理智能化：价值、实践形态与实现路径》，载《上海行政学院学报》2019 年第 4 期。

〔2〕［美］阿莱克斯·彭特兰：《智慧社会：大数据与社会物理学》，汪小帆、汪容译，浙江人民出版社 2015 年版，第 6 页。

就是真正的权威源泉。政府部门过于依赖技术，甚至迷信技术，崇拜技术至上，以为智能化可以解决一切社会治理问题，而忽视了其他方面的考虑。当然，说迷信技术不是贬低技术的作用，而是要说明人类社会本身非常复杂，不是技术可以完全涵盖的。因此，要谨防社会治理对技术依赖性加大，如果政府过分依赖大数据提供的信息，只靠智能化、公式化，很容易产生对社会发展规律的误判，从而导致一些决策失误。〔1〕

四、提升社会治理智能化水平的对策建议

通过对社会治理智能化的现实困境及其原因的分析，可以看出，社会治理智能化涉及政府治理理念，涉及公众参与，也涉及数据安全等各种问题。要提升社会治理智能化水平，应当从多方面进行努力。

（一）政府应当转变治理理念。

习近平总书记指出："随着互联网特别是移动互联网发展，社会治理模式正在从单向管理转向双向互动，从线下转向线上线下融合，从单纯的政府监管向更加注重社会协同治理转变"〔2〕。在社会治理智能化的背景下，传统的治理理念、治理结构、治理方式和治理能力已无法适应智能化发展的趋势。政府应当与时俱进，转变治理理念，通过转变政府职能、调适政府结构、提升政府能力等途径，与社会治理智能化的发展趋势相适应。有学者将应对社会治理智能化的现代政府治理体系应体现的原则概括为如下五个方面：（1）坚持发展优先原则；（2）坚持基础同步原则，将现实社会的基础设施与虚拟社会的基础设施公共建设功能高度地融合统一；（3）坚持以人为本原则；（4）坚持优质效能原则；（5）坚持协同分工原则。〔3〕应该说，上述五个原则的概括比较符合社会治理智能化的实际情况，可以作为政府转变治理理念的参考。

---

〔1〕 参见王妍：《"大数据 + 智能化"给社会治理带来哪些改变》，载《人民论坛》2018 年第 31 期。

〔2〕《习近平主持中央政治局集体学习强调　以 6 个"加快"建网络强国》，载《人民日报（海外版）》2016 年 10 月 10 日，第 1 版。

〔3〕 参见杨述明：《论现代政府治理能力与智能社会的相适性——社会治理智能化视角》，载《理论月刊》2019 年第 3 期。

（二）严格落实公众参与制度

社会治理智能化的功能是提升社会治理水平，要防止通过智能化的手段将社会治理蜕变为社会管理，重回不注重公众参与的老路。社会治理中的公众参与，一个重要环节是保障政策制定环节的公众参与。近年来，国家不断重申这方面的要求。2018 年 5 月 31 日，国务院办公厅发布的《关于加强行政规范性文件制定和监督管理工作的通知》（国办发〔2018〕37 号），强调除依法需要保密的外，对涉及群众切身利益或者对公民、法人和其他组织权利义务有重大影响的行政规范性文件，要向社会公开征求意见。[1]2019 年 3 月 1 日，国务院办公厅发布《国务院办公厅关于在制定行政法规规章行政规范性文件过程中充分听取企业和行业协会商会意见的通知》（国办发〔2019〕9 号），以保障企业和行业协会商会在制度建设中的知情权、参与权、表达权和监督权，营造法治化、国际化、便利化的营商环境。[2]2019 年 9 月 12 日，经国务院同意，国家发展和改革委员会印发《关于建立健全企业家参与涉企政策制定机制的实施意见》（发改体改〔2019〕1494 号），进一步作出细化规定。[3]除了上述规定，2019 年 3 月 15 日，第十三届全国人大第二次会议通过《中华人民共和国外商投资法》，对听取外商投资企业意见提出要求，该法第 10 条第 1 款规定，“制定与外商投资有关的法律、法规、规章，应当采取适当方式征求外商投资企业的意见和建议”。在推行社会治理智能化的进程中，上述以征求意见形式出现的公众参与方式，往往通过政府网站、政务新媒体等途径实施，社会公众可以通过计算机、手机等工具参与。社会治理智能化应当有助于提高公众参与的积极性，使公众参与的广度和深度与社会治理智能化水平同步提高。

（三）建立社会治理大数据分析系统

建立社会治理大数据分析系统，可以精准地发现社会治理中存在的问题，

---

〔1〕参见《国务院办公厅关于加强行政规范性文件制定和监督管理工作的通知》，载 https://www.gov.cn/gongbao/content/2018/content_5296541.htm，最后访问日期：2023 年 6 月 15 日。

〔2〕参见《国务院办公厅关于在制定行政法规规章行政规范性文件过程中充分听取企业和行业协会商会意见的通知》，载 https://www.gov.cn/zhengce/content/2019-03/13/content_5373423.htm，最后访问日期：2023 年 6 月 15 日。

〔3〕参见《国家发展改革委关于建立健全企业家参与涉企政策制定机制的实施意见》，载 https://www.ndrc.gov.cn/xxgk/zcfb/tz/201909/t20190917_1181921.html，最后访问日期：2023 年 6 月 15 日。

从而对症下药，实现精准服务。大数据已经成为社会治理的关键因素，各级政府应当及时掌握、分析大数据，并合理运用“大数据+智能化”，更好地将大数据应用到政府治理当中，做到精准服务、公正服务于人民。[1]例如，在信访领域，可以利用现代信息技术建立信访大数据分析系统，用以往大量的信访案例对数据分析系统进行模型训练，从而为新的信访案件处理提供相似的案例和恰当的处理建议，避免个案孤立处理模式。[2]又如，2018 年，国家有关部门运用大数据技术，针对新闻媒体、论坛、微博、博客等相关信息 234 万条，综合分析群众诉求，找出了政府机构窗口服务“十大烦心事”，依次为：(1) 不清楚办事相关事宜、也不容易搞清楚；(2) 证明材料过多过滥；(3) 集中的服务大厅“事”并不集中；(4) 便民服务设施少；(5) 排队等待时间过长；(6) 工作纪律差；(7) 服务窗口安排不合理；(8) 工作人员服务态度差；(9) 收费不合理；(10) 业务办结时间长。[3]通过这次大数据分析，国家层面采取了相应的举措，成效较为明显。以老百姓一直诟病的“证明材料过多过滥”为例，为根治这一顽疾，2018 年 6 月 28 日，国务院办公厅印发《关于做好证明事项清理工作的通知》(国办发〔2018〕47 号)，要求“做好证明事项清理工作，切实做到没有法律法规规定的证明事项一律取消”；[4] 2019 年 5 月 7 日，司法部印发《开展证明事项告知承诺制试点工作方案的通知》(司发通〔2019〕54 号)，明确“开展证明事项告知承诺制试点，是‘减证便民’行动的具体措施”；[5]2019 年 5 月 31 日，司法部发出《司法部关于进一步做好证明事项清理相关工作的通知》(司明电〔2019〕44 号)，要求“做好公布取消和保留证明事项清单相关工作”，“做好证明事项告知承诺

---

〔1〕 参见王妍：《“大数据 + 智能化”给社会治理带来哪些改变》，载《人民论坛》2018 年第 31 期。

〔2〕 参见王倩云：《信访大数据研判与应用机制研究——以社会治理智能化与风险评估为重点》，载《信访与社会矛盾问题研究》2019 年第 3 期。

〔3〕 参见《国务院办公厅关于全国互联网政务服务平台检查情况的通报》(国办函〔2017〕115 号)，载 https：//www.gov.cn/zhengce/content/2017-11/03/content_5236744.htm，最后访问日期：2024 年 11 月 4 日。

〔4〕 参见《国务院办公厅关于做好证明事项清理工作的通知》，载 https://www.gov.cn/zhengce/content/2018-06/28/content_5301838.htm，最后访问日期：2018 年 6 月 28 日。

〔5〕 参见《司法部关于印发开展证明事项告知承诺制试点工作方案的通知》，载 https://www.gov.cn/zhengce/zhengceku/2019-10/08/content_5437171.htm，最后访问日期：2023 年 6 月 15 日。

制试点工作”。[1]地方层面，2019 年 3 月 26 日，上海市政府办公厅印发《2019 年上海市推进“一网通办”工作要点》（沪府办发〔2019〕8 号），要求按照“没有法律法规依据的证明材料一律不需提交，能够通过数据共享或网络核验的材料一律不需提交，能够通过电子证照库调取的证照一律不需提交”的原则，大幅精简办事过程中需要申请人提交的申请材料，实现申请人实际提交材料平均减少一半。[2]我们在看到国家和地方陆续作出决策，取消证明事项、减少证明材料等有关材料的同时，不能忽视了背后的大数据分析的作用，正是因为通过大数据分析，才准确找到了人民群众办事的痛点和难点。可见，大数据分析在社会治理智能化进程中可以发挥显著作用。因此，有必要建立综合性的大数据分析系统，对社会治理中的问题进行分析，从而有针对性地采取治理措施，实现精准服务。

（四）切实保障数据安全

数据安全是社会治理智能化的重要保障。以上海的“一网通办”APP“随申办”为例，注册用户已超过了 1000 万，在全国同类 APP 中位居前列，表明上海“一网通办”已具备在移动端服务上千万人群的能力。目前，上海市可预约的政务对外办理事项，在“随申办”APP 上已实现全覆盖。该 APP 的“亮证扫码”板块已归集了包括身份证、结婚证、子女出生医学证明、驾驶证、营业执照等 17 类最常用的证照，到 2019 年底将归集达 100 种电子证照。[3]海量的数据汇集在该 APP，一旦受到黑客攻击，数据安全将出现非常大的问题。为此，上海将数据安全治理纳入法治轨道上推进，以《上海市公共数据开放暂行办法》为例，市大数据中心负责本市公共数据统一开放平台的建设、运行和维护，并制订相关技术标准；市、区人民政府及各相关部门在公共数据开放过程中，应当落实数据安全管理要求，采取措施保护商业秘密和个人隐私，防止公共数据被非法获取或者不当利用。可见，上海的政府

〔1〕 参见《司法部关于进一步做好证明事项清理相关工作的通知》，载 https://www.gov.cn/xinwen/2019-07/09/content_5407551.htm，最后访问日期：2023 年 6 月 17 日。

〔2〕 参见《上海市人民政府办公厅关于印发〈2019 年上海市推进“一网通办”工作要点〉的通知》，载 https://www.shanghai.gov.cn/nw44388/20200824/0001-44388_58587.html，最后访问日期：2023 年 6 月 17 日。

〔3〕 参见《上海“一网通办”App“随申办”服务千万群众》，载 http://www.shanghai.gov.cn/nw43863/20200824/0001-43863_1363634.html，最后访问日期：2023 年 6 月 17 日。

部门已经意识到数据安全的重要性，并在政府规章中提出了相应的要求。当然，关键是在实际执行中，如何真正确保数据安全，需要相关部门通过法律的、技术的措施加以落实。

保障数据安全，重要的一项工作是要做好个人隐私保护工作。个人隐私与社会公众密切相关，个人隐私保护也是社会公众最为关注的话题之一。做好个人隐私保护工作，是提升社会治理智能化水平的重要保障。对此，可以从以下两方面采取相关措施：一是要健全涉及个人隐私的数据保护的法律制度，明确在社会治理环境下数据信息的权利与义务，确保对个体的隐私进行全方位保护，使得个人对与自身相关的数据有主导权，将数据管控权掌握在个人自身手中，牢牢掌控包含个人隐私的数据信息的真实走向。二是建立较为规范有效的数据信息使用、搜集以及储存等行为体系，引导相关部门对数据资源使用的道德底线建设，培养其建立个人隐私保护权益意识，并实现对数据资源的合理合法配置，避免出现滥用职权泄露隐私等行为。〔1〕

（五）线下办理应当继续发挥作用

随着社会治理智能化的推行，大量行政服务事项可以网上在线办理，如上海市的“一网通办”平台实现了审批事项可以100%上网办理。可以说，在社会治理智能化的浪潮下，网上在线办理已经具有了较好的基础条件。但我们需要深思的是，利用计算技术实现的线上办理，可能使我们失去什么？显而易见的是，会失去人际交流，失去个人与政府间“亲密接触”的机会。毕竟“电子政府”与具有鲜活面孔的实体政府还是有很大区别的。我们要记住不用计算机的情况下能够做什么，这一点至关重要；要提醒自己注意，在使用计算机的时候可能会失去什么，这一点同样重要。〔2〕因此，在推行线上办理的同时，不可忽视线下办理，这不仅是因为老年人以及一些文化水平较低不懂得线上办理的人群有线下办理的需求，而且，还有一个深层次的考虑，即人是社会性动物，有人际交流的需求，如果一切都是线上办理，人可能感觉不到现实的政府的存在，长久下去会不会有政府“脱离群众”的危险？政

---

〔1〕 参见郭本锋：《应用大数据提升社会治理智能化水平研究》，载《管理观察》2018年第29期。

〔2〕 参见［美］尼尔·波斯曼：《技术垄断：文化向技术投降》，何道宽译，中信出版集团股份有限公司2019年版，第132页。

府的公务人员在线办理有关行政服务事项，但看不到活生生的人，感觉不到办事的老百姓的表情、心情，长久以往会不会失去对老百姓的亲近感，变得冷漠就像机器一样处理事务？这都是值得深思的问题。所以，需要坚持的原则是，推行线上办理，为老百姓提供办事便利，但切不可关闭线下办理的大门。应该说，推行线上办理是为了增加老百姓的选择权，允许其既可以线上办理，也可以线下办理，而不是替老百姓做主，只提供线上办理，如果只允许线上办理，实际效果会适得其反。

五、结语

随着大数据、人工智能等科学技术的发展，科技改变人类生活的故事不断上演，当社会治理智能化的浪潮袭来时，其现实困境应当引起政府和社会公众等各方的注意。如何在智能化时代，使社会治理取得更好效果，使民众享有更多福祉，都是值得不断深入思考的问题。科技发展的未来难以预估，社会治理智能化究竟会达到何种程度也难以预测。本书所提出的对策建议也仅局限于当前阶段，对于未来，还需要不断探索和实践。不过，可以肯定的是，社会治理智能化将不断推动国家治理体系和治理能力的现代化，在政府和社会公众之间实现双赢。

POSTSCRIPT

后　记

经历了构思的困惑，资料的搜集和创作的艰辛，写作终于画上一个“句号”。回顾近一年半的写作研究经历，可谓感慨万千。

首先要感谢上海政法学院学术著作出版资助项目的支持，这一制度渠道给了我一次在工作之余激发对日常教学、科研工作中所遇到的细微而具体、庞杂而琐碎的现象通过理论层面上的思维与语言予以抽象、概括的机会。这一充满羁绊的心路历程无疑给我带来了久违的激情与感动，触摸了通过艰辛努力所收获的点滴喜悦。在此，对上海政法学院法律学院、经济法学院、科研处等领导和同事的热心帮助和关心支持深表感谢！

其次要感谢各位志同道合的科研同路人，在本书成稿之际，得到了上海交通大学凯原法学院杨力教授、上海社会科学院法学研究所彭辉研究员、上海市长宁区司法局副局长张志军、上海市人民检察院林竹静检察官、上海市城市管理行政执法局刘冬梅等各位同仁的鼎力支持，关注就是态度、关注就是力量！

最后，虽然写作已经暂告一段落，但囿于个人水平，文稿难免存在许多不足和短缺。书中的研究方法，对问题的提法和一些观点难免存在不当之处。唯恐辜负各位领导的关心，只有在今后的学习工作中加倍勤勉，加倍报答关爱我的人。

姚颉靖

2024 年 1 月